MEMORIA ★ROJA★

FRITZ GLOCKNER

MEMORIA ★ROJA★

Historia de la guerrilla en México
1943-1968

temas 'de hoy.

Diseño de portada: Genoveva Saavedra / acidita diseño
Imágenes de portada: @Shutterstock

© 2013, Fritz Glockner

Derechos reservados

© 2013, Editorial Planeta Mexicana, S.A. de C.V.
Bajo el sello editorial TEMAS DE HOY M.R.
Avenida Presidente Masarik núm. 111, 2o. piso
Colonia Chapultepec Morales
C.P. 11570, México, D.F.
www.editorialplaneta.com.mx

Primera edición: noviembre de 2013
ISBN: 978-607-07-1930-1

No se permite la reproducción total o parcial de este libro ni su incorporación a un sistema informático, ni su transmisión en cualquier forma o por cualquier medio, sea éste electrónico, mecánico, por fotocopia, por grabación u otros métodos, sin el permiso previo y por escrito de los titulares del *copyright*.
La infracción de los derechos mencionados puede ser constitutiva de delito contra la propiedad intelectual (Arts. 229 y siguientes de la Ley Federal de Derechos de Autor y Arts. 424 y siguientes del Código Penal).

Impreso en los talleres de Litográfica Ingramex, S.A. de C.V.
Centeno núm. 162-1, colonia Granjas Esmeralda, México, D.F.
Impreso y hecho en México - *Printed and made in Mexico*

Para Julio, Napoleón, Julieta y Ligia; todos ellos Glockner, cuya memoria sigue siendo una consigna de lucha.

Otro tiempo vendrá distinto a este.
Y alguien dirá:
Hablaste mal. Debiste haber contado
otras historias:
violines estirándose indolentes
en una noche densa de perfumes,
bellas palabras calificativas
para expresar amor ilimitado,
amor al fin sobre las cosas
todas.
Pero hoy,
cuando es la luz del alba
como la espuma sucia
de un día anticipadamente inútil,
estoy aquí,
insomne, fatigado, velando
mis armas derrotadas,
y canto todo lo que perdí: por lo que muero.

ÁNGEL GONZÁLEZ

AÑO CERO

Toda historia cuenta con su año cero. Sin duda, en mi caso muy particular y el de mi familia, esta inicia el 19 de julio de 1971, aunque ese dato lo sabríamos tiempo después. Ese día cae una casa de seguridad de las Fuerzas de Liberación Nacional ubicada en la calle de Vista Ocaso 601, colonia Linda Vista, en la ciudad de Monterrey, Nuevo León. Aquel hecho provoca que mi padre, Napoleón Glockner Carreto, tenga que incorporarse el día 20 de julio de 1971 como activista profesional de aquella organización. Para entonces la familia desconocía el paradero de Napoleón, el cual regresa a nuestras vidas a través del noticiero *Veinticuatro Horas* el miércoles 20 de febrero de 1974, convertido en noticia de nota roja. El chiste es que cuando la historia toca a tu puerta y se mete sin pedir permiso, te avasalla, te restriega un torbellino en plena cara y te obliga, de alguna manera, a involucrarte en el tema.

En muy contadas ocasiones el historiador admite o explica los motivos por los cuales ha decidido investigar tal o cual pasaje histórico o hecho del pasado. En mi caso los motivos son obvios. Luego de que la historia irrumpiera dentro de mi familia, comencé a buscar alguna referencia que me permitiera conocer las razones, los hechos, la historia de los movimientos armados en nuestro país; y el escenario era desconsolador. Parecía que mi padre, y miles de personas más, habían atravesado sus vidas con todo tipo de riesgos, torturas, padecimientos y lucha sin ningún tipo de registro, de existencia. De pronto, en las librerías de la década de los ochenta era fácil encontrar textos referentes a la guerrilla en Nicaragua, en El Salvador, en Colombia, en Argentina, pero, ¿qué pasaba con México? Además, se podía conocer la historia sobre los diversos movimientos armados en América Latina gracias a los testimonios de los protagonistas, narrándonos las tragedias que habían vivido en sus diferentes países, ya que varios argentinos, uruguayos, salvadoreños, nicaragüenses, chilenos, salvaron sus vidas gracias al exilio otorgado por el gobierno mexicano, el cual, en su propio país, realizaba acciones similares de represión, tortura y asesinato, e incluso peores a las practicadas por los gobiernos dictatoriales de América Latina; mientras que en nuestro caso, eran historias que se contaban en susurros, no fuera a ser que los viejos fantasmas de la represión se volvieran a hacer presentes. Daba la impresión de que mi padre y cientos de sus compañeros no habían existido; los movimientos armados en nuestro país parecían no haber dejado huella, ni rastro, a pesar de que los destinatarios de aquellos actos salvajes de la represión ahí seguían, y siguen.

Es así como esta investigación inició a principios de la década de los ochenta. Primero por medio de diversos trabajos universitarios cuando estudiaba historia en la entonces UAP, poco a poco el tema fue tomando relevancia, aún recuerdo a Andrés Ruiz, quien me hacía ver que solo Fritz Glockner tendría acceso a la memoria de muchos de los participantes de las gestas guerrilleras de aquellos años; luego vino mi incursión literaria con la publicación de la novela *Veinte de cobre*, en la que quise rescatar del olvido los padecimientos de cualquiera de las miles de familias que se vieron arrasadas ante la mal llamada «guerra sucia», ya que lo mismo que le sucedió a los Glockner, le pasó a varias familias mexicanas, cuyo recuerdo, silencio y sufrimiento sigue vigente. De ahí que en septiembre de 1996, durante una conversación con Adolfo Aguilar Zinser, este me hizo caer en la cuenta de que esa historia tenía que continuar, tenía que conocerse, estábamos en su casa de Tepoztlán y me hizo ver la importancia de mi archivo y de la investigación que había realizado, que para ese entonces ya llevaba catorce años trabajando. Unos días después tuve una larga conversación con Paco Ignacio Taibo II, le cuento el proyecto y me plantea que tengo que ir a por todas las canicas. En aquel momento el estudio de Paco se había convertido en todo un museo, por demás completo, sobre la vida y obra del Che Guevara, ya que estaba escribiendo la biografía del guerrillero argentino. Me convenció, había que ir por todas las canicas, aun cuando estas se me resbalaban de las manos, por más que yo las cerrara; de pronto las canicas se convirtieron en agua que se escabullía entre mis dedos, los datos se escondían, las versiones se agazapaban entre las sombras. A final de cuentas, la historia es así: una explicación de un pasado que en ocasiones hay que saber cómo atrapar, con qué tipo de red y anzuelo; cómo hay que ser sugestivo para que la información llegue hasta nosotros.

Con aquel tornado en la cabeza y el ánimo inyectado de manera diferente por Adolfo Aguilar Zinser y Paco Ignacio Taibo II, de inmediato decidí rearmar el archivo, organizar las fichas, concluir la investigación hemerográfica, la recopilación de diversos textos y la bibliografía sobre el tema, anotaciones en servilletas, papeles sueltos, discursos, documentos, las largas entrevistas con los antiguos militantes de la guerrilla en nuestro país, para quienes la evocación de su pasado lleno de dolor, volvió a convulsionar sus terminales nerviosas; así como las declaraciones de diversos actores políticos, sociales y culturales.

Un primer jalón en la redacción de este libro sucedió entre 1997 y 1998, cuando logré que la información y la redacción fluyeran. A la par, opté por escribir al mismo tiempo mi novela biográfica de Tin Tan, *El barco de la ilusión*, con la pretensión de guardar un poco la cordura ante tantas escenas de terror que presentaban los documentos, los hechos, las entrevistas, más la indignación acumulada en años, generaciones y familias; experimenté un momento de espasmo y detuve la investigación y la escritura, debido a la gran cantidad de datos acumulados, así como a los enormes acontecimientos que se suscitan en nuestro país a partir de 1970, obligándome al repliegue estratégico.

Por fortuna, ni este libro ni la investigación del mismo se debe a la financiación de ningún tipo de organización política, social, de educación superior, organismo no gubernamental, o gubernamental, medio de comunicación, beca o instancia, como ha sido el caso de varios libros del tema que actualmente han circulado, razón por la cual algunos le deben sus argumentaciones, hipótesis, análisis o interpretaciones históricas al que paga.

Es obvio que a partir de 1994 la guerrilla en México se convirtió en tema central del debate nacional. Los reflectores entonces no solo alumbraban el presente, sino que paulatinamente dieron un giro hacia el pasado, y es así como florecieron algunos supuestos activistas de entonces: las medallas de la guerrilla se comenzaron a distribuir en diversos medios. Tuve varias solicitudes de personajes que deseaban contarme sus experiencias; ahora todos deseaban dar su testimonio, su punto de vista, sus logros, sus hazañas, por lo que me vi obligado a iniciar el proceso de tamizar la información oral.

A mediados de 2002 llegó la famosa apertura de los documentos de la Dirección Federal de Seguridad (DFS). Acudimos por manadas al antiguo Palacio Negro de Lecumberri periodistas, académicos, curiosos, familiares de desaparecidos políticos, activistas de aquellos años; queríamos ver lo que esos papeles podían decir, describir, ordenar sobre esa historia tantos años oculta, negada. Es entonces cuando el sarcasmo de la vida me muestra cómo aquellos que padecieron la cárcel preventiva hasta 1976 –luchadores sociales, guerrilleros, estudiantes, líderes magisteriales y campesinos, ferrocarrileros, líderes políticos y un sinfín de nombres y personajes más–, volvieron a habitar los muros de Lecumberri, ahora convertidos en papel. De ahí surgió mi segunda novela sobre el tema *Cementerio de papel*, que ahora se ha convertido también en un testimonio fílmico gracias a la dirección de Mario Hernández.

La ilusión de poder revisar la versión policial sobre aquellos acontecimientos empolvó el entendimiento de varios periodistas, investigadores y curiosos, ya que se comenzó a crear el mito de que ahí se encontraba la verdadera historia, perdiendo de vista que toda información, todo archivo, no habla por sí solo, sino que hay que saber interrogarlo, seducirlo; más aun cuando las declaraciones de la mayoría de los detenidos fueron sacadas bajo tortura. Es así como comenzó a pulular un nuevo torturador, el de la historia, cuyos textos han circulado pretendiendo divulgar una visión que distorsiona los acontecimientos de aquellos años rotos, en los cuales siempre se ha negado la existencia de los movimientos guerrilleros en México.

Es obvio que al pretender contar la historia clandestina de los movimientos armados de nuestro país, la cual, como ya se ha dicho insistentemente, se ha mantenido enterrada, ignorada, soterrada por el propio sistema político mexicano, cualquier versión puede contar con cierto grado de verosimilitud, y de ahí que se hayan aprovechado esos nuevos intelectuales, torturadores de la historia, para exponer su interpretación.

No se puede perder de vista que los documentos que descansan desde 1998 en la galería dos del actual Archivo General de la Nación, y en la galería uno desde el año 2002, son archivos policiales, no históricos. Los encargados de recoger aquella inmensa información deseaban obtener los datos necesarios para ir detrás del siguiente contacto, líder guerrillero, base de apoyo, colaborador, simpatizante, utilizando para ello todos los medios extra legales, tantas ocasiones denunciados, como la tortura, el asesinato, la desaparición forzada. Esto colocó al Estado mexicano fuera del propio Estado de derecho, y aun con la creación de la Fiscalía Especial para la Atención de Hechos Probablemente Constitutivos de Delitos Federales Cometidos Directa o Indirectamente por Servidores Públicos en Contra de Personas Vinculadas con Movimientos Sociales Políticos del Pasado, no se evitaron los ridículos resultados.

Es por ello que esta historia toma gran relevancia, ya que mientras nos llegan las noticias de otras latitudes de la América Latina donde se han comenzado a fincar responsabilidades a antiguos jefes policiales, militares, torturadores, asesinos y genocidas, en nuestro país la Ley parece impenetrable contra quienes actuaron de manera similar desde la década de los sesenta del siglo pasado, conformando esto una lección de prepotencia para cualquier autoridad del presente, ya que si no se castiga a los responsables del pasado, ¿por qué no actuar desde el presente de la misma forma?

Como ya mencioné, al pretender contar esa historia negada, oculta, clandestina desde todas las partes y los actores, el investigador se encuentra ante un sinnúmero de dificultades y obstáculos. Por esta razón el presente trabajo pretende ser un acercamiento a los hechos mencionados, ya que aquellos días con su fuerza, se ven como tema de estudio inagotable, donde la pedacería histórica se dispersa y la reconstrucción del pasado se convierte en un acto artesanal.

Por último, deseo comentar que en varias ocasiones opté por la indisciplina de no atiborrar el texto con citas innecesarias, aun cuando los tradicionales buscadores de estas sugieran falta de verosimilitud, de rigor académico o de seriedad de mi parte, les recuerdo que al final vienen las fuentes, la bibliografía, la hemerografía, los documentos, las entrevistas realizadas. Sin duda podrán existir diversos errores, pero ninguno de estos habrá sido con la intención de cambiar o modificar la realidad histórica; el objetivo simplemente es el de lograr construir los hechos, las interpretaciones que permitan el juego de espejos entre el ayer y el hoy de esa historia disimulada, pero cuyos efectos, repercusiones y consecuencias es imposible seguir ignorando. Sirva pues, este trabajo como un grito y una apuesta por la memoria.

I

Zapata, la sombra de la traición

Rubén Jaramillo (1943-1962)

1
LA FOTO DEL RECUERDO

Una fotografía que sobrevive a las versiones oficiales es el mejor testigo de la traición; poco queda por decir ante la imagen estática en la que dos personajes se invitan al abrazo, ambos sonriendo, simulando cordialidad, simpatía quizás. Varios meses después de aquel encuentro entre el presidente electo de México y el líder campesino de Morelos, se escribiría una página de la historia no oficial de nuestro país.

Hoy, recuperar históricamente la figura de Rubén Jaramillo parece una empresa poco estimulante. Es el líder campesino del que muchos hablan, algunos veneran y otros recuerdan. Esto obliga a remitirse en primera instancia a esa fotografía en la que se ve efusivo, los ojos se le empequeñecen por la gesticulación. Parece estar feliz, sincero; hay un mensaje de satisfacción en su actitud, de espontaneidad, la sencillez del hombre de campo. Su brazo izquierdo descansa sobre el hombro del candidato electo, el derecho alcanza a acariciarle apenas parte de las costillas.

Fue la cita de reconciliación entre el sistema y el hombre levantado en armas durante más de quince años, a pesar de las anteriores amnistías y treguas, durante las cuales corrieron promesas incumplidas, llevando la vida del agrarista de la clandestinidad en el cerro, a la esperanza electoral; de la oficina burocrática, a la ilusión por hacer producir la parcela.

Ante las experiencias pasadas ¿por qué habría que creer ahora al gobierno? Testimonios y precauciones no faltaron, voces que le pidieron a Jaramillo que no confiara: «[...] debajo de la desconfianza vive la seguridad, esa era mi palabra. Luego de que se abrazaron vine a mi casa y le traje a la finada, mi mamá, el retrato aquel. "Si yo ya estoy vieja, este abrazo es de traición. No, él no lo va a matar, pero va a proponer quién lo mate [...]»[1]

La sonrisa que dibuja, por su parte el licenciado Adolfo López Mateos puede considerarse simulada, en franca actitud de clásico político; la imagen provoca la sensación de que está expresando un ¡Ja! con voz engolada, reforzada por sus ojos a medio cerrar. La mano izquierda del candidato electo apenas aprieta el brazo del líder agrario, prefiere sostener el cigarro entre sus dedos.

La portada de la revista *Política* del primero de junio de 1962 nos comunica solo eso: dos sonrisas, un abrazo ofrecido en el año de 1958. Poco nos cuenta de lo que cada uno de ellos pensó en aquel instante. Cuatro años después, el país se enteró del homicidio del campesino.

Una vez conocida la noticia sobre el asesinato de Rubén Jaramillo y su familia, el poeta y periodista Renato Leduc escribió de inmediato:

> Cuídate, Jacinto López.
> Escóndete, Arturo Orona.
> No vaya el compadre López
> cara de buena persona
> después de un gran abrazote,
> a darles caja y corona.

---

[1] Ravelo, Renato, «Los jaramillistas», *Nuestro Tiempo*, 1978, p. 205.

2
QUE NO ME PASE LO MISMO

El 24 de mayo de 1962 se divulga en el periódico *El Universal* una nota que aparentemente no tiene mayor importancia. Se trata de la localización, junto a las ruinas de Xochicalco en el estado de Morelos, de los cuerpos sin vida de una familia campesina. Son los cadáveres de Rubén Jaramillo y su familia. Al descubrir el nombre del líder campesino del estado de Morelos, un joven simpatizante del movimiento jaramillista en la ciudad de Puebla se enfrenta al terror del sistema; el pánico se apodera de él, piensa en su propia familia. Su madre ignora en qué anda metido, lo que oculta en el cuarto de servicio, las excursiones a la Malinche, los amigos invitando a las armas.

Salió de su domicilio para comunicarse de inmediato con el contacto de la Ciudad de México. La noticia le fue confirmada. La sugerencia de deshacerse de todo le inquietó aun más. Publicidad, periódicos, armas, fueron sigilosamente sacados del cuarto de la azotea; no debía despertar sospechas. El calentador fue la vía más adecuada para desaparecer cualquier papel; les prendió fuego. Salió a la calle con un arma escondida, deseaba abandonarla en cualquier esquina de la ciudad.

Tres meses antes, un dirigente del Partido Comunista Mexicano de la capital del país le había propuesto al líder estudiantil de la escuela de medicina de la Universidad Autónoma de Puebla, sumarse a un grupo que lucharía en armas por liberar al pueblo de la opresión. Eran los días de la euforia cubana. Hacía escasos meses que Fidel Castro había asumido el poder gracias al levantamiento armado en la isla camaleónica. La juventud latinoamericana se preguntaba: si él pudo, ¿por qué nosotros no? La efervescencia se contagiaba, por todos los rincones se pretendía hacer la revolución.

El reducido grupo de entre diez y quince jóvenes poblanos comenzó a prepararse para la lucha armada; llevaron a cabo tres o cuatro excursiones de preparación física y de disciplina militar en los bosques, por el rumbo del volcán Popocatépetl y de la Malinche. En una ocasión llegaron hasta Amecameca, en el Estado de México. Sabían que el grupo estaba compartimentado, no conocían de la existencia de más dirigentes, salvo el contacto del PCM de la Ciudad de México, quien también les hacía llegar material de estudio: el manual de guerra de guerrillas del Che Guevara, así como publicaciones cubanas sobre marxismo; ya que además de la recomendación de realizar un incipiente entrenamiento militar, tenían como tarea primordial dar a conocer la situación del México de López Mateos mediante la distribución del periódico *Liberación* y recolectar fondos para la causa.

Aquel grupo de poblanos se imaginaba los posibles nexos con la gente de Rubén Jaramillo, aunque el PCM siempre los había negado. El 24 de mayo de 1962, luego de la sugerencia de desaparecer cualquier material comprometedor, la relación entre su grupo y los jaramillistas fue confirmada.

La parálisis y el terror se instalaron entre los jóvenes entusiastas proclives a la lucha armada. El desmantelamiento de aquel primer intento por configurar una guerrilla en México se había dado casi inmediatamente; el escarmiento para detener posibles euforias en contra del sistema político mexicano dio sus frutos cuando se divulgó que habían sido encontrados los cadáveres de Rubén Jaramillo, Epifania Zúñiga, y sus hijos Enrique, Filemón y Ricardo en las cercanías de las ruinas de Xochicalco, en el estado de Morelos.

La prensa nacional no tardó en esconder la realidad, a pesar de los diferentes testimonios sobre las irregularidades del caso. El 25 de mayo de 1962 el periódico *El Universal* escribe para la historia:

Cuernavaca, Mor., 24 de mayo de 1962.– El tristemente célebre rebelde de posesión y tráfico de drogas y despojo de tierras, fue muerto ayer a balazos en las ruinas de Xochicalco, de esta entidad, cuando pretendía huir de los miembros de la Policía Judicial Militar [...] En la confusión que se produjo cuando el fugitivo trató intempestivamente de escudarse en sus parientes, perdieron también la vida la esposa de Jaramillo, señora Epifania Zúñiga de Jaramillo, y sus hijos [...] Las autoridades judiciales tuvieron conocimiento de que, en estos días, Jaramillo y sus secuaces planeaban cometer una serie de fechorías[...][2]

Luego de relatar durante los siguientes días las supuestas acciones «gansteriles» del líder campesino, la nota del 29 de mayo en el mismo diario finaliza:

Su amante, Epifania Zúñiga, mujer de pésimos antecedentes, cruel y temeraria, era la mentora y acompañante imprescindible de este bandolero, que se ufanaba de ser magnífica tiradora y de haber sacrificado cientos de vidas. Sus hijos Filemón, Ricardo y Enrique, mayores de edad, adiestrados en la escuela del crimen, a últimas fechas, violaban por la fuerza a mujeres y jovencitas que posteriormente asesinaban con armas blancas o de fuego. Al igual que su madre y padrastro, se significaron en el mundo del pillaje y del crimen.

Con la muerte justa de esta familia de malhechores y criminales, renacerá la tranquilidad de una vasta zona en los estados de México, Morelos y Guerrero.[3]

La carga de indignación, impotencia y protestas vertidas por aquellos hechos no se hicieron esperar. Varias fueron las voces que exigían justicia desde diferentes publicaciones, es-

---

[2] «Los movimientos armados en México 1917-1994», *El Universal*, Tomo II, p. 28.
[3] *Ibid.*, p. 31.

critores como Carlos Fuentes, Víctor Rico Galán, Fernando Benítez, Víctor Flores Olea, Renato Leduc y Enrique González Pedrero, entre otros, solicitaron al gobierno el esclarecimiento del artero asesinato, que a la fecha no tiene culpable o responsable visible.

3
POR LAS DUDAS, SOLO ENTIERREN LAS ARMAS

Ha sido repetida constantemente la consigna que el jefe revolucionario de las fuerzas zapatistas dio a sus hombres en 1918:

> No son los muchos hombres los que triunfan, sino las ideas basadas en la justicia y el bien social [...] nos vamos a diseminar los unos de los otros con el fin de reservar nuestras vidas para mejores tiempos, y desde hoy la revolución, más que de armas, ha de ser de ideas justas y de gran liberación social [...] aunque estemos lejos los unos de los otros no nos perderemos de vista y llegado el momento nos volveremos a reunir. Guarden sus fusiles cada cual donde los pueda volver a tomar.[4]

¿Qué pudo motivar al joven capitán del Ejército Zapatista para prevenir a sus hombres que estuviesen alertas? ¿Desconfianza en los hombres de la revolución institucional? ¿Traición de la causa?

Rubén Jaramillo, con apenas dieciocho años de edad, se imponía ante los treinta y tres hombres a su mando, reunidos en el rancho Santiopa, en el estado de Morelos. La simple idea de tener las armas cerca para echar mano de ellas en el momento en que fuese necesario, nos habla de la disponibilidad del líder

---

[4] Ravelo, *op. cit.*, pp. 9-10; Rubén Jaramillo / Froylán Manjarrez, *Autobiografía y asesinato*, Nuestro Tiempo, p. 16.

por defender ideales, postulados y causas. Tal vez las mismas que un 12 de febrero de 1943 fueron desenterradas para huir de la persecución policial, pensando más en un acto de defensa propia que de ofensiva revolucionaria.

Precisamente veinticinco años después de haber sentenciado aquella consigna, Rubén regresaba a su casa cerca de las siete de la noche, cuando el sol apenas se acababa de esconder. En la penumbra, un grupo de quince pistoleros encabezados por el famoso matón Teodomiro Ortiz, conocido como el Polilla, pretenden sorprender al campesino rodeando su domicilio.

Aquella acción tiene como objetivo desaparecer por cualquier medio a Rubén; pocos meses antes se había logrado romper la huelga del ingenio de Zacatepec, gracias a las presiones por parte de la administración y la gerencia general de la empresa.

No faltó quien previniera a la familia Jaramillo sobre las intenciones del gobierno estatal de asesinarlo. Los matones se quedaron aguardando la llegada del líder sin éxito. Daba inicio aquel 12 de febrero de 1943 a una serie de acciones orquestadas en contra de Rubén Jaramillo. Varias fueron las casas que albergaron y escondieron a los perseguidos.

Para poder acudir a trabajar a su parcela de caña, se enviaba primero a un grupo de campesinos, quienes revisaban si existía o no algún agente de policía o cualquier persona ajena a la zona. El 15 de febrero, cinco agentes judiciales arriban cerca del medio día. Jaramillo apenas tiene tiempo de salir corriendo. Los judiciales creen en la palabra de los campesinos y se dirigen al lado contrario que el líder había tomado:

«Jaramillo pensó que su situación ya era difícil de solucionarse por medio de la Ley y de las autoridades, las cuales estaban todas confabuladas en su contra y nadie [...] estaba dispuesto a oírlo en las razones que exponía.»[5]

El hostigamiento se repite una y otra vez. Dos días después, Felipe Olmedo detiene a Rubén cuando este se dirige hacia su casa, como a las cuatro de la tarde:

---

[5] Jaramillo, *op. cit.*, p. 51.

«Acabo de pasar por el puente de la Cantora y en ese lugar está Mario Olea con otros seis hombres, y tienen, además de sus pistolas, dos ametralladoras. Pienso que te esperan allí. Ya tú verás si entras o tomas otras medidas.»[6]

Al mismo tiempo, cuatro agentes judiciales se encuentran de nueva cuenta en su domicilio para exigirle a Epifania Zúñiga, su esposa, que lo entregue. Rubén se siente acorralado, llevaba más de media semana con los nervios crispados por la tensión de andarse escondiendo. No podía volver a su casa ni a la parcela; había aprendido a oler el peligro; en Tlaquiltenango sobraban amigos que le permitirían estar seguro.

La decisión parecía acercarse cada vez más, puede que ni tiempo hubiera tenido de pensar un poco, simplemente el 19 de febrero de 1943 pudo reunirse en secreto con su esposa. Eran cerca de las tres de la tarde y la despedida se hacía inminente. Ensilló su caballo llamado el Agrarista, regalo del general Lázaro Cárdenas, entonces secretario de la Defensa; se dirigió hacia el cerro, sin rumbo fijo, simplemente deseaba salvar su vida. Las armas habían sido ya desenterradas.

David Castrejón insiste en acompañar al líder agrarista, aun cuando este se niega en comprometer a su compadre. Sabía que Severino Carrera Peña, el gerente del ingenio de Zacatepec, era quien había convencido al gobernador del Estado, Elpidio Perdomo, su antiguo amigo, para planear su asesinato; eran días en los que todavía creía que ausentándose durante un tiempo se podrían arreglar las diferencias.

La noticia de que Rubén Jaramillo anda huyendo de la orden que existe para asesinarle corre por todas las comunidades, a cada paso encuentra apoyo: lugares donde ocultarse, comida, campesinos dispuestos a unirse a la causa de la lucha jaramillista. Así, el 21 de febrero llega al rancho La Era, en donde se entrevista con Francisco Guadarrama quien, con veinticinco hombres decide ponerse a sus órdenes. Se entrevistan también con él varias personas provenientes de San Rafael y Santa Cruz,

---

[6] *Ibidem*; Ravelo, *op. cit.*, p. 50.

cuya intención es expresarle todo el apoyo necesario. Al día siguiente los levantados sienten cómo el suelo se mueve: a varios kilómetros de distancia estaba naciendo el volcán Paricutín; pero también la tierra de Morelos empezaba a estremecerse. Para entonces, y sin proponérselo, ya son setenta y cinco los hombres dispuestos a seguir a Jaramillo.

A los oídos de Daniel Roldán, de ideas sinárquicas, llega el rumor de los levantados, se entera de la cuadrilla que anda detrás de ellos, por eso decide frenar su camino el 23 de febrero y es cuando el Polilla recibe sus primeras bajas, replegándose.

Al día siguiente, Alejandro Rodríguez, enviado de Roldán, se entrevista con Jaramillo para expresarle su deseo de sumar armas y esfuerzos. El líder campesino no tiene aún un plan determinado, siente que la corriente del río va demasiado rápido; se toma su tiempo y plantea la posibilidad de reunirse con el grupo sinarquista para el 9 de marzo en Huixpalera.

Desde el primer momento afloran las diferencias. Jaramillo cae en la cuenta de que los motivos de armas son diferentes: él se concibe como un perseguido por las difamaciones inventadas en su contra por el administrador del ingenio, todavía cree en la revolución y sus alcances; por eso, rechaza la invitación para participar en la acción que ha preparado el grupo sinarquista en Zacapoalco y no se deja chantajear por Roldán, quien le narra la forma en que huyeron el Polilla y su gente.

Los planes de Roldán se llevan a cabo el 13 de marzo. El enfrentamiento con el ejército provoca varias bajas; no logra siquiera acercase a Zacapoalco. Cuando la desbandada de su grupo se vuelve una realidad, varios de sus seguidores deciden romper y se ponen bajo las órdenes de Jaramillo, incluyendo a Alejandro Rodríguez.

El 16 de marzo, Rubén llega con sus hombres al rancho La Era, donde le espera gente de Zacatepec para informarle que existen unos seis mil hombres dispuestos a unirse a su lucha, quienes proponen tomar las plazas de Jojutla, Tlaquiltenango y Zacatepec; que él ponga hora y fecha para la acción. Jaramillo se siente inseguro, sobre todo, luego de saber del fracaso de la empresa sinarquista; le anima el suponer que no tiene por qué enfrentar a las fuerzas del ejército, ya que todavía se siente amigo del general Cárdenas. Su decisión tiene que ver con la posibilidad de escarmentar a los matones contratados por el ingenio y el gobierno; se acuerda el 24 de marzo como día señalado para llevar a cabo la primera gran acción de las fuerzas campesinas en armas.

Las seis y media de la tarde es la hora acordada para que se tomen al mismo tiempo las plazas principales de los tres poblados, en una estrategia para sorprender al enemigo y evitar que lleguen refuerzos; Jojutla y Zacatepec quedarán en manos de los recién dispuestos a la lucha, mientras que Jaramillo entrará a Tlaquiltenango con su gente. La principal consigna de Rubén es: «Evitar el saqueo y toda clase de abusos entre las gentes del pueblo. Atáquense el cuartel federal, la comandancia, la policía judicial, depóngase las autoridades y fórmese otras ya electas por el pueblo. Pónganse avanzadas en las principales carreteras por donde puedan llegar auxilios al enemigo.»[7]

A la hora acordada, Jaramillo llega a la plaza principal de Tlaquiltenango acompañado de ciento veinticinco hombres armados. La acción se lleva a cabo de manera rápida; no encuentran resistencia, las oficinas públicas están cerradas a piedra y lodo, no hay necesidad de que se escape un disparo. La plaza ha sido tomada y la población no sabe qué está pasando. Juan Rojas es localizado, jefe de Tránsito del Estado, a quien se le exponen las razones de la lucha jaramillista que está iniciando y cómo él, a pesar de ser hombre del pueblo, ha traicionado desde su puesto a su gente. Por lo tanto, debe considerarse prisionero.

Por su parte, Alfonso T. Sámano y Benicio Barba se sienten amenazados con la presencia de Rubén Jaramillo en el pueblo y se esconden debajo de las raíces de los árboles. El desconcierto se apodera de los habitantes, nadie sale a la calle; alguno que otro simpatizante acude a saludar a los alzados. Los nervios es-

---

[7] Jaramillo, *ibid*, pp. 60-61.

tán presentes en cada uno de los miembros del recién estrenado ejército campesino. A pesar de ello, Jaramillo espera paciente la señal acordada que indique la toma de las otras dos ciudades. Se colocan guarniciones a las entradas de Tlaquiltenango, con el fin de evitar un posible ataque sorpresa. Cada minuto pesa más que las propias armas; de vez en cuando algunos ojos se dejan entrever desde el Palacio Municipal. Rubén no convocará a la población para que sean elegidas nuevas autoridades, hasta que conozca la situación de las otras plazas, para no exponer a la gente a un posible enfrentamiento.

El tiempo transcurre, la oscuridad lo cubre todo de pronto, no se encienden las débiles lámparas de la plaza principal de Tlaquiltenango. Luego de dos horas y media en espera de los tres silbatazos largos de la fábrica de Zacatepec, señal de que los pueblos aledaños han sido tomados, Jaramillo evalúa que el plan debe abortarse; todavía le ronda la duda de si se envía a alguien para saber qué ha pasado. Se sabe ya en desventaja ante un posible ataque enemigo; por eso, a las 21:00 horas toma la decisión de abandonar el pueblo.

Los cerros y la noche permiten a Jaramillo y los suyos una retirada rápida y sin sobresaltos; una hora después llega el Polilla, acompañado de cuarenta voluntarios para seguir al líder campesino. Minutos más tarde hacen acto de presencia dos pelotones del Ejército Federal al mando del mayor Juan Alvarado. Irrumpen en varios domicilios, el miedo se impone entre la población, cada quien tiene su versión de los hechos. La luz aparece como por arte de magia, las puertas de la Presidencia Municipal se abren de par en par. El mayor es consciente del poco éxito que tendría ir detrás de los revoltosos, pero para evitar futuros sustos, se instala de inmediato una zona militar cerca de Tlaquiltenango.

Sabiendo que pronto irán en su búsqueda, Rubén ordena la dispersión de su pequeño ejército en cuatro grupos diferentes, seguro de que la gente de la zona va a resguardarlos y alimentarlos en cuanto sepan que pertenecen a su causa. Mientras tanto, se da un tiempo para valorar la fracasada acción.

Poco después de haberse llevado a cabo la toma de Tlaquiltenango, llega a Zacatepec el general Isauro García Rubio, acompañado de doscientos cincuenta soldados, con la misión de investigar exhaustivamente lo ocurrido en el pueblo, por órdenes expresas del general Cárdenas, antes de iniciar la búsqueda de los alzados.

El general García Rubio se entrevista con Porfirio Jaramillo y consulta a varios pobladores; se entera de la situación y le pide al hermano de Rubén que por favor le haga llegar el mensaje para que no realice ninguna acción hasta que regrese de la Ciudad de México, tras informar sobre los motivos de su lucha.

Rubén acepta y se concentra con sus hombres en Mineral de Huautla. Pero las decisiones no siempre dependen de la voluntad, ya que una partida de sus hombres se encuentra, por el rumbo de Tetecala, con el presidente municipal de Tlaquiltenango, Miguel Pozas, acompañado del regidor, Sebastián Ortiz. La discusión aflora de inmediato; las armas llegan a las manos de ambos grupos y cae muerto el regidor de Hacienda. Miguel Pozas, por su lado, es hecho prisionero y lo llevan hasta Rubén, quien manda a avisar de lo sucedido al pueblo, para que sea recogido el cadáver del funcionario.

Tlaquiltenango se convierte en un hervidero. El resto de las autoridades municipales plantean que sea secuestrada la esposa de Jaramillo para obligarlo a que entregue al presidente municipal y que deponga las armas. Una vez que aquella propuesta es conocida por los habitantes, estos se niegan a la posibilidad de que sea utilizada aquella táctica y de inmediato defienden y ocultan a Epifania, no sin hacerle llegar al líder armado el aviso de que respete la vida del presidente municipal y que lo libere lo antes posible.

Jaramillo accede a la petición popular y libera a Miguel Pozas, luego de explicarle los motivos de su lucha y la enumeración de irregularidades ante las cuales ha tenido que enfrentarse. A pesar de la incipiente negociación con el ejército, un pelotón sale en su búsqueda. Por su parte, las fuerzas jaramillistas reciben la orden de dispersión para evitar posibles enfrentamientos.

Los cerros se convierten en el mejor de los escondites de los alzados. En cada comunidad tienen un resguardo seguro; con el solo hecho de esconder el arma y comenzar a trabajar la tierra de sus protectores, los soldados no distinguían a los sublevados.

La estructura militar se conforma tal como lo describe Marco Bellingeri, en su libro *Del agrarismo animado a la guerra de los pobres. 1940-1974*:

> Estructurado su grupo armado sobre una especie de jerarquía militar, a él obedecían una docena de hombres de absoluta confianza, ligados por estrechos vínculos personales, que a su vez mandaban una especie de pelotones. No parece que la guerrilla se haya subdividido nunca en columnas o «frentes» diversificados. Era más bien el patrón de la guerra campesina zapatista, caracterizada por periódicas concentraciones de hombres, caballos y armas seguidas por su dispersión, lo que permitía a los jaramillistas mantener la movilidad necesaria para evadir las muy frecuentes y previsibles campañas de las tropas federales.

Durante el mes de mayo de 1943 Porfirio Jaramillo acompaña al capitán José Trinidad Meza para que se entreviste con Rubén, quien transmite una propuesta del general Lázaro Cárdenas. El encuentro se realiza bajo severas medidas de seguridad. Luego de dialogar durante horas, Jaramillo acepta deponer las armas, no sin antes insistir en que el servicio militar obligatorio se aplique cerca de las comunidades donde viven los campesinos, para que no sean trasladados a otras partes, y que el entrenamiento solo se lleve a cabo los domingos, para que así no dejen de atender las necesidades laborales y familiares.

Se extienden salvoconductos para Rubén Jaramillo y su gente, firmados por el secretario de la Defensa, el cual tenía gran interés en que se arreglasen los problemas en Morelos. Los hombres saben lo sucedido y la mayoría decide regresar a su lugar de origen; Rubén se queda con solo quince acompañantes como pequeña guardia.

El mayor aprendizaje que acababa de recibir Jaramillo fue tomar conciencia de que no alcanzaría mayor beneficio si continuaba alzado en armas; las comunidades le apoyaban con alimentos, escondiéndole, a él y a su gente, del Ejército Federal, avisándoles de los movimientos de este, ofreciendo información de lo que sucedía, pero no más. La pretensión de llevar a cabo la primera acción armada había fracasado. Ahora sabía que el campesino no estaba dispuesto a regresar a las armas como había pensado. Los propósitos de la lucha aún no estaban claros, a pesar de que, ya para entonces, se encontraba redactado el Plan de Cerro Prieto, como una forma de propaganda con la cual justificaba los motivos de su lucha armada, en el que se retoma parte de la lucha zapatista y el Plan de Ayala, y convocaba a una Junta Nacional Revolucionaria que desconociera los poderes federales, provocando un nuevo orden político, social y económico en el país.

Huir y esconderse parecía haber quedado atrás. Rubén decidió permanecer unos días más en Huautla antes de regresar a su parcela, mientras se calmaban los ánimos. A finales de mayo le dijeron que un joven, llamado Fidel Castillo, lo buscaba, supuestamente para sumarse a sus fuerzas. El rumor de que era un enviado del gobernador y del gerente del ingenio para asesinarlo repercutió en sus precauciones; por eso, decidió entrevistarse con él, aun cuando optó por mantenerle distante.

Tras la insistencia de los más cercanos, Jaramillo accedió a tenderle una trampa al recién llegado, con el apoyo de una mujer de nombre Candelaria, para saber si el mentado Fidel era o no un enviado para asesinarlo. Se diseñó un plan para emborracharlo y, una vez ahogado en el alcohol, le preguntaron: «Bueno, ¿y qué males ha hecho Jaramillo?» Entre los balbuceos de la bebida, respondió: «Ah, es un elemento enemigo del gobierno, que se ha hecho entender de los campesinos y estos lo protegen, y para el gobierno esto es un peligro».[8] Una vez comprobada su identidad, Rubén convocó una asamblea en el

---

[8] *Ibid*, p. 71.

pueblo, donde expuso las intenciones del joven Fidel y solicitó la opinión de la gente para determinar cómo proceder. Ante la unanimidad de que fuera pasado por las armas, Rubén se opuso, haciéndoles ver que si lo fusilaban tendrían la misma actitud de los que lo habían contratado para matarle, justificando incluso la decisión del joven de ir en su búsqueda luego de las ofertas económicas que había recibido. Es así como decidieron liberarlo, siempre y cuando no se quedara en ningún lugar de la jurisdicción. Después de aquella acción, Jaramillo decidió irse a San Nicolás Galeana, municipio de Zacatepec, donde sembraría las tierras de su compadre Pablo Serdán.

Pronto, el gobernador supo lo sucedido, así como el paradero del líder, por lo que envió al Polilla para que lo siguiera. Alguien le hizo saber al jefe de la 24 zona militar la disposición del mandatario estatal, el cual ordenó el desarme inmediato del pistolero y su gente.

Teodomiro Ortiz regresó cabizbajo ante Jesús Castillo López; imposible pensar siquiera en haber enfrentado a los soldados. El gobernador les repuso las armas, a él y a su gente, y sentenció:

«En el estado de Morelos no manda el general Cárdenas. En el estado de Morelos mando yo. Soy el gobernador del Estado y nadie podrá estorbar que yo mate a Rubén Jaramillo. Ya ordené que lo persigan y así será.»[9]

Efectivos como siempre, los servicios de información jaramillista hacen del conocimiento de Rubén que el Polilla se encuentra en Jojutla y que anda una vez más detrás de él por órdenes del gobernador. El líder apenas tiene tiempo de salir de la casa de su compadre; el andar a salto de mata que suponía rebasado vuelve a ser la condición principal para salvar la vida.

Jaramillo se va a Coahuixtla. Luego decide resguardarse mejor en San Rafael, Zaragoza, donde escucha cómo llega un teniente del ejército que convoca al pueblo para preguntar por

[9] *Ibid*, p. 76.

él. Los pobladores niegan haberlo visto, hasta que un anciano de unos ochenta y cinco años interrumpe las negativas, para afirmar que él sí lo ha visto pasar por ahí. Las miradas se detuvieron ante la desgastada figura de aquel anciano, el cual, ante la pregunta del militar de cuánto tiempo hacía de eso, responde con la simpleza «cuando Rubén tenía como trece años», provocando la risa y la burla de los campesinos para con los soldados.

Rubén Jaramillo duda. Desea volver con su familia y trabajar su tierra, aun sabiendo que el salvoconducto entregado por el secretario de la Defensa no le garantizaba la vida en el estado de Morelos; las agresiones del Polilla y su gente a las comunidades por donde pasaban en su búsqueda aumentaban cada vez más. Había aprendido a esconderse en los cerros y pueblos, pero el coraje de no poder defenderse aumentaba a diario. Tal vez por ello el 2 de julio de 1943 reúne a su gente en Santa Rita, para proponerles llevar a cabo una acción el primero de septiembre en La Piaña.

Por aquella fecha logra reunir a sesenta hombres armados. Comienza de nueva cuenta su peregrinar por los poblados, ya no solo huyendo de la cacería de los hombres del gobernador y del gerente del ingenio, sino que ahora va manteniendo enfrentamientos con ellos conforme va teniendo la oportunidad. Para este entonces ya ha decidido cambiar de estrategia. Sabe que primero tiene que concienciar a la gente para que decida levantarse en armas; cuando tiene posibilidad, le pide a los lugareños que se organicen en la defensa de sus derechos. No les solicita que se unan a su causa, pues sabe de antemano que no les puede pedir que dejen su tierra para sumarse a su grupo; solo les pide apoyo en comida, información y lugares en los que pueda descansar.

La madrugada del 15 de octubre, Rubén llega con sus hombres a las afueras de Mineral de Huautla, Puebla, cuando apenas el sol comienza a anunciar los primeros rayos, envía una comisión exploradora de la zona. Son ocho los encargados de bajar al pueblo. Pocos son los que aparecen a tan temprana hora por las calles. La inconsciencia de los miembros del grupo de avanzada lleva a cuatro de ellos a la cantina; el resto decide descansar sin ninguna precaución en la plaza principal.

Silvino Castillo Manzanares es el responsable de la acción. Conoce la intención de asaltar un destacamento militar para conseguir armamento en la zona de Tlachichilpa, por lo que le envía una carta al sargento responsable del mismo, en la que le dice que está en el pueblo de Huautla, que entregue las armas sin resistencia y que lo espera por si desea entrar al poblado.

De inmediato una partida de militares se dirige a Huautla. Al llegar a la plaza se encuentra con los jaramillistas; el sargento les pregunta si son los rebeldes. Seguros de sí mismos, responden afirmativamente. El militar interroga para identificar quién es Canuto Almazán, quien se presenta al momento, a la vez que desenfunda su pistola, sin tener en cuenta la desventaja ante los soldados. El tiroteo ocurre de manera instantánea y caen muertos Canuto Almazán, Silvino Castillo y otros dos compañeros.

Cuando Jaramillo escucha los disparos, decide entrar en el pueblo: «Háganse de las esquinas y avancen sobre la plaza, y yo entro por la calle de la Taxqueña. Piensen todos que somos valientes y (que) peleamos por la justicia.»[10]

Los militares pensaban que todo estaba bajo control una vez que habían eliminado a los de la plaza principal; pero de pronto, sin esperarla, les cae una lluvia de balas desde las diferentes entradas a la plaza, luego de hacer su aparición el resto de las fuerzas jaramillistas.

El testimonio de uno de los soldados sobrevivientes es determinante:

«Cayó el sargento y los otros. Murieron allí, pues, todos, nomás quedamos ese y yo, los que nos refugiamos [...] tuve que llegar solo donde estábamos acampados.»[11]

---

[10] *Ibid*, p. 80.
[11] Ravelo, *op. cit.*, p. 63.

Rubén da la orden de no perseguir a los que escapan y dispone el levantamiento de los cuerpos de sus compañeros para iniciar la retirada, no sin antes traer a los que aún estaban en la cantina.

Por aquellos días, el Polilla acababa de estar en Paso de Ayala, lugar en el que asesinó a varios simpatizantes jaramillistas; también planeaba sitiar el rancho Los Hornos en donde quería detener a varios más, entre ellos a Epifania Zúñiga, que ya había decidido dejar a sus hijos e ir en busca de Jaramillo para unirse a su grupo. El operativo de autodefensa organizado para salvar a los habitantes de Los Hornos evitó más asesinatos, haciendo que Rubén y su esposa se encontraran días después en el rancho Los Sauces.

Las fuerzas jaramillistas van de un lugar a otro. Pasan al estado de Puebla, vuelven a Morelos, divulgan por donde pueden su voz y su lucha. A pesar de mantener su causa y sus ideales bien fundamentados, les falla la estrategia militar.

El 7 de diciembre llegan a Mitepec, Puebla, en donde Rubén se entrevista con varios lugareños que le hablan sobre su difícil situación y el férreo control que ejerce sobre la comunidad el grupo de caciques conocido como los Soriano. Estos también hablan con el líder y le dicen que no escuche las quejas de los campesinos, que es gente a la que no le gusta trabajar, llegando a ofrecerle incluso dinero para evitar cualquier tipo de levantamiento. «La actitud de ustedes es igual a la de las gentes contra las cuales yo he hecho armas y he jurado ante Dios y ante mi pueblo combatirlos en todos los órdenes que más me sea posible».[12] Fue la respuesta que recibieron por parte de Jaramillo, enemistándose con ellos. Inmediatamente, estos envían un mensajero a Atlixco para que diera aviso en la zona militar de la presencia de los rebeldes.

Una vez que la zona militar de Puebla tiene conocimiento del paradero de Jaramillo y sus hombres, son dispuestos doscientos soldados de Jolalpan, Puebla, para que vayan a Mitepec.

---

[12] Jaramillo, *op. cit.*, p. 85.

En la madrugada avisan a Rubén sobre el movimiento de tropas que se dirige hacia la zona, por lo que dispone salir del lugar. Sin embargo, antes de que logren levantar el campamento, son descubiertos por los soldados; el enfrentamiento es inevitable. El ataque sorpresa del cual son presa fácil Jaramillo y su gente provoca la desarticulación de sus posibles acciones de defensa. Durante más de diez horas no dejan de escucharse los disparos de ambos bandos.

En el intento de romper el cerco militar, Rubén cae en una emboscada que le tienden cerca de Agua de la Peña: una bala alcanza a su caballo y otra más le hiere en la pierna derecha. Su cuerpo rueda varios metros, hasta ir a dar al cañón del rifle de un teniente. Antes de vaciar el arma sobre el cuerpo indefenso del hombre más buscado de la zona, la muerte alcanza al militar gracias a Epifania, quien logra salvarle la vida a su esposo.

La huida se hace difícil. La carrera sin rumbo fijo ha provocado que cada quien se esconda en donde pueda. Rubén es auxiliado por Epifanio Tovar; debido a la desbandada, desconoce dónde ha quedado el resto del grupo, incluida su mujer. Alguien le informa que durante la emboscada fue herido y hecho prisionero Félix Serdán, el cual fue trasladado al hospital militar de la Ciudad de México.

Los soldados suponen que la herida causada a Jaramillo es mortal y que pronto será encontrado su cadáver por algún lugar de la zona, por lo que deciden aflojar el cerco y volver a Atlixco. Las campanas oficiales se echan a repicar bajo la creencia de que por fin se ha dado muerte al agrarista, y así se da a conocer la información.

Vagando entre rancho y rancho, Rubén se esconde de las autoridades. La noticia de su muerte le permite cierta movilidad. El día de Navidad es cuando el matrimonio Jaramillo se vuelve a reunir; juntos se ocultan en un lugar seguro hasta que la lesión de Rubén sana por completo.

A principios de 1944 Rubén reanuda los recorridos por las comunidades. Vuelve a Mitepec en cuanto sabe que los Soriano han creado un grupo de Guardias Blancas para escarmentar a los campesinos que habían acudido a entrevistarse con él meses atrás. Se planea emboscar la casa de los Soriano con la ayuda de Jaramillo y sus hombres; la cara de los caciques reflejó el pánico que se puede experimentar cuando se aparece un fantasma, la gente del lugar se hizo justicia por su propia mano.

El ladrido de los perros pudo ser la señal de alerta. Así fue como el 7 de marzo de 1944, Jaramillo se da cuenta de que otra vez ha sido ubicado por la gente del gobernador de Morelos. Mientras se escondía en Mineral de Huautla, luego de las acciones en Mitepec, ya se sabía que no era un fantasma; Rubén seguía con vida.

La apresurada fuga de Jaramillo, su mujer y Pablo Brígido, los lleva hasta una parcela cultivada de la comunidad de Palo Bolero, después de haber estado corriendo durante más de veinticuatro horas. El objetivo de Rubén es llegar hasta el Higuerón, en donde tiene varios domicilios donde pueden esconderse. Por otro lado, los soldados saben que pronto intentarán salir de su escondite. Son largas las horas de espera. Por fin, durante la madrugada, los perseguidos logran escabullirse entre las milpas y huir.

A los pocos días de estar en El Higuerón, en la casa de un simpatizante, Jaramillo recibe la visita del senador Alejandro Peña y del diputado Rosendo Castro, que le llevan un mensaje del presidente de la República. Días antes, Félix Serdán había sido trasladado del Hospital Militar para entrevistarse con el general Manuel Ávila Camacho, con el fin de iniciar la amnistía para los alzados de Morelos, otorgada por el gobierno federal.

Los legisladores le expusieron a Rubén la situación:

> Hemos hablado acerca de tu situación en Morelos con el señor presidente de la República, general Manuel Ávila Camacho, y él está dispuesto a darte garantías, amplias y cumplidas, y que no necesitas padrinos, que tú mismo puedes presentarte en su despacho oficial del Palacio Nacional, y que solo anuncies el día y (la) hora de tu llegada y que inmediatamente te

recibe, dando instrucciones al mundo oficial para que te den garantías, a ti y a los tuyos.[13]

Jaramillo solicitó un plazo para exponerle a sus seguidores más cercanos la propuesta, con los que se acordó que debía entrevistarse con el presidente. El 25 de marzo Rubén entraba en la Ciudad de México; para evitar cualquier tipo de atentado contra su seguridad, llega a una casa de su confianza, ubicada en la calle Allende número 99. El 13 de junio es la fecha fijada para llevar a cabo el encuentro en Palacio Nacional.

Parecía que, por fin, la persecución, los enfrentamientos y la clandestinidad iban a quedar atrás; se vislumbraba un arreglo en las peticiones que no se habían cumplido en el ingenio de Zacatepec, uno de los motivos por los cuales se habían desenterrado las armas. Aquel día puede que sus recuerdos viajaran.

---

[13] Jaramillo, *op. cit.*, p. 92.

4
AYUDAS A UN CABRÓN

El ingenio de Zacatepec se había convertido en una utopía hecha realidad; el centro de trabajo que vendría a satisfacer las necesidades del trabajador rural morelense. Era la «posibilidad de recurrir continuamente a la autonomía económica y política de los productores campesinos de la región».[14]

Corría el año 1927. El tendero envolvió en papel de periódico el kilo de azúcar que Rubén Jaramillo acababa de comprar. Al llegar a su casa desechó el contenido en un recipiente, desarrugó aquella plana y se dispuso a leer la letra impresa. Fue entonces cuando tuvo conocimiento de que se acababa de crear el banco de Crédito Agrícola, el cual podría apoyar a los productores de arroz organizados. El campesino se da inmediatamente a la tarea de planear la conformación de una sociedad ejidal para poder presentar los requisitos necesarios y obtener un crédito. La solicitud es bien recibida, la cooperativa comienza a trabajar luego de obtener el apoyo requerido. El éxito del trabajo colectivo provoca problemas con los acaparadores del grano, quienes presionan a los campesinos para obtener el precio más bajo.

Rubén Jaramillo no se detiene. El trabajo dentro de su sociedad ejidal poco a poco va impactando en la zona, llegando pronto a ocupar el cargo de delegado de la Confederación Nacional Campesina en el distrito de Jojutla. Son los tiempos

---

[14] Marco Bellingeri, en «Rubén Jaramillo: el último zapatismo», *El Buscón*, número 3, marzo-abril 1983, p. 20.

en que la estabilidad en el país se tambaleaba ante cualquier marea; acababa de terminar un lapsus de seis años en los que se habían tenido tres presidentes de la República diferentes. El entonces candidato, general Lázaro Cárdenas, anda en campaña política buscando el voto; Jaramillo se deja convencer por sus cualidades. Sin embargo, le da más confianza el hecho de que el candidato pertenezca a la masonería, grupo con el que había tenido contacto por su amigo Juan Marín.

Días antes, el gobernador de Morelos, Refugio Bustamante, tras limar las diferencias que tenía con Jaramillo, le pide: «[...] es necesario que tú te des cuenta (de) que el candidato nuestro es el general Cárdenas. Quiero que organices a los campesinos [...] para sostenerlo [...]».[15] Durante la campaña presidencial de Cárdenas, Jaramillo le hace llegar varias propuestas para mejorar la condición del campesinado en la zona, solicitando la electrificación de varias comunidades, el establecimiento de sistemas de riego y, sobre todo, la idea de crear un ingenio por la zona de Zacatepec; este proyecto le es presentado al candidato mediante Antonio Solórzano.

Una vez que llega a la Presidencia de la República, Cárdenas retoma la propuesta de Rubén y comienzan los trabajos para realizar el proyecto del ingenio en Zacatepec, Morelos. Mientras Jaramillo se dedica a convencer a los campesinos de la zona de los beneficios que traería dejar de sembrar arroz y dedicarse a la caña de azúcar, propuesta que, por experiencias pasadas, era rechazada por los productores del estado. Así el 18 de febrero de 1938 se constituye en Cuernavaca, Morelos, la sociedad cooperativa Emiliano Zapata, la cual se dedicará al cultivo y compra de caña, siembra de arroz y otros productos, estableciéndose de igual modo como una sociedad de consumo. En los estatutos se plantea que la cooperativa sería regida por la asamblea general de los socios, misma que nombraría un consejo administrador, compuesto por dos campesinos, un obrero y el gerente nombrado por el gobierno.

---

[15] Jaramillo, *op. cit.*, p. 30.

Para marzo del mismo año, después de la inauguración del ingenio, son nombrados como presidente del Consejo de Administración Rubén Jaramillo y como gerente Antonio Solórzano, el cual renuncia al puesto un mes después. Ocupa su lugar Maqueo Castellanos, con quien comienzan a suscitarse una serie de inconformidades, debido entre otras cosas, al retraso en el pago de las cosechas y al maltrato de los trabajadores del ingenio. Por ello, fue sustituido provisionalmente por el licenciado González Aparicio. Son estas las primeras muestras de corrupción de los representantes gubernamentales, que desvirtúan el fin social para el cual había sido puesto en marcha este proyecto agroindustrial.

El 17 de mayo de 1938 tomó posesión como gobernador del estado de Morelos Elpidio Perdomo, viejo zapatista conocido de Jaramillo. A los pocos meses, empieza a tener problemas con el Congreso local, por lo que acude de inmediato con Rubén para que sirva de intermediario con el presidente de la República para solucionar el conflicto político.

El gobernador dispuso de inmediato un vehículo para que Jaramillo se trasladase a la Ciudad de México y se entrevistara con el presidente; no estaba en la capital, pues se encontraba en Saltillo; al llegar a Coahuila, ya se dirigía a Aguascalientes, donde recibió a Jaramillo y su comitiva, explicándole lo que debería hacer el gobernador para arreglar su situación: «[...] esto está muy sencillo [...] el chiste es nomás que cambie a los diputados, que ponga diputados nuevos y que aviente esos allá lejos, y [...] (que siga) su periodo.»[16]

Jaramillo le comunicó a Perdomo el mensaje del presidente, arreglándose así las diferencias del gobernador con el legislativo local, aun cuando «Cárdenas le hizo ver que estaba defendiendo a un cabrón: Ya verás cómo te paga [...]».[17] La sentencia no duró mucho tiempo en hacerse realidad.

En diciembre de 1938, Rubén Jaramillo es invitado por Cárdenas a una comida en el balneario de Tehuixtla, durante la

---

[16] Ravelo, *op. cit.*, p. 46.
[17] *Ibidem.*

cual el presidente le solicita que apoye al general Manuel Ávila Camacho en su candidatura: «[...] yo quiero que todos los campesinos, a través de usted, ayuden al general Ávila Camacho.»[18]

Jaramillo se adhiere a la candidatura de Ávila Camacho no muy convencido. «Manifiesta francamente sus dudas [...] acepta apoyarlo, más por la simpatía y respeto que le merecía el general Cárdenas [...]».[19] El pasado en el estado de Puebla del candidato evidenciaba la zozobra sobre su credo revolucionario. Durante aquella comida, Rubén recibe de Cárdenas el regalo que llevaría consigo en varias de las siguientes luchas: un caballo al que bautizó como El Agrarista.

Durante los meses de 1939 se libran diferentes batallas desde el ingenio de Zacatepec. Los acaparadores, terratenientes y caciques de la zona no ven con buenos ojos la autonomía e independencia eventual del campesinado, así como la posible unión entre obreros y campesinos auspiciada por las autoridades gubernamentales. Se crea la Unión de Productores de Caña de la República Mexicana, que pugna por el aumento del precio de la caña y por mejoras salariales para los obreros.

Rubén Jaramillo da señales de incorruptibilidad durante las primeras gestiones por alcanzar mejores precios y aumento de sueldos; ante la asamblea, realizada el primer domingo de febrero de 1939, el gerente aparenta estar de acuerdo en otorgar la bonificación; después cita a Rubén en privado y le propone ciertos beneficios personales, que el líder agrario rechaza. Para inicio de 1940 quitan a Rubén Jaramillo del cargo de presidente del Consejo de Administración; con algunas modificaciones estatutarias, se logra que las decisiones y el poder sobre el ingenio recaigan en el gerente nombrado por el gobierno, cargo que para ese entonces ocupa Severino Carrera Peña.

El sueño del proyecto cardenista dejaba ver intereses creados más allá del beneficio del campesino y del obrero.

---

[18] Emilio García Jiménez, «Lucha electoral y autodefensa en el jaramillismo», *Cuadernos Agrarios*, julio-diciembre 1994, número 10, p. 100.
[19] *Ibidem.*

El fin del periodo cardenista significó en el Estado el fin de un proyecto que parte del campesinado había hecho suyo [...] Las estructuras así creadas (el ingenio de Zacatepec) y defendidas en función de tal proyecto se convirtieron nuevamente en instrumentos de explotación y opresión [...] recordaron a los campesinos y a Jaramillo las viejas formas de opresión, y los indujeron, casi naturalmente, a la reformulación de la lucha zapatista.[20]

La enseñanza de Cárdenas ya había calado fuerte en la conciencia de muchos campesinos, tal como declaró el propio Jaramillo: «[...] sepa usted, señor presidente, que la escuela que usted ha enseñado al pueblo nadie se la podrá quitar».[21] Tal vez por ello convocó a la lucha de autodefensa luego de los sucesos de la huelga de 1942.

Las promesas no se cumplieron. Varias fueron las trabas burocráticas y el papeleo ante el cual se iba enfrentando la solicitud pactada del aumento al precio de la caña y de los salarios de los trabajadores. Jaramillo había comprendido que una lucha no debería ir divorciada de la otra, que la causa de los obreros debería ser la misma que la de los campesinos y viceversa. A pesar de la falta de entendimiento de parte de ambos sectores, «[...] comprendió la alianza obrera-campesina, y comienza a hacer reuniones en conjunto. Si los obreros iban a la huelga, los campesinos tenían que respaldarlos levantando sus problemas».[22] Debido a esta unión, se convocó a huelga en el ingenio de Zacatepec el 9 de abril de 1942. A pesar de las amenazas recibidas, a las once de la mañana sonó el silbato y los obreros salieron de la fábrica, mientras que los campesinos dejaron de cortar y acarrear la caña.

Es en aquel momento cuando se sugiere que se haga desaparecer a Jaramillo, líder de los huelguistas. Carrera Peña, el

---

[20] «Proyecto de investigación de la Unidad de Investigaciones Campesinas», *Estudios contemporáneos*, UAP, abril-junio de 1980, número 2, p. 17.
[21] Jaramillo, *op. cit.*, p. 39.
[22] Ravelo, *op. cit.*, p. 38.

gerente del ingenio, le propone al gobernador del Estado asesinar a Rubén. Puede que acordándose del favor prestado por Jaramillo cuando intervino por él ante Cárdenas, Elpidio Perdomo acude personalmente hasta Zacatepec en compañía del general Pablo Díaz Dávila, jefe de la 24 zona militar, para disuadir de su lucha al líder.

Jaramillo fue trasladado hasta la casa del gerente. Cuando estaba frente al gobernador le ordenó que se subiera al automóvil y ambos se trasladaron a Cuernavaca. Una vez ya en el Palacio de Cortés, el gobernador comenzó a insultar y a amenazar a Rubén:

> [...] anda diciendo que los campesinos son víctimas de injusticia y atacados de la miseria por causa de la explotación que el gobierno les hace. Usted debe saber que los hombres más dichosos y felices del mundo son los campesinos, con la parcela que les dio la revolución; además, usted que los conoce, cómo puede ser defensor de los cañeros que nunca están conformes con nada. Ahora, ¿por qué defiende usted a esos obreros holgazanes y comunistas? Hoy amenaza usted al gerente, que es una bella persona, con hacerle una huelga para complacer a campesinos y obreros güevones. Si usted lleva a cabo esa huelga, lo mando fusilar. Y no olvide que ayer era Cárdenas y ahora es Ávila Camacho.[23]

Hay un testimonio que afirma que Jaramillo no se dejó intimidar por el gobernador, sino que defendió su postura y exigió que se cumplieran los acuerdos del aumento; se dice que incluso logró exasperar a Perdomo, quien lo amenazó con mandarlo a fusilar, en caso de que estallase la huelga.

De inmediato, campesinos y obreros salieron en busca de Jaramillo al enterarse de que había partido en compañía del gobernador. Dieron con él en la población de Temixco, donde acordaron continuar con el paro programado.

[23] Jaramillo, *op. cit.*, p. 45.

Las autoridades dispusieron todo con tal de doblegar y romper la huelga. Adiestraron campesinos con el fin de que ocuparan el lugar de los obreros, utilizando la intimidación como medida para que no detuviesen ni el corte ni traslado de la caña. Fue también la primera vez que Teodomiro Ortiz, el Polilla, contratado por el gerente para hostigar a los líderes atentaba contra Jaramillo.

Finalmente, lograron romper la huelga. La persecución que provocó la gerencia, con el apoyo del gobierno estatal, hizo que los militares tomaran cartas en el asunto; de igual modo, se contrató personal nuevo, haciendo que se reanudaran actividades tras un mes y medio de paro.

Rubén comenzó a recorrer la zona para concienciar a los campesinos, informándolos asimismo de la situación de acoso que se vivía, incluso después del cambio de gobierno estatal que se llevó a cabo aquel año, cuando asumió el gobierno Jesús Castillo López, que había sido secretario de Gobernación con Perdomo.

La persecución desatada contra Jaramillo perduró hasta el mes de febrero de 1943, cuando fueron a buscarlo a su propia casa.

5
DE LAS ARMAS A LAS URNAS

A pesar de la desventaja numérica durante la lucha armada prolongada entre 1943 y 1944, «los jaramillistas no pudieron ser derrotados; el monte y los pueblos los protegieron; pero tampoco lograron vencer».[24] El Plan de Cerro Prieto solo proponía restaurar los principios de la lucha zapatista dentro de los márgenes revolucionarios de 1910, y Rubén no se planteaba la lucha frontal en contra del gobierno de Ávila Camacho, sino simplemente que se cumpliera con los planes y la autonomía perdida del proyecto cardenista. Quizá por ello entendió que ir armado por el monte solo le otorgaba seguridad a su persona y a sus seguidores, pero provocaba que sus enemigos continuaran la campaña de descrédito en su contra, tachándolo de asesino y fugitivo de la ley. Aprendió que debía cambiar de estrategia para poder continuar la defensa de los campesinos.

El 13 de junio de 1944 a las once de la mañana Rubén Jaramillo llegó puntual a su cita con el presidente Manuel Ávila Camacho en Palacio Nacional. Luego de los saludos y abrazos formales, la conversación inició de una forma muy cordial. El presidente le insistió a Jaramillo en que lo más importante era su vida, que algún día sería comprendida su lucha por los campesinos. Luego le propuso que expusiera su deseo para que, en la medida de lo posible, se pudiera actuar de inmediato.

[24] Bellingeri, *op. cit.*, p. 22.

Solicitó que se aplicara la justicia en su estado, que se cambiara la administración del ingenio, insistiendo en la autonomía de la empresa; propuso que fueran exclusivamente obreros y campesinos los que formaran parte de la misma, así como pidió el desalojo militar. También habló sobre el problema del servicio militar obligatorio entre la población campesina, sugiriendo una modificación del mismo, con el fin de no afectar la economía de las familias: que los campesinos no salieran de su casa, sino que llevaran a cabo el adiestramiento en el municipio al que pertenecían, y que solo fuese los domingos.

El presidente se comprometió a estudiar las solicitudes y le ofreció ayuda específicamente a él, ofreciéndole unas tierras en Baja California, en el valle de San Quintín, que estaba deshabitado y sobre el que los estadounidenses ya habían puesto la mira, por lo que el gobierno federal tenía que tomar cartas en el asunto cuanto antes; de igual modo le aseguró todo lo que necesitara para trabajar dichas tierras.

A Rubén le pareció una buena propuesta, aunque solicitó primero que una comisión de su confianza conociera y evaluara la zona. El presidente aceptó y además le otorgó una serie de salvoconductos para todos los jaramillistas. Rubén respondió:

«Mire, señor presidente, para los políticos de mi estado los salvoconductos no constituyen ningún valor ni respeto, pues el día que a estos señores les venga el deseo de dañarnos, lo hacen, valiéndose de cualquier pretexto, cierto o inventado. De todas maneras, yo me seguiré considerando, ante la arbitrariedad de esos señores, como un hombre sin garantías y cuando se trate de una agresión, me defenderé.»[25]

El presidente aseguró que se arreglarían los problemas en el estado de Morelos, y creyó oportuno que los jaramillistas conservaran las armas para que se defendiesen de sus enemigos, ante la insistencia del jefe del Estado Mayor presidencial, quien

---

[25] Jaramillo, *op. cit.*, p. 96.

insistía en que debían de desarmarse.[26] Esta fue la primera amnistía de Rubén y su gente.

La comisión partió para Baja California; regresó un mes después con informes favorables sobre el valle de San Quintín. Jaramillo y sus seguidores más cercanos valoraron la propuesta presidencial, pudiendo percatarse de que más que un beneficio era, en cierto sentido, un tipo de exilio, por lo que finalmente decidieron no aceptar. De alguna u otra manera se trataba del primer intento de coacción oficial que se le presentaba a Rubén. Ante la respuesta del líder, Ávila Camacho le ofreció su apoyo por si deseaba quedarse a trabajar en la Ciudad de México, extendiéndole una carta para el jefe del Departamento Central, Javier Rojo Gómez.

Rubén tocó las puertas de la burocracia y fue bien recibido, pero la respuesta de su posible contratación tardó más de dos meses; al fin, el 25 de julio de 1944 fue colocado como administrador del mercado 2 de abril. Rubén continuaba informado de lo que sucedía en su estado, pues eran constantes las visitas que recibía de campesinos y allegados.

Durante alguna de sus visitas, Pablo Brígido y Antonio Flores le solicitan copias del Plan de Cerro Prieto y algunas balas, ya que Antonio había sido nombrado segundo comandante de su pueblo. Cuando regresaban a Morelos, les descubren los papeles y las balas en Cuautla, por lo que son detenidos e interrogados. De esta forma se ordena la captura de Rubén, que es llevado a las oficinas de la Procuraduría en Tlatelolco, de donde lo envían a la de Morelos a pesar de las peticiones de la familia.

Tras varios días de detención, en julio de 1945 una llamada de la Ciudad de México permite que liberen a Rubén, quien regresa al Distrito Federal.

Ante la proximidad de los comicios locales en Morelos, y debido a la negativa de ayuda de Vicente Peralta cuando Rubén estaba preso, los jaramillistas determinaron retirarle el apoyo

---

[26] Carlos Fuentes, *Tiempo mexicano*, Joaquín Mortiz, 1973, p. 111.

a la candidatura; ahí fue cuando se pensó en lanzar a Rubén como candidato a gobernador.

La propuesta para incursionar en la política formal del estado, replanteaba las formas de pensamiento, no solo del movimiento, sino que además se tendría que llevar a cabo una gran jornada para crear conciencia en el campesinado, para que se conocieran las razones que habían llevado a la nueva organización por la lucha electoral.

Hubo entusiasmo entre los colaboradores cercanos a Rubén por aquella posibilidad, así que propusieron una organización que les permitiera competir electoralmente. «Pon tú que no ganemos, pero en el campo político nos abrimos paso para ganar cuando sea tiempo, y ya iremos orientando a nuestro pueblo en el sentido de que ya no siga creyéndose de esos señores que, cuando nos necesitan, nos buscan y cuando no, nos desprecian».[27] Este fue uno de los argumentos que convenció a Rubén para apoyar la propuesta acerca de la incursión política y su candidatura. Una vez terminados los proyectos y acciones, se eligió el 21 de octubre de 1945 como el día de inicio de actividades del recién fundado Partido Agrario Obrero Morelense.

Se ha apuntado que, quizá, uno de los motivos fundamentales que avivó la creación del partido fueron las conversaciones que Jaramillo había venido sosteniendo con el general Henríquez Guzmán. Sin embargo, dichas conversaciones no aterrizaron en ningún acuerdo político, por lo que Rubén entró en contacto con el general Enrique Calderón, quien pensaba lanzar su candidatura para la Presidencia de la República bajo las siglas del Partido Reivindicador Popular Revolucionario. Así a principio de octubre de aquel año comenzaron a coordinar acciones el PAOM y el PRPR. Fue precisamente durante aquel mes cuando Rubén descubrió los intestinos del sistema político mexicano, luego de ser convocados todos los administradores por el jefe de la oficina de mercados del Distrito Federal, en busca del apoyo en favor del candidato del partido oficial para

[27] Jaramillo, *op. cit.*, p. 101.

la Presidencia de México, el licenciado Miguel Alemán, según el deseo del general Ávila Camacho. Se preguntó entonces cuántos locatarios se comprometía cada administrador llevar al acto de presentación del candidato, el cual tendría lugar en el mes de noviembre, y distribuyó un peso por cada uno de ellos. Rubén protestó y se negó a contribuir en aquella tarea, bajo los argumentos de la democracia y la libertad, por lo que tuvo que dejar el cargo de administrador del mercado 2 de abril.

El 15 de octubre, una comisión de miembros del recién fundado PAOM llega a la Ciudad de México para invitar a Rubén al acto de inicio de campaña, el 21 del mismo mes, en su natal Tlaquiltenango, acto al cual acude en compañía del general Enrique Calderón. Al llegar aquel día al lugar conocido como Hoja de Oro, los recibe una comitiva de unos mil quinientos campesinos, para acompañarlos hasta la plaza principal de Tlaquiltenango.

Durante toda la campaña electoral, incluyendo el mismo acto del 21 de octubre, no estuvieron exentas las acciones que pretendían sabotear los mítines, intimidando a la gente y reprimiendo a los simpatizantes del PAOM. Con respecto a la creación del partido, «[...] el jaramillismo se caracterizó –sin abandonar sus primeras formas de organización local– por la búsqueda de las formas organizativas más amplias posibles localmente y las alianzas supuestamente más ventajosas nacionalmente [...], un intento más de ampliar las bases sociales de su lucha local [...] tejer alianzas con grupos externos».[28] A pesar de la nueva forma organizativa, al final de cuentas su «verdadero objetivo continuó siendo la defensa de la vida autónoma de las culturas campesinas».[29] Aun cuando el programa de acción del PAOM recogiese «las demandas populares inmediatas, factibles de resolverse en el marco de la democracia burguesa. En ese sentido se trata efectivamente de un programa mínimo que busca la unidad de los diferentes sectores sociales de Morelos

---

[28] Unidad de Investigaciones Campesinas, *op. cit.*, p. 18.
[29] Bellingeri, *op. cit.*, p. 22.

para conquistar reivindicaciones agrarias, sociales y económicas, así como reformas a las leyes que dentro del sistema actual beneficien al conjunto de la población»,[30] y no solo a las comunidades campesinas. Al parecer, los planteamientos del PAOM expuestos durante la campaña política de 1946 pretendieron romper el círculo cerrado de las consignas de la manera de hacer política de aquellos años.

A pesar de que el apoyo que recibió Jaramillo cuando se presentó para la gubernatura fue masivo, fueron las masas campesinas quienes se desbordaron de manera más evidente, para las cuales Rubén representaba la máxima expresión de lucha. Los intentos por ampliar las bases del partido, por medio de las propuestas del PAOM no consiguieron la simpatía de otros sectores, gremios y movimientos sociales, como el obrero.

De cualquier modo, las acciones desde el poder no cesaron de atacar y neutralizar la presencia de la campaña electoral jaramillista, como consta en un telegrama dirigido por el gobernador del estado de Morelos al presidente de la República, rescatado en el libro ya citado de Marco Bellingeri. Aquí se dice que Jaramillo «continúa sus actividades políticas en las que no descansa, desarrollando labor subversiva contra instituciones nacionales, aconsejando (a los) pueblos abstenerse (de) hacer cultivos agrícolas, pues de no reconocerle el triunfo, (pretenderá) rebelarse nuevamente y arrasará sementeras.»

La jornada electoral de 1946 estuvo llena de irregularidades, ante las cuales «Jaramillo y sus seguidores, a falta de una gran capacidad para demostrar y defender la voluntad popular expresada en las urnas, no tenían otro camino más que volver a las montañas y a la clandestinidad, para preservar sus vidas y su organización.»[31]

Fue impuesto como gobernador Ernesto Escobar Muñoz. Durante las negociaciones con el PAOM, su presidente Trinidad Pérez Miranda, vendió el movimiento, por lo que de inmediato

---

[30] García, *op. cit.*, p. 106.
[31] *Ibid*, pp. 107-108.

fue quitado de su cargo; Rubén Jaramillo quedó como presidente del mismo y convocó a los comités locales para su reorganización y así poder continuar la lucha post-electoral.

Desde el gobierno estatal se decidió de nuevo liquidar a Rubén. De ahí que durante una asamblea del partido realizada el 27 de agosto de 1946 en Panchimalco, llega la defensa rural federal provocando una balacera. Rubén logra huir al cerro. Los diarios locales y nacionales dan la noticia tergiversando los hechos, colocando a Jaramillo como el provocador. Rubén acude al diario *La Prensa*, en la Ciudad de México, y expone cómo se habían dado los hechos.

En este momento inicia lo que se puede denominar una segunda etapa, caracterizada por la lucha clandestina mediante las armas en el estado de Morelos, como una reacción de autodefensa, en contra de las hostilidades del sistema para con la causa jaramillista.

6
EL PARTIDO A LA CLANDESTINIDAD

Rubén está de vuelta. Mediante los largos recorridos de pueblo en pueblo; de nuevo se enfrentaba a la obligación de la clandestinidad. En este momento llevaba a cabo reuniones en los diferentes ranchos y poblaciones, exponiendo los motivos y principios de la nueva organización política. Para aquel entonces, estaba convencido de los alcances del PAOM como fuerza política y social, aun cuando no tuviera la posibilidad de actuar de manera abierta. Continuó apoyando las luchas de los trabajadores y las demandas de tierra de las comunidades de la zona.

Hay quien plantea que Jaramillo y los que huyen al monte se convirtieron en una especie de «[...] brazo militar de la organización política formal, el PAOM, y alternarían el carácter de sus acciones —ilegales o semi legales— según las necesidades de autodefensa y el grado de persecución existente.»[32]

Lo cierto es que la acción gubernamental, encabezada por el entonces presidente Miguel Alemán, para hacer frente a la epidemia de fiebre aftosa del ganado, llamó a la simpatía con la acción jaramillista por parte de los pequeños ganaderos, no solo del estado de Morelos, sino que también de Guerrero y Michoacán. El gobierno federal, como única solución, obligaba a contrarrestar la epidemia utilizando el llamado «rifle sanitario», impuesto por el gobierno de los Estados Unidos para no cerrar sus fronteras con México, llegando a sacrificarse, según

---
[32] Bellingeri, *op. cit.*, p. 22.

cifras oficiales, unas cuatrocientas ochenta mil reses entre los años de 1946 y 1947.

Rubén Jaramillo encabeza las protestas de campesinos, ganaderos y gente de la zona que se oponen a la aplicación y el sacrificio del ganado con el rifle sanitario. Tienen lugar diferentes asambleas en varias regiones del estado de Morelos. Las más importantes son la de Los Hornos, en la que se reúnen con el líder los ganaderos, Pedro Casales, y Clemente García, y la de Tlaltizapán, donde se acuerda el levantamiento en armas, apoyado por Rubén, si se obliga al uso del rifle sanitario en Morelos.

Las autoridades locales otra vez, ponen precio a la cabeza de Jaramillo, ya que en efecto, fue casi imposible aplicar la salvaje medida en aquel estado de la República.

El conflicto del ganado terminó en noviembre de 1947, cuando Estados Unidos aceptó que se aplicaran diferentes tipos de soluciones para contrarrestar la epidemia, tales como la vacunación, los tratamientos veterinarios para curar al ganado infectado, la desinfección y la cuarentena, dejando el sacrificio y la aplicación del rifle sanitario para casos extremos.[33]

Entre las estrategias que desarrolló el gobierno estatal para desacreditar el movimiento en Morelos, destaca la de robar ganado a ciertos propietarios en nombre de los jaramillistas, para intentar romper la alianza que se había dado. Jaramillo denunció la acción gubernamental, provocando que esta se frenara.

Rubén y sus hombres continuaron habitando el monte, dejando a la espontaneidad de su propio movimiento el crecimiento o la disminución de su fuerza combativa. Acudían a las poblaciones organizando a los habitantes, ofreciendo orientación para los trámites burocráticos y hablando sobre la importancia de estar organizados y unidos. Por aquellos días, Epifania, su compañera, se fue a trabajar al rancho de Los Hornos, en donde fue ubicada por el ejército, que pretendió detenerla. Lo-

---

[33] Según artículo publicado en *El papel*, diario de PIPSA, 1934-1989, 1990. En sexenio 1946-1952.

gró huir escondiéndose de casa en casa hasta romper el cerco federal; se reunió con Rubén y se dirigieron a Mitepec, lugar en el que se escondieron durante varios meses.

Jaramillo quiso sembrar su parcela de caña, pero al enterarse las autoridades organizan la quema y destrucción del plantío. Rubén es puesto sobre aviso y logra escapar. Una vez hecha la quema, los soldados comenzaron a picar con las bayonetas los escombros y detonaron una serie de bombas que previamente habían colocado.

Ante el cambio de gerente del ingenio, y tras una movilización obrera que intentaba impedir que continuase la familia de Severino Carrera al frente de la empresa, Rodrigo Ampudia del Valle solicitó el apoyo de los campesinos y trabajadores para que, contando ya con la autorización del presidente de la República, fuera nombrado gerente del ingenio. Se entrevistó con varios líderes de la zona, quienes le plantearon las irregularidades por las que el ingenio había pasado en anteriores administraciones; Ampudia prometió resolver los conflictos y recibió la gerencia del ingenio.

A los pocos meses de estar en el cargo tuvo los primeros problemas con los campesinos de la zona. Varios se acercaron y le propusieron una entrevista con Rubén, cita que se desarrolló en un automóvil del gerente en la Ciudad de México. El conflicto sobre la solicitud de aumento de salario, así como algunos problemas con varios ejidos, parecía que se iban a resolver sin mayor contratiempo, cuando de pronto el ingenio fue ocupado por el Ejército Federal, supuestamente para protegerle de posibles brotes de violencia. El argumento que utilizó Ampudia para justificar aquella acción fue que habían enviado la tropa desde la capital de la República, que él no tenía nada que ver con el asunto de los soldados; aunque de cualquier modo, no justificó los nombramientos que otorgaba y las plazas que abría a puestos de confianza, llevando al ingenio a gente extraña. Por todo ello el sindicato protestó.

Al mismo tiempo, el secretario general del sindicato, Augusto Mitre, comenzó a sustituir a varios de los líderes, argumentando que eran radicales que atentaban contra los intereses de los trabajadores. Ante tal situación, se convocó una asamblea y fue sustituido el secretario, quedando al frente Leobardo Torres.

Los ánimos se fueron caldeando y el sindicato convocó a varios paros escalonados. A pesar de que el rechazo contra Ampudia crecía cada vez más, hubo un intercambio de propuestas ante la presión ejercida.

Cuando varios pistoleros amedrentaron a los líderes, las esposas de los obreros se plantaron frente al domicilio del gerente con pancartas que mostraban su inconformidad. Ampudia no dio la cara, alegando que las señoras lo agredirían a jitomatazos; aunque solo se le estaba pidiendo que cumpliese con lo pactado cuando había solicitado el apoyo de los obreros y campesinos para ocupar el cargo.

La inconformidad se desbordó hasta que el sindicato llamó a la huelga general, bajo la comprensión de los campesinos. La orden se recibió terminante desde la Ciudad de México, tanto de parte de Presidencia como de la Confederación de Trabajadores de México (CTM). Ampudia tenía veinticuatro horas para resolver los problemas en el ingenio, y lograr que se levantara la huelga.

Por su lado, el corporativismo oficial pretendió disuadir a la administración del ingenio para que cedieran y volviera a la normalidad. Se pactó la realización de un encuentro entre trabajadores y administrativos, fungiendo como mediadores representantes de la dirección nacional de la CTM. Para entonces, el pacto entre obreros y campesinos de Morelos ya estaba sellado; el conflicto debería resolverse atendiendo a las demandas de ambos sectores o no habría solución. Por parte de la sección sindical hubo intentos de entrevistarse con el presidente Alemán para exponerle el caso, pero aquellos deseos no se vieron realizados.

Mientras el comité de huelga pretendía entrevistarse con el presidente, algunos miembros del comité ejecutivo del sindicato accedieron a transar con la gerencia y firmaron un convenio. Al conocerse esto, las mujeres se plantaban a la entrada de la fábrica para convencer a los obreros de que no firmasen en favor de la empresa hasta que regresara la comisión, pues el acuerdo traicionaba al movimiento. Al enterarse de que se había firmado un convenio en su ausencia, la asamblea reunida acordó negar su existencia y se tomó la determinación de invadir las instalaciones del ingenio. La fábrica fue rodeada por el ejército. La situación podía desembocar en un enfrentamiento estéril, por lo que se asumió que «se trataba de que la gente triunfe, que sienta que por su empuje y unidad se gana algo, no importa que a los líderes nos corran, pero hay que hacerles pagar nuestra salida».[34] La empresa aceptó todas las demandas reclamadas: el aumento de sueldo y del precio de la caña –que se había concedido días antes procurando dividir la fuerza obrero-campesina– los escalafones, la revisión de los puestos de confianza y la revisión del transporte, a cambio de los líderes quienes, al entregar las instalaciones, tuvieron que esconderse debido a la persecución de la que fueron objeto; algunos incluso tuvieron que abandonar el estado de Morelos.

Así, desde el trabajo clandestino, Rubén y su gente continuaron apoyando las causas de las comunidades. En la ilegalidad, su condición de fugitivo le obligaba a mantener toda la cautela. A pesar de que solo pretendía llevar a cabo la justicia que no se impartía y retomar los principios de la revolución de 1910, nunca se planteó la organización armada como una vía para derrotar al gobierno estatal:

> [...] nosotros no estábamos levantados en armas contra el gobierno. Nomás nos defendíamos, ¡cómo nos íbamos a quedar en las ciudades para que nos quebraran! También teníamos un programa, que era el mismo programa de los gobiernistas, nomás que ellos no lo cumplían; teníamos un programa para que no se nos tomara por bandidos o salteadores. Y todos en el monte estaban con nosotros, nos ayudaban, nos daban de comer, nos avisaban cuando venían las tropas.[35]

---

[34] Ravelo, *op. cit.*, p. 112.
[35] Fuentes, *op. cit.*, p. 110.

7
POR LAS BUENAS, NUNCA VAN A ACEPTAR PERDER

Debido a la proximidad de las elecciones presidenciales, el 27 de mayo de 1951 se le concede a la Federación de Partidos del Pueblo Mexicano el registro como partido político nacional por parte de la Secretaría de Gobernación. Aunque su labor de organización data de fines de 1945 y su constitución formal se llevó a cabo en marzo de 1946, no es sino hasta 1951 cuando se dispone a competir por el poder mediante la vía electoral. Durante el acto de constitución de la Unión de Federaciones Campesinas, el 28 de mayo en el teatro Arbeu, es proclamado candidato a la Presidencia de la República el general Miguel Henríquez Guzmán, protestando como tal un día después, durante la convención del FPPM, celebrada en el monumento a Cristóbal Colón sobre el Paseo de la Reforma.[36]

El general Henríquez y Jaramillo ya habían hablado acerca de actuar conjuntamente en el plano electoral. Seis años antes, el primero dudó en lanzarse como candidato.

En cambio, ante la nueva coyuntura no hubo mayor problema para que el PAOM de Rubén se integrase en los trabajos del FPPM, aun cuando en el estado de Morelos afloraron las diferencias entre los jaramillistas y otro grupo de simpatizantes de la federación, entre quienes se encontraban Vicente Estrada Cajigal y el general Genovevo de la O, quien pretendía lan-

---

[36] Carlos Martínez Assad, *El henriquismo, una piedra en el camino*, Martín Casillas, 1982, pp. 19 y 22.

zar su candidatura por el FPPM, mientras que el PAOM volvía a presentar como candidato a Rubén Jaramillo. El hermano del general Henríquez, Jorge Henríquez, tuvo que acudir a Morelos para limar las diferencias, observando la fuerza social con que contaba cada grupo. Después de algunos incidentes menores, finalmente Estrada y de la O aceptaron a Rubén como candidato.

Para este periodo de trabajo político no existió una amnistía como tal por parte del gobierno en favor de los jaramillistas, aunque, poco a poco, el trabajo del PAOM dejó de ser clandestino; su incorporación al FPPM le ofrecía cierto margen y espacio de acción. Así, aunque no dejó de existir el acoso a los simpatizantes y seguidores de la candidatura de Rubén en el estado, la persecución policial se frenó.

Varios fueron los incidentes y las provocaciones que tuvieron que sortearse durante la campaña presidencial y de gobierno de Morelos en 1951-1952. Una de las anécdotas que llaman la atención fue cuando, en el pueblo de Tejalpa, el presidente municipal se negó a que el candidato Henríquez subiese al Palacio Municipal; sin embargo, una vez que el general llegó la gente lo invitó a tomar la Presidencia y, casi cargándolo, lo condujeron hasta el Palacio para que se realizara el mitin programado desde ahí.

A pesar de que la represión contra la campaña henriquista fue habitual en todo el país, para el caso específico de Morelos destaca el número de detenciones ilegales de estudiantes, campesinos, simpatizantes y seguidores, tanto de Henríquez como de Jaramillo, que realizaron las autoridades bajo el supuesto de que se preparaba un atentado en contra del candidato oficial, Adolfo Ruiz Cortines, en su visita al estado de Morelos.

El fraude fue generalizado en dicho estado. El PAOM no se había preparado para afrontar las diferentes maniobras oficiales y protegerse de las clásicas artimañas fraudulentas −modificar las cifras electorales, quemar boletas en favor de Jaramillo−, movilizarse y defender el voto popular: «[...] nosotros en el estado, en esa ocasión sí llevamos la mayoría de votos. Las elecciones las ganamos, derecho. El chanchullo estuvo en la Comisión Electoral [...]».[37]

La persecución y el acoso, así como la represión desatada desde las más altas esferas del poder contra los henriquistas tuvieron un trágico final. Al día siguiente de las elecciones, realizadas el 6 de julio de 1952, los seguidores del general Henríquez convocaron a un mitin a las cinco de la tarde en la Alameda Central para festejar su triunfo. Los ciudadanos que acudieron a la cita, desafiando la advertencia policial, que prohibía la realización del acto, fueron golpeados, «[...] hubo varios muertos, decenas de heridos y se arrestó a quinientos manifestantes.»[38]

Así, al saber que había actos de sabotaje y fraude contra el PAOM y su candidato al gobierno estatal dentro del FPPM, los morelenses fueron los actores más arriesgados, ya que defendieron su victoria exigiendo el reconocimiento nacional del triunfo de Jaramillo. A pesar de la represión, las protestas continuaron. Poco a poco, los principales líderes del movimiento henriquista comenzaron a declinar, siendo cooptados de alguna manera por el sistema, amenazados y amedrentados. En el estado de Morelos, los llamados «carreterazos» se propalaron; amanecían cuerpos con heridas de bala, abandonados en las carreteras. «En esa época, sin jactancia, nosotros teníamos la superioridad en la organización campesina aquí en el estado. ¡Y ese fue el motivo precisamente del arrecio de las persecuciones! Esa fue la conclusión que sacamos, de que por las buenas nunca van a aceptar perder.»[39]

Ante las presiones de quienes pensaban que no había que cruzarse de brazos debido al robo en las urnas, durante una reunión de la Federación de Partidos del Pueblo Mexicano se acordó que para el 4 de octubre de 1952, cada estado se levantaría en armas.

---

[37] Ravelo, *op. cit.*, p. 127.
[38] José Agustín, *Tragicomedia mexicana 1*, Planeta, 1990, p. 114.
[39] Ravelo, *op. cit.*, p. 188.

La fuerza henriquista, para entonces, ya se encontraba demasiado mermada; a pesar de ello los jaramillistas volvieron a reactivar sus estrategias dentro del estado de Morelos. Rubén sabía bien cómo detonar la fuerza del pueblo; las mujeres servían de vigías de los movimientos que se hacían en los diferentes cuarteles. «Pues nos manda de escuchonas por ahí, a ver qué se dice, pa' llevar esa razón [...] Agarré mi canasta, compré unos camotes y entraba yo a los cuarteles [...] pero nomás iba a ver qué había».[40] El pueblo volvía a convertirse en los ojos, oídos y voz de un posible levantamiento armado.

Para el día señalado, la convocatoria no tuvo eco. Las promesas de juntar a un número determinado de hombres dispuestos a la lucha llegaron menguadas. Aun cuando los jaramillistas desarrollaron ciertas acciones en algunos pueblos, las señales sobre la toma de guarniciones policiales y de autoridades municipales nunca fueron vistas. Así que de nuevo la huida era el lugar más seguro para Rubén y sus seguidores, varios de ellos cayeron presos durante el intento programado para el 4 de octubre; el resto del país, en cambio, estaba en calma.

Algunas versiones explican esta calma con la posible traición de algunos miembros del FPPM en cuanto a llevar a cabo las acciones armadas durante los primeros días de octubre. Otras versiones llegan a ser incluso interpretaciones descontextualizadas de los hechos, como la que afirma:

> El henriquismo se desvaneció poco a poco, pero dio pie a la radicalización posterior de algunos de sus militantes más jóvenes, como el caso del líder agrario de la zona zapatista de Morelos, Rubén Jaramillo.[41]

Sin embargo, más que una radicalización de Jaramillo y sus seguidores, se trataba de la defensa propia que dejaba como única opción posible la huida a la sierra y la clandestinidad. De

---

[40] *Ibid*, p. 131.
[41] Enrique Krauze, *La Presidencia imperial*, Tusquets, p. 189.

este modo, por tercera ocasión, Rubén debía dejar su tierra para hundirse en el anonimato del pueblo, basando su seguridad en los campesinos.

La historia de repartir dinero a cambio de la cabeza de Rubén se repite en este periodo. Gelasio López recibió cincuenta mil pesos y un arma para lograr la captura de Jaramillo. Estuvo buscándolo; Rubén tuvo conocimiento de sus pretensiones y lo evitó. Gelasio se gastó el dinero, vendió el arma y terminó asesinado en algún camino de Morelos a manos de la policía judicial. Así, las promesas oficiales de entregar dinero y apoyo a cambio de Rubén fructificaron poco. Una vez más, las comunidades hacían suya la causa jaramillista, aunque fuese de manera pacífica, ocultándolo, alimentándolo e informando sobre lo sucedido en Morelos y sus alrededores.

8
EL ÚLTIMO PERDÓN

Entre los años de 1953 y 1954 el Estado mexicano comienza a estrenar, de una u otra forma, el desconocimiento de las causas reales que provocan el llamado de las armas y que traen como componente el descontento social o la insatisfacción de ciertas demandas populares, siendo la publicidad y el descrédito el único camino que el sistema encuentra para enfrentar a sus oponentes.

Sobre Rubén Jaramillo comienzan a caer todo tipo de adjetivos y se esparcen gran cantidad de rumores. Como cuando la prensa nacional llega a decir que en algunos enfrentamientos se ha logrado el desmantelamiento de su «gavilla», o cuando el gobernador del estado de Morelos, Rodolfo López de Nava, declara que gracias a la acción del pueblo de Morelos, cansado de la tiranía de Jaramillo, se ha logrado su ubicación. En más de una ocasión la prensa da por hecho que ya cayó el líder o que huyó gravemente herido, por lo que de un momento a otro será localizado su cuerpo. La movilización militar en busca de Rubén se justifica en la prensa de manera burda; un ejemplo fue la crónica escrita por Manuel Moguel para *El Universal*, fechada en Tehuitzingo, Puebla, el 9 de marzo de 1954:

«Al salir de Jojutla, y por los pueblos por donde pasaba la columna, la gente salía al paso a saludar y desear, por medio de ademanes piadosos, el favor del Altísimo para aquellos nobles soldados que iban a exponer sus vidas [...]».[42]

---
[42] «Los movimientos armados...», *op. cit.*, p. 5.

La campaña de desprestigio contra la causa jaramillista desatada en todo el país alcanza niveles absurdos, como es el intento de acusar a Rubén de inmoral por la predilección religiosa. Algunos ejemplos, tomados de los diarios de la época comentan: «la gavilla que comanda el pastor evangelista, henriquista y sobre todo criminal Rubén Jaramillo». Las historias llegan a ser tan ridículas y exageradas, que cuando no es tachado de «bandido», «asesino», «roba-vacas», «asalta turistas» y demás, igualmente se divulga que:

> proporciona también limpias espirituales por medio de pases y de frases raras, y en esta forma ha logrado seducir a gran parte de la gente que lo sigue, y que son en su mayoría ancianos de rostros enjutos y pálidos, según ha podido verse por los muertos y presos hechos a su gavilla [...] aun las cuatro mujeres que lo acompañan son viejas, feas y sucias hasta lo indecible. Dando muestra de ello las prendas que fueron recogidas después de su huida.[43]

La propaganda y versión oficiales, las cuales posteriormente se instituyeron como única vía para afrontar los conflictos de la tierra, políticos o sindicales, toman fuerza durante el sexenio de Adolfo Ruiz Cortines, ya que para entonces se cuenta con un aparato de inteligencia política, inaugurado entre diciembre de 1946 y enero de 1947, durante el sexenio anterior: la Dirección Federal de Seguridad (DFS). Esta se ubica en la Secretaría de Gobernación.

Así, durante todo el sexenio de Ruiz Cortines, Jaramillo fue perseguido no solo por la policía estatal y la judicial, sino también por el Ejército Nacional, conformándose una campaña que, como ya se dijo anteriormente, desvirtuaba la acción de la lucha jaramillista y en la que, aun cuando se divulgaba un supuesto apoyo de los campesinos de la zona para con las fuerzas del Estado, estos continuaban siendo los mejores cómplices de

---

[43] *Ibid*, pp. 6 y 7.

Rubén y su causa, que finalmente nunca fueron atrapados por sus perseguidores.

El responsable de la Secretaría de Gobernación por aquellos años, Ángel Carvajal, en cada declaración insistía en asegurar que la guerrilla de Morelos no representaba mayor problema para la estabilidad del país y que, por el contrario, la paz social permeaba el territorio nacional, reconociendo de alguna forma la existencia de la guerrilla.

Por otro lado, Rubén organizó para el día 6 de marzo de 1954 una acción en el poblado de Tucumán donde, y de tomar el control del pueblo, se decidió el ajusticiamiento del presidente municipal, así como del jefe de la policía y de tres comerciantes locales, previo juicio popular que dictaminó dicha sentencia, después de haberles encontrado culpables de la muerte y tortura de varios activistas y simpatizantes del jaramillismo. La acción volvió a provocar la rabia del sistema, por lo que la movilización de las fuerzas federales no se hizo esperar, y Rubén tuvo que salir de inmediato del pueblo.

Los constantes enfrentamientos con destacamentos del Ejército Federal, provocaron que Rubén se replanteara la existencia de su grupo armado. Por ello, se decidió una vez más, la dispersión del grupo, mientras se reorganizaban las condiciones de lucha, teniendo en cuenta que era más fácil que Rubén pudiese huir sólo con cuatro seguidores, que intentar mantener una fuerza de varios hombres. Es posible que en este momento Rubén considerara la idea de un levantamiento nacional como una de las opciones posibles.

Entre otras tareas, Jaramillo pretendió reorganizar las bases de apoyo del PAOM. Continuó asesorando y apoyando, desde la clandestinidad y durante la década de los cincuenta, las solicitudes y acciones de los pueblos en sus demandas por tierra.

Para 1957, tras el movimiento telúrico que sacudió la Ciudad de México y derribó el Ángel de la Independencia, Rubén intentó llevar a cabo otra acción armada que reorganizara las bases jaramillistas, pero el resultado derivó de nuevo en fracaso. Una vez más, se demostraba que los pueblos estaban dispuestos a auxiliar en todo lo que fuese necesario al líder agrario, aunque la convocatoria para la lucha armada contaba con poca participación; además, el carácter local de su lucha se enfrentaba ante la represión de todo un aparato nacional y las acciones de autodefensa no trascendían del estado de Morelos. Finalmente Jaramillo se percató de que cada intento de reagrupar su fuerza armada se alejaba de las bases sociales de apoyo que lo respaldaban.

A pesar de que, como escribió Fuentes, «las victorias del Ejército Federal son cada día más pírricas. Las guerrillas no pueden ser concentradas para darles batalla formal, fijarlas y aniquilarlas: atacarán velozmente, en seguida se dispersarán y establecerán nuevos e invisibles campamentos. El mimetismo del guerrillero es un hecho cultural: conoce la tierra porque es la tierra, humanamente situada y recreada.»[44]

Había que asumir otra nueva forma de lucha, no bastaba con saberse seguro en la sierra.

Una vez electo el candidato a la Presidencia por el PRI, el licenciado Adolfo López Mateos, quiso entablar contacto con la gente de Jaramillo para proponerle otra amnistía y una respuesta efectiva a todas sus demandas, a cambio de que lo apoyara en su candidatura. A fin de cuentas, el desprestigiado delincuente Jaramillo, según las versiones oficiales, también podría convertirse en un botín político del flamante candidato oficial, colaborando con él incluso en la supuesta lucha contra de los grupos más radicales y enemigos de la Revolución Mexicana.

Fueron cuatro los enviados del candidato oficial, según algunas versiones porque era evangélico o masón: el jefe de la policía, Jesús Montemayor, Saltiel Jiménez y Nacho González, evangelistas, y Leopoldo Ramírez Cárdenas, director del periódico *La Prensa*, por intermediación de Alfonso Navarro Prieto, conocido de Jaramillo. «Venimos de parte de López Mateos, que quiere él que tu gente le dé canilla, que tú lo apoyes a él. Y llegado él al triunfo, cumplirá todo lo que tú quieras; él dice que

---

[44] Fuentes, *op. cit.*, p. 135.

le hagas una ponencia y que él se base en eso y cumpla todo lo que tú quieras.»[45]

Rubén acepta y se lleva a cabo la entrevista y la foto, cuando López Mateos es presidente electo de México. Existió una negociación entre el presidente saliente y el entrante para no detener ni llevar a cabo acción alguna contra los jaramillistas, aun cuando varios políticos le recriminaron a López Mateos el hecho de haber conseguido una amnistía para Jaramillo y sus hombres, decretada ya formalmente cuando tomó posesión como primer mandatario, a lo cual respondía: «tengo la satisfacción de decirles que lo que no pudieron hacer muchos con las armas, yo lo logré con medios pacíficos.»[46]

La figura del Presidente Elegante comenzaba a esculpirse, a pesar de haber recibido un cúmulo de conflictos obreros, que López Mateos ya había tenido que enfrentar como secretario del Trabajo. Además, durante su campaña se desataron algunas protestas del sector campesino, ya que se veía que solo se recordaba la consigna revolucionaria oficialista cuando era necesario conseguir votos cautivos.

El régimen de Ruiz Cortines finalizó con una efervescencia de luchas sindicales, entre las que destacaron las movilizaciones magisteriales durante abril de 1958, así como los paros y las huelgas ferrocarrileras de junio del mismo año. No fue sino hasta la Convención Nacional Extraordinaria del Sindicato de Trabajadores Ferrocarrileros de la República Mexicana (STFRM), realizada en julio de aquel año para elegir nuevo secretario general, cuando dan inicio las jornadas de lucha democratizadora en dicho sindicato, las cuales provocan la acción violenta y represora por parte del Estado contra las diferentes expresiones libertarias del sector obrero en general. Por esos días, se desatan también diversos conflictos dentro del sector de telegrafistas y algunas secciones del sindicato petrolero externan su inconformidad por la lentitud ante la revisión de su contrato.

[45] Ravelo, *op. cit.*, p. 147.
[46] *Ibid*, p. 151.

Así, López Mateos sabía que iba a recibir un problema social no solucionado heredado de su antecesor. A pesar de que era considerado un hombre de izquierda por haber apoyado en su juventud la gesta electoral vasconcelista, no recibió el consentimiento de las diversas expresiones de la izquierda, como en un primer momento se había pensado, con el fin de aminorar las expresiones de inconformidad que se manifestaban desde los gremios sindicales, sumándose a su candidatura solo el ya de por sí controlado y desprestigiado Partido Popular, además del PRI. Por ello era tan importante el respaldo de Rubén Jaramillo a López Mateos.

De ahí que el costo político al otorgarle amnistía a un alzado como Rubén Jaramillo en Morelos no era tan importante, ante la efervescencia social y sindical del resto del país, y de paso le mostraba al sector campesino las buenas intenciones de retomar el rumbo perdido de los principios revolucionarios del nuevo presidente. Tal vez a quien le faltó visión sobre los objetivos perseguidos por López Mateos fue precisamente a Rubén, aun cuando había comprobado las limitaciones de su lucha, creyó que dentro de los cauces legales podría apoyar mejor las demandas campesinas.

El abrazo se llevó a cabo, la fotografía quedó impresa como pacto entre el gobierno y el líder agrarista levantado en armas en tres ocasiones diferentes. La desconfianza no fue ya una preocupación para Jaramillo, a pesar de las diferentes acciones que se habían llevado a cabo en su contra en el estado de Morelos. Sin embargo, quedaban algunas dudas en el aire, que destacaron sobre todo las mujeres que habían presenciado el encuentro, aquellas feas, viejas y sucias que la prensa describía; no se cansaron de advertirle: «[...] cuando le dio el abrazo, yo quedé atrás de don Rubén y aquel viendo pa'cá, y al abrazarlo le vi un gestito que hizo [...] cuídese bien, no se confíe».[47] Pero la euforia y la seguridad estaban del lado de la creencia de Rubén, quien salió animado de aquel encuentro, seguro de que ahora sí

---

[47] *Ibid*, p. 149.

se tendrían en cuenta las demandas y acciones que iba a llevar a cabo dentro de los cauces legales.

Jaramillo comenzó su trabajo reorganizando al PAOM. Durante algunos meses se dedicó a recorrer todos los municipios de Morelos, dando a conocer que estaba «amnistiado», que ya no luchaba contra el gobierno y que pretendía apoyar las demandas campesinas por vía legal. Una de las primeras acciones en las que se le solicitó apoyo fue cuando un norteamericano, Stoner, compraba los terrenos de Ahuatepec convenciendo con dinero a los comisariados ejidales, con la pretensión de levantar un fraccionamiento residencial llamado El Ensueño, ante lo cual pronto los campesinos protestaron; de inmediato se convocaron asambleas para expropiar las tierras del extranjero y se volvieron a repartir entre los campesinos.

La nueva estrategia de Jaramillo tenía que ver con la posibilidad de alcanzar algunos de los puestos directivos y de liderazgo dentro de las organizaciones del corporativismo de Estado, así como continuar apoyando las luchas del ingenio de Zacatepec. Durante las elecciones de la nueva dirección de la Liga de Comunidades Agrarias del Estado de Morelos, afiliada a la Confederación Nacional Campesina (CNC), el gobernador y las autoridades locales intentaron sabotear la asistencia de los simpatizantes de Jaramillo, bloqueando las carreteras para detener los camiones que transportaban campesinos que se dirigían a la asamblea. Las intenciones fueron descubiertas, por lo que se decidió que los representantes jaramillistas no llegaran juntos; se fueron colando de uno en uno entre los retenes dispuestos a frenar el tránsito de autobuses. Rubén sacó la mayoría de los votos, pero, otra vez, una acción fraudulenta evitó que llegara a dirigir oficialmente la organización campesina; sin embargo, varios de los seguidores de Rubén quedaron como comisariados ejidales.

Una vez más, el ingenio de Zacatepec volvió a ser el punto de conflicto entre Jaramillo y las autoridades locales. Las quejas por el robo cuando se pesaba la caña y la tardanza para recibir el pago por la cosecha fueron constantes contra el gerente del ingenio, Eugenio Prado, cuyos actos de corrupción eran conocidos por toda la zona.

Las asambleas y reuniones vuelven a ser el común de todos los días, así como las amenazas a Jaramillo por apoyar las demandas de los cañeros. El apoyo de los obreros durante aquellas jornadas fue menor; ahora sí existía una clara diferencia entre la lucha de campesinos y de obreros del ingenio.

Se convocó una gran asamblea, en la que se delinearían las acciones a seguir contra el gerente Prado, aunque en un primer momento quiso evitarse con la sugerencia: «Mira, Rubén, no hagas esa asamblea [...] le había dicho unos señores en México, que se disciplinara, porque López Mateos les había dicho que como estábamos en políticas, podrían titularlo de maniobra».[48]

Al no hacer caso de aquellos consejos preventivos, el gobernador del estado, Norberto López, lo llamó para proponerle algo: «[...] tengo una dádiva para usted, que creo que es muy buena [...] de uno y medio millones, una residencia donde la desee y un coche último modelo, de parte de la gerencia, para que se retire de la lucha».[49] El sistema pretendía extender sus tentáculos, primero para atemorizar y luego para extorsionar, como si las experiencias pasadas no existieran. La falta de sensibilidad para encontrar maneras diferentes de solucionar los problemas y los asuntos del ingenio caían en los errores del lugar común: la amenaza velada y la corrupción.

Jaramillo argumentó que, de haberle propuesto aquella dádiva del capital privado del gobernador, tal vez la hubiera aceptado, pero como era dinero público, la rechazaba.

Ante la solicitud de que no se llevara a cabo la asamblea, Jaramillo acordó con el gobernador que, siempre que hubiera gente del pueblo decidida a realizarla, se llevaría a cabo y que si no había gente, la cancelaría. Un enviado del Distrito Federal llegó a Chiverías, donde se encontró con Jaramillo, y le solicitó estar presente durante la asamblea. La policía judicial intentó

---

[48] *Ibid*, p. 158.
[49] *Ibid*, p. 159.

desorientar al pueblo, concentrado en Zacatepec, para que se disolviera, bajo el argumento de que ya no iban a llegar ni Jaramillo ni los acompañantes, por que se encontraban en Cuernavaca con el gobernador. En cambio, cuando llegaron, se levantó la asamblea y se procedió a enjuiciar las acciones y corruptelas del gerente del ingenio, Eugenio Prado.

Al finalizar la asamblea, Rubén tuvo que salir de manera disimulada, para despistar al capitán José Martínez y a Heriberto Espinosa, el Pintor, quienes ya habían mostrado su intención de detenerlo. Durante la semana siguiente continuaron los trabajos, consultando a los ejidatarios para escribir el pliego final de peticiones. Durante una de aquellas consultas, tuvo lugar un enfrentamiento casi directo entre el capitán Martínez y Jaramillo, pero el primero, luego de andarlo siguiendo en su carro, decidió desistir y salió en dirección contraria una vez que Rubén se detuvo para encararlo.

Se había decretado «asamblea permanente». Varios inspectores llegaron a visitar el ingenio y los ejidos; pronto, algunos periodistas se interesaron por la nueva lucha de los cañeros; fueron abortados los viajes a la Ciudad de México programados con la voluntad de entrevistarse con el presidente. La lucha de los cañeros contra la gerencia de Prado duró varios meses, hasta que finalmente en 1959 se logró la destitución del mismo. Así, aunque algunas peticiones no fueron satisfechas, de alguna u otra manera la acción convocó a la conciencización y la unión de los cañeros, así como al cambio de gerente.

Las versiones sobre el posible enojo de López Mateos porque Rubén hubiera encabezado el conflicto cañero, bien pueden estar fundadas en la negativa del presidente de volver a reunirse con el líder agrarista, o incluso en la ruptura nuevamente con el sector oficial, debido a la reincidencia de Jaramillo por estar del lado de los de su clase. La Unidad de Investigaciones Campesinas de la UAP expone todo esto del siguiente modo:

> La lucha del ingenio de 1958 revela este hecho ya consumado y obliga a Jaramillo a adentrarse en el último periodo de lucha

y al empeño de constituir una organización superior [...] este intento parece transcurrir ambiguamente entre dos polos: la legalidad, aún sancionada por el presidente López Mateos, y los preparativos para una lucha de resistencia a largo plazo que culmine en la construcción de una nueva forma de organización.[50]

La incertidumbre rondaba entre los simpatizantes de Jaramillo. Las provocaciones del capitán Martínez y del Pintor se multiplicaron, aunque Rubén seguía creyendo en la palabra empeñada del presidente, sin regresar por ello a la clandestinidad o a la lucha de defensa. Los consejos de prevención se multiplicaron y se acarició la propuesta de una nueva organización armada sin tener en cuenta las precauciones necesarias. Por ello, estas nuevas sugerencias y solicitudes de apoyo le llegaron al líder para emprender la última de sus acciones.

Según el periodista Edmundo Jardón Arzate, Rubén le platicó algunos de los episodios de su vida durante este periodo de clandestinidad, con la pretensión de que los escribiera. Jardón asegura que él le propuso que fuera él mismo quien redactara su biografía, algo que pudiera considerarse una autobiografía. Rubén la bosquejó y se la entregó al periodista, para luego desarrollar la versión publicada en 1967 bajo el sello editorial Nuestro Tiempo, con el texto complementario de Froylán C. Manjarrez.

---

[50] Unidad Investigaciones, *op. cit.*, p. 19.

9
EL PARAÍSO NEGADO

Las nuevas promesas incumplidas para los campesinos de la zona del oeste del estado de Morelos provocaron un encuentro entre Manuel Leguízamo y Rubén Jaramillo; el primero lideraba a los que habían sido engañados con la oferta de repartición de tierras de los cerros de Michapa, en Morelos, cuando realmente varios inversionistas de la Ciudad de México –entre otros, Miguel Alemán Valdés, Alfredo del Mazo y Eugenio Prado–, pretendían construir en aquella zona unas granjas residenciales, y lo único que se le ofrecía con este proyecto a los campesinos era trabajo de por vida. Aquella zona había permanecido vacía desde hacía varias décadas y solo era usufructuada por los grandes ganaderos del área vecina, quienes utilizaban aquellos terrenos para que su ganado pastara.

Las primeras solicitudes para obtener aquellos predios se iniciaron por las vías legales. Rubén aceptó incorporarse a la demanda de aquel grupo de campesinos. Visitó el área, presenció el grado de abandono de la misma, incluyendo los terrenos del Guarín, y se presentó formalmente la solicitud ante el Departamento Agrario. Los primeros trámites se llevaron a cabo sin mayor problema; los sellos y las firmas quedaron asentados en varios documentos. Eran unas veinticinco mil hectáreas que pasarían a manos de seis mil familias campesinas organizadas. El nombre que se escogió para este proyecto de fundación de una nueva comunidad agrícola fue Otilio Montiel, en memoria de un viejo luchador zapatista. Jaramillo entonces pensó la posibilidad de desarrollar un proyecto diferente al que había peleado hasta entonces: «Por las características propias de un experimento de autogestión campesina, esta última campaña de Jaramillo buscó territorializar el movimiento, volver tangible la posibilidad de autonomía de los productores y hacer de la nueva colonia agrícola Otilio Montiel una base de esta corriente histórica.»[51]

Las asambleas con los nuevos pobladores de la Otilio Montiel se sucedieron una tras otra para recibir los informes sobre los diferentes trámites que llevaba a cabo la comisión ante el Departamento Agrario. Todo quedó en orden. No hubo firma presidencial en los papeles, pero sí el reconocimiento y la aceptación del Departamento Agrario, cuyo titular era Roberto Barrios, otorgándoles las tierras solicitadas a los campesinos. Así, se llevó a cabo el levantamiento del terreno y el propio Departamento Agrario envió a un ingeniero para que tomara las medidas y fincara los límites del área concedida. Se invitó a los ejidatarios aledaños por si deseaban incorporarse al nuevo proyecto.

Las ilusiones tomaron vuelo ante la buena respuesta de la solicitud, las cerca de seis mil familias habían apostado y estaban a punto de ver cumplidas sus esperanzas. Rubén hacía saber a los campesinos el estado de los trámites: «[...] está bien arreglada la documentación ya. Nomás buscamos la oportunidad de que don Roberto nos autorice bien unos documentos y nos vamos a Michapa y se reparte la tierra».[52] Durante el desarrollo de los últimos trámites, Roberto Barrios dejó de aparecer: se negaba a las solicitudes de entrevista de los campesinos morelenses; les fue dando largas, bajo cualquier pretexto, para la entrega formal de los terrenos concedidos; si acaso la comisión fue recibida por el secretario particular de Barrios, tan solo para decirles que, al parecer, aquellos terrenos tenían dueño y que no iba a ser posible entregárselos.

La palabra empeñada, incluso signada y hasta sellada, poco a poco e inexplicablemente cambió; primero sí y no hay ningún

---

[51] Bellingeri, *op. cit.*, p. 24.
[52] Ravelo, *op. cit.*, p. 170.

problema, pero a la mera hora dijeron que siempre no. Intereses oscuros se interponían entre la solicitud campesina y la realidad por obtener las tierras.

Ante esta supuesta existencia de unos ejidatarios dueños de la zona de Michapa y del Guarín, la gente de Jaramillo los citó, conforme señala la Ley, el 17 de mayo de 1959, sin que se presentara nadie a negociar. La segunda invitación pública fue el 23 de agosto del mismo año y de nuevo no se obtuvo respuesta.

Ante la existencia de los papeles firmados, que les concedían legalmente las tierras, por el jefe de la oficina de Nuevos Centros de Población Agrícola, cuyo titular era José Trinidad García, y por el secretario general de Asuntos Agrarios, Arcadio Noguera Vergara, así como por el ingeniero Salvador González Lazcano, director de Tierras y Aguas, los campesinos organizados determinaron tomar posesión del terreno el 5 de febrero de 1961.

La noticia de la ocupación pacífica de los cerros de Michapa y del Guarín comenzó a dispersarse por todo México. La publicidad antijaramillista, basada en la ya clásica campaña plagada de descalificativos y supuestas verdades, ocupó espacio en los principales periódicos de circulación nacional: «se había alzado en armas de nuevo», «invadía tierras ejidales y provocaba al gobierno», «preparaba un golpe terrorista-comunista en el país», «se lanzaba a asaltar turistas en la carretera que va a Cuautla».[53] Una vez más, la desinformación y descalificación como estrategia de Estado se echó a andar ante las demandas populares. A su vez, el Departamento de Asuntos Agrarios y Colonización daba a conocer el 8 de febrero de 1961 un boletín de prensa en el que precisaba la supuesta ilegalidad de las tomas de los cerros aludidos, justificando así la expedición de su consentimiento para que seis mil familias sin tierras ocupasen aquellas hectáreas.

En dicho boletín se hacía referencia a los diferentes momentos en los que, por decreto presidencial, se habían entre-

---

[53] Manjarrez, *op. cit.*, p. 147.

gado aquellos terrenos a varios ejidatarios del estado de Morelos desde 1922 y 1929. Entraron así en contradicción con su propio papeleo, ya que se había demostrado incluso, por el enviado del propio departamento, que aquellas tierras estaban ociosas, motivo por el cual habían sido concedidas a los jaramillistas.

La versión oficial insistía en desacreditar a los ocupantes de los predios; los hacían aparecer como posibles pequeños propietarios quienes, al no satisfacer su voracidad, ahora pretendían despojar de su terruño a los verdaderos dueños. El profesor Barrios, de la Dirección de Asuntos Agrarios y Colonización, recibió a una comisión de los propietarios despojados por las acciones de Rubén y su gente, y ese había sido el motivo de que hubiesen girado las instrucciones al agente del Ministerio Público Federal del estado de Morelos para que recogiese las quejas y actuara conforme a Derecho. Quedó de manifiesto una clara amenaza de que los campesinos que habían ocupado pacíficamente los cerros de Michapa y El Guarín pronto serían desalojados.

Una maniobra planeada por algunos caciques de la zona en complicidad con varios inversionistas poderosos, provocó la movilización de los supuestos campesinos propietarios de aquellas tierras para acudir armados y cercar el campamento invadido. Las provocaciones se suscitaron una tras otra; la gente le pedía a Rubén que la acción de autodefensa comenzara; se recogieron armas. El cerco en el campamento jaramillista, apoyado por las tropas federales, se fue cerrando, al grado de evitar la entrada de cualquier ayuda externa, ya fuesen alimentos, granos, medicinas o ropa. Pronto, los campesinos seguidores de Jaramillo se vieron obligados a sobrevivir ante los propios medios que su campamento podía generar, sin detener los trabajos de urbanización y el diseño del nuevo poblado, tal como se había acordado.

La estrategia de enfrentar a los campesinos entre sí era una de las mejores posibilidades para poder echar atrás la concesión que se había otorgado a Rubén y su gente, el proyecto de autoconsumo campesino y de autogestión Otilio Montaño no solo perjudicaba las pretensiones de poderosos inversionistas, quienes tenían conocimiento de la próxima instalación de riego en aquella zona, sino que también sería un proyecto cuya fase de utopía podía convertirse en realidad, llegando a ser ejemplo de otros movimientos campesinos que ya pululaban en todo lo largo y ancho del país, pues la efervescencia sindical no era la única tarea reprimida por el gobierno de López Mateos.

Con una entrevista entre Jaramillo y Roberto Barrios se pretendió poner fin al conflicto en los cerros de Michapa y El Guarín. Barrios exigía que la gente saliera de aquellos valles y que, si obedecían, se arreglarían las cosas a su favor cuanto antes. Rubén insistió en la legalidad de los papeles que él mismo les había entregado, los cuales les cedían la posesión de los terrenos, argumento ante el cual el director de Asuntos Agrarios y Colonización solo pudo decir, según un testigo presencial de la entrevista: «Bueno [...] de esos documentos todos los días damos a montones. Como quien dice, no tiene valor».[54] Algunas versiones afirman que, ante la insistencia de Rubén por darle valor a los oficios expedidos por Barrios, este terminó por intentar persuadir a Jaramillo ofreciéndole a cambio de que salieran de aquellas tierras otras de mayor extensión, pero en el estado de Yucatán. Para este burócrata pensar en cumplir con su palabra firmada y sellada, hubiera sido tanto como regalarle una mina de oro a aquellos campesinos de Morelos, además de una gran fuerza política.

Los más de treinta días en los que estuvo instalado el campamento Otilio Montaño en 1961 dejaron una honda huella entre la gente que experimentó los sentimientos de solidaridad, apoyo mutuo, trabajo colectivo y un proyecto que algunos catalogaron como socialista, pero que el propio Rubén se negaba a bautizar bajo ningún signo ideológico, insistiendo en que «no, no hay necesidad de decir socialismo o comunismo».[55]

---

[54] Ravelo, *op. cit.*, p. 172.
[55] *Ibid*, p. 189.

Entre otras cosas, porque durante los diferentes acercamientos que Rubén había tenido con el Partido Comunista Mexicano, siempre había sentido cierto rechazo de parte de los líderes o intelectuales de la izquierda, que criticaban que estuviera «jugando a la revolucioncita», sin entender el PCM las luchas del campo o incluso de los sindicatos, siendo este uno de los motivos principales que lo fueron separando cada vez más de las masas.

A pesar de las críticas, la proyección de la nueva comunidad campesina contemplaba todo tipo de recursos para los colonos: desde la escuela, pasando por la industrialización de la cosecha del arroz y la posibilidad de una empresa envasadora de jitomate. La socialización de todas y cada una de las actividades de la comunidad era uno de los objetivos más ambiciosos de haber alcanzado la territorialización de los ideales jaramillistas.

La posibilidad de defender con armas el espacio territorial estuvo presente en cada instante. Por primera ocasión, Rubén no se decidió por ella, siguiendo una lógica que mostraba un exceso de confianza hacia el gobierno de López Mateos, así como la certeza de que se estaba luchando dentro de los cauces legales. Era igualmente consciente de que cualquier pretexto sería utilizado en contra del movimiento; además, había que tener en cuenta la inferioridad numérica ante el ejército mexicano. Por otro lado, el ánimo de los nuevos pobladores podría verse mermado ante la presencia de armas en el campamento.

En una entrevista realizada en 1961, durante el pleno momento de la ocupación de los cerros, Rubén le respondía a Froylán. C. Manjarrez:

—Corren los rumores de que planea un nuevo alzamiento.
—Eso quisieran mis enemigos: que me alzara en armas para declarar ilegal este movimiento para obtener tierras y mandarme a dar de balazos en el monte, nuevamente. No, mi lucha está aquí por ahora. ¿Al monte? ¡Madre!

—¿Y si las agresiones se hacen más graves? Hasta ahora solo han sido bloqueos y provocaciones de poca monta, pero...
—Nos aguantaremos lo que sea posible. Luego, ya veremos. No importa que nuestros enemigos estén armados. Aquí hay mucha arma gris, mucha bala fría, mucha piedra, y esas no se embalan [...][56]

Supuestamente, López Mateos envió a un evangélico, conocido de Rubén, para solicitarle que desalojara las tierras, que le podría satisfacer cualquier otra demanda, la que él quisiera, pero que los cerros de Michapa y El Guarín no podían ser entregados a los campesinos.

La asamblea del campamento decidió que una comisión encabezada por Rubén fuese a la Ciudad de México para entrevistarse con López Mateos. Ante la zozobra, Jaramillo había solicitado a sus seguidores que si entraba el ejército, ellos no respondieran a la agresión.

Cuando se supo que Rubén había abandonado el campamento, el capitán José Martínez se presentó con el general Pascual Cornejo, jefe de la 24 zona militar, y exigieron hablar con los líderes responsables, amenazándolos con que en veinticuatro horas debían desalojar los terrenos. Detuvieron a un campesino de apellido Solís para que se cumpliera con el plazo, insistiendo en que no estaban respetando la Ley. El plazo concedido no llegó a su cumplimiento, ya que unas horas después de que el general Cornejo y Martínez se entrevistasen con los líderes, llegaron varios camiones del ejército para sacar a la gente del campamento; fueron detenidos ocho de los responsables, que fueron llevados a Cuernavaca; los demás fueron transportados hasta Puente de Ixtla, para que cada uno volviera a su casa como pudiera desde allí.

Una vez llevado a cabo el operativo de desalojo, López Mateos prometió respetar a los jaramillistas, siempre y cuando el líder se sometiese a sus condiciones. Rubén regresó al estado

---

[56] Manjarrez, *op. cit.*, pp. 152 y 153.

para informarse de los hechos, en qué condiciones se encontraban los detenidos, y llevar a cabo las acciones necesarias para que obtuvieran su libertad. La reorganización del movimiento, con la nueva experiencia obtenida, daría otro impulso a la organización jaramillista durante los meses siguientes.

10
CUBA, LA REVOLUCIÓN DESEADA POR TODOS

El inicio de la década de los años sesenta sería un presagio de lo que más tarde sucedió en México y que tres décadas después concluyó con la rescritura de toda la historia reciente, no solo en lo referente a las acciones de guerra sucia de baja intensidad y del manejo informativo para combatir las expresiones sociales, populares o sindicales, sino que también en cuanto a la transición hacia la democracia.

Una vez obtenido el triunfo de la Revolución Cubana, el 1 de enero de 1959, América Latina ingresó en los anales de la historia del siglo XX y fue tema de varios analistas y creadores de opinión pública. El impacto del triunfo de Castro y sus guerrilleros barbudos conmocionó a las estructuras de inteligencia de los Estados Unidos de Norteamérica, y al mismo tiempo despertó la esperanza en el resto de los países latinoamericanos.

Argumentando que en México el Congreso es independiente del poder Ejecutivo, López Mateos pudo esquivar la presión de los gringos para que se sumara al bloqueo y ruptura de relaciones con Cuba, conservando de esta forma la máxima de la política exterior mexicana de entonces, en cuanto a la autodeterminación de los pueblos. Se inaugura así el doble discurso del Estado mexicano, ya que por una parte se trataba con respeto y se apoyaban las acciones liberadoras de otras latitudes, mientras que en el interior del país se vivía una acción represiva y asfixiante, ante cualquier inconformidad social.

La buena relación entre el actor principal de la entonces llamada Dirección Federal de Seguridad, Fernando Gutiérrez

Barrios, y los guerrilleros cubanos ahora en el poder, fue otro de los pilares que sostuvieron las buenas relaciones entre ambos gobiernos, siendo básico en ella el ex presidente Lázaro Cárdenas, que había intercedido años atrás con el entonces presidente Ruiz Cortines para que se dejase en libertad a los cubanos que comenzaban, a mediados de 1956, a entrenarse en nuestras tierras para iniciar su aventura guerrillera.

La amistad entre Fernando Gutiérrez Barrios y Fidel Castro dará en los siguientes años el mecanismo de control tanto de los diferentes brotes guerrilleros en México como de los que optaban por el asilo en la isla.

Ante la amenaza por la manera en que se comenzaron a agrupar las fuerzas reaccionarias, tanto en México como en el resto del mundo, el general Lázaro Cárdenas convocó a la realización de la Conferencia por la Soberanía Nacional, la Emancipación y la Paz, que se llevó a cabo durante el mes de marzo de 1961 en territorio mexicano.

Este evento incomodó al presidente López Mateos, sobre todo cuando acuden al llamado dieciséis delegaciones latinoamericanas. «El documento final expresa así la preocupación de los asistentes al encuentro por la política externa de Estados Unidos y hace un llamado a luchar por reformas agrarias integrales, por la solución a los problemas de la población marginal, por la nacionalización de los recursos naturales y la liquidación de la dependencia tecnológica y comercial».[57] De igual forma, durante la conferencia se acordó la defensa de la Revolución Cubana y la declaración contra el imperialismo mundial.

La euforia del triunfo de Castro no solo despierta la expectativa del cambio, sino que se refuerza cuando los gringos pretenden invadir la isla en abril de 1961, con el famoso desembarco de Bahía de Cochinos.

---

[57] Enrique Semo (coordinador), *México un pueblo en la historia*, UAP; Ilán Semo, *De la rebelión obrera a la revuelta estudiantil (1958-1968)*, Tomo 4, 1982, p. 65.

La solidaridad del pueblo mexicano no se hace esperar y, aun cuando el gobierno de López Mateos ve con recelo estas expresiones de solidaridad, deja que se celebre el primer mitin de apoyo a Cuba, no sin antes tomar las medidas necesarias, para evitar la posibilidad de que aquella emoción revolucionaria se pudiera extender a tierra azteca. Entre otros personajes, se encontraba el general Lázaro Cárdenas esperando a los estudiantes entusiastas en el Zócalo del Distrito Federal. «Allí, los jóvenes más aguerridos preguntaron a Cárdenas cuándo se iniciaría la nueva revolución; el ex presidente, como era de esperarse, de plano respondió que ese no era el momento».[58] La presencia del ex presidente en el Zócalo se debía fundamentalmente a que se le había negado que subiera a un avión para luchar al lado del ejército cubano.

No corrió la misma suerte el segundo acto de solidaridad, cuando la manifestación de apoyo fue disuelta por la fuerza de orden público y comenzó la persecución indiscriminada de cualquier tipo de izquierda.

Al clausurarse la conferencia convocada en marzo por Cárdenas, fue gestándose la idea de convocar a todas las fuerzas de izquierda de México para llevar a cabo un gran movimiento que condujera y rescatase lo mejor de los principios revolucionarios; de ahí que se llevaran a cabo los trabajos que desembocaron en la realización de la Asamblea Nacional de las Fuerzas Democráticas, el 4 de agosto de 1961, dando inicio al llamado Movimiento de Liberación Nacional.

La efervescencia continuó pululando por cada rincón donde hubiese injusticia. Los movimientos sindicales ya habían tenido sus primeros presos; la represión y la falta de respuesta a las demandas populares configuraban el escenario para que pronto se acuñara la existencia de presos políticos.

Al inicio de 1961 también se había estrenado gobernador en el estado de Guerrero, una vez que, durante diciembre de 1960, se había configurado un movimiento que se oponía al enton-

---

[58] José Agustín, *op. cit.*, p. 193.

ces gobernador, el general Raúl Caballero Aburto. Utilizando la lógica del poder militar y descubriendo en cualquier protesta la mano siniestra del comunismo internacional, la única posibilidad de solución que encontró Caballero Aburto fue la represión. Las exigencias del pueblo de Guerrero fueron ignoradas, provocando el 30 de diciembre de 1960 un enfrentamiento entre las fuerzas públicas y un grupo de manifestantes, que causó la muerte de unas dieciocho personas y más de cincuenta heridos, según los reportes periodísticos de la época.

El descontento en aquel estado del país había convocado a la inusitada unión de campesinos, obreros, amas de casa, pequeños productores, comerciantes y estudiantes, que, por diversos motivos, habían encontrado una causa común para manifestar su descontento con el general, ya fuera para exigir el cumplimiento cabal de la reforma agraria en el estado, o para exigir respeto a las libertades políticas.

Aquella alianza extraña derivó en la creación de la Asociación Cívica Guerrerense (ACG). La lucha de la ACG comenzó el mes de octubre de 1960, mes en el que se supo que sobre el gobernador pesaba la muerte de más de treinta personas, ya fuera de manos de las fuerzas públicas o de los Guardias Blancas.

Por aquel tiempo comenzó a hacerse notar la presencia de un líder llamado Genaro Vázquez, quien luego ingresó en el Movimiento de Liberación Nacional, y que encabezó parte de las acciones guerrilleras del estado de Guerrero años más tarde.

El conflicto llegó a tal extremo que el 4 de enero de 1961 el Congreso de la Unión decretó desaparecidos los poderes en el estado de Guerrero, quedando como gobernador interino el licenciado Arturo Martínez Adame.

La empresa revolucionaria de 1910 había logrado incluir y contener los cacicazgos locales en torno a la institucionalización del fervor revolucionario, sometiéndolos a las decisiones presidenciales. Lejos quedaba ya la presencia militar en el Ejecutivo, relegando a los militares a los cuarteles. Sin embargo, la situación del poder Ejecutivo no había sido la misma en todos los estados de la República. Por ello, se observan ciertas semejanzas entre la falta de entendimiento del Ejecutivo estatal con las demandas populares, tanto en el caso de Morelos con el entonces gobernador López Avelar –quien había pertenecido a la cuadrilla del coronel Jesús. M. Guajardo cuando tuvo lugar el acto de traición contra Emiliano Zapata, el 10 de abril de 1919–, como con el general Raúl Caballero Aburto en el caso guerrerense. O también, el célebre gobernador de Chihuahua, general Giner Durán, cuyos conflictos en aquel estado del norte del país comenzaron el 13 de agosto de 1961, cuando la familia Ibarra despojó a los campesinos de sus tierras con el consentimiento de las autoridades locales y federales. Estaba entonces en el cargo el antecesor de Giner, Teófilo Borunda el cual, por aquel año de 1961, también había tenido que enfrentar la invasión de las tierras del norteamericano Stevenson, el cual ostentaba el latifundio Santo Domingo, en el municipio de Villa Ahumada, cuya extensión era de quinientas ochenta y ocho mil hectáreas. Los campesinos del Frente Villista División del Norte habían acordado ocupar las tierras, ante los oídos sordos de la Dirección de Asuntos Agrarios y Colonización.

Una de las principales promotoras de esta lucha fue la cantante Judith Reyes, quien narra aquella experiencia de manera testimonial en su libro *La otra cara de la patria*; Judith trabajó intensamente apoyando las luchas campesinas del estado de Chihuahua, llevando su mensaje de un lugar a otro con su guitarra a cuestas.

Durante las jornadas de apoyo en la zona, Judith Reyes llevó a cabo a fines de 1961 una recolecta de juguetes para la Navidad del Niño Pobre. Hasta ella llegó Arturo Gámiz, al que había conocido durante un congreso campesino organizado en Parral por la Unión General de Obreros y Campesinos de México. Gámiz ya comenzaba a cuestionar algunos de los métodos de lucha existentes durante aquella época. Por ello, le increpó:

> [...] eso de los juguetes que usted regala, tampoco va a solucionar nada [...] Mire, el cristianismo tiene dos mil años pre-

dicando la caridad y los pobres del mundo siguen muriéndose de hambre y los ricos enriqueciéndose más. No es la caridad lo que acabará con la miseria sino el cambio de sistema, y si ya entendimos esto, tenemos el deber de demostrarle al pueblo su fuerza, porque cuando sea consciente de su fuerza y por la fuerza tome los medios de producción, entonces será dueño de su destino y podrá librarse de sus explotadores [...][59]

A principio de los sesenta, se conformaron los territorios donde años después va a desatarse el enfrentamiento contra las autoridades, cuyo máximo símbolo va a ser el autoritarismo. Debido, entre otras causas, a que el reparto agrario se había quedado, luego de 1940, en el discurso demagógico, reiterativo y buscador de consensos de la ya lejana revolución de 1910. Es coincidencia que, en las tierras de Zapata, surgiese Jaramillo, mientras que por el Norte, lugar de Villa, se desatase tiempo después el primer levantamiento basado en una ideología de lucha guerrillera.

Un levantamiento armado fallido que se ha estudiado y difundido muy poco, y que no tuvo que ver con demandas campesinas ni con las pretensiones de los focos guerrilleros, fue el protagonizado por el general Celestino Gasca Villaseñor, considerado uno de los principales promotores de los Batallones Rojos en 1915, furibundo anti zapatista; en abril de 1958 había formado una organización denominada Federacionistas Leales –un organismo derivado de la Federación de Partidos del Pueblo Mexicano, ya desaparecida y que había postulado al general Henríquez a la Presidencia de la República–, para planear un levantamiento armado contra el gobierno para el día 15 de septiembre de 1961, imitando el estilo maderista. Según el libro de circulación interna de las fuerzas armadas, escrito por el general Mario Arturo Acosta Chaparro Escapite, cuyo título

---

[59] Judith Reyes, *La otra cara de la patria*, edición de autor, 1974, p. 101.

es *Movimiento subversivo en México* y fechado en enero de 1990,[60] al tenerse conocimiento de las diferentes reuniones llevadas a cabo en el domicilio del general retirado Gasca, cinco días antes de la fecha fijada para el levantamiento, fue detenido junto a doscientos cincuenta y dos elementos más en diversas partes del país.

El testimonio de un antiguo agente de la DFS, cuenta que el 11 de septiembre de 1961 se concentró a todos los elementos de la dependencia. Durante la madrugada, fueron conducidos en varios vehículos sin saber a dónde irían, o qué iban a hacer, hasta que se detuvieron en frente de una casa lujosa. Fue precisamente Fernando Gutiérrez Barrios quien subió por la reja de entrada de la residencia para poder romper los candados y permitir el acceso de los vehículos que transportaban a los agentes de la DFS, deteniéndose así al general Gasca.

A pesar de esto, sí se suscitaron algunos levantamientos en los estados de Puebla, Guerrero, Chiapas y Oaxaca.[61] Otras versiones plantean que el llamado a las armas para recuperar los postulados revolucionarios olvidados por los sexenios posteriores a Miguel Alemán, fue siempre del conocimiento de la Secretaría de la Defensa Nacional, así como de la Dirección Federal de Seguridad, pero que el gobierno lopezmateísta decidió actuar hasta muy cercana la fecha del llamado a las armas, pues no daba crédito a las denuncias presentadas.

En este escenario, Jaramillo intenta reorganizar en su estado al PAOM y la lucha para obtener los cerros de Michapa y El Guarín. Para entonces pretendía apoyarse no solo en su lucha local, sino que también quería convocar a todas las fuerzas campesinas nacionales disgustadas con la CNC oficial. Por ello emprende desde 1961 la conformación de lo que en enero de 1963 será la Central Campesina Independiente (CCI). Para este fin, entre otras acciones, se pone en contacto y se adhiere a los

---

[60] Mario Arturo Acosta Chaparro Escapite, *Movimientos subversivos en México*, sin editor, 1990, p. 26.
[61] Robles y Gómez, *op. cit.*, p. 83.

objetivos del naciente Movimiento de Liberación Nacional, encabezado por su antiguo protector el general Lázaro Cárdenas. Ahí conoce a varios líderes no solo del PCM, sino también a militantes del PPS y a varios de los intelectuales de la izquierda moderada de la época.

La reciente experiencia y el desalojo del campamento Otilio Montaño llevan a Rubén a plantearse aquellos consejos que le proponían armar diferentes campos de acción dentro del trabajo campesino y de autodefensa. Ya no era tiempo para aislarse de las demandas populares en aras de la seguridad que brindaba la vida clandestina. Además, Jaramillo continuaba creyendo en las promesas presidenciales, a pesar del trato recibido y de los incumplimientos en cuanto a los terrenos solicitados.

A pesar de que parte de la izquierda desechó la idea utópica de la fundación de la colonia Otilio Montaño, insistiendo en que Jaramillo solo jugaba a la revolución y que el socialismo se lograría desde su directriz, Rubén insistía en que no había que bautizar su proyecto, que la forma era tan sencilla como dejar de depender económicamente del enemigo para establecer una comunidad autogestionada y de autoconsumo, con cuyo ejemplo colectivizador los campesinos se percatarían de que individualmente no obtendrían ninguna de sus demandas; y «[…] así, dentro del mismo sistema, crear una región socialista sin decirlo ni decretarlo.»[62] Varios intelectuales insistían en que la idea solo era una utopía, que era inútil pretender crear un Estado dentro del propio Estado.

Para fines de 1961, se quiso crear una organización armada con un plan de acción que diera cobertura a las acciones de autodefensa de los pueblos, ya que al gobierno le sería fácil infiltrar y desmembrar el PAOM, como organismo de masas.

Hay varias versiones que hablan sobre este proyecto de la organización clandestina. Existen testimonios que vinculan a varios miembros del Partido Comunista Mexicano en el mismo, a pesar de que, en aquel tiempo, el propio PCM desmintió en

---

[62] Ravelo, *op. cit.*, p. 190.

todo momento cualquier vínculo con aquella organización. Lo cierto es que se fueron creando varias células armadas no solo en el estado de Morelos, sino también en las inmediaciones de los estados de Puebla, parte del Distrito Federal y del Estado de México. De igual forma, nunca ha quedado comprobada la militancia de Rubén Jaramillo en las filas del PCM, pues, al parecer debido a las críticas que había recibido por parte de varios dirigentes y de intelectuales de izquierda antes mencionados, lo más seguro es que nunca formara parte de sus filas.

> Simultáneamente se desarrollaba un proyecto mucho más ambicioso: la formación de un verdadero partido de cuadros y de vanguardia (clandestino y armado) que se levantara sobre las viejas estructuras del PAOM, reestructuradas para adecuarlas a la tradicional organización natural de los pueblos de la región [...] superaba la concepción de la lucha campesina estrictamente territorial, y que se aproximaba a los proyectos y a la actuación del movimiento guerrillero [...][63]

La ocupación de los cerros del Michapa y El Guarín se volvió a planear para el mismo mes de febrero de 1962; Rubén quería insistir en la legalidad de los papeles que ostentaba, a pesar de las muestras de falta de compromiso de las autoridades. La nueva acción jaramillista molestó, una vez más, a la soberbia gubernamental, ahora no solo por la pretendida acción ilegal de la invasión de terrenos, sino que «[...] los jaramillistas se convierten en una doble amenaza para la CNC [...] ya no solo representaban al grupo de insurrectos, protegidos por el pueblo. Ahora se habían convertido en una organización de masas que les disputaba, en su propio terreno, algo que la CNC jamás había cultivado: la democracia campesina y las formas colectivas de trabajo».[64]

Aunque hay algunas armas en el campamento Otilio Montaño, el desalojo se lleva a cabo con mucha tensión el día 15

---

[63] Unidad de Investigaciones Campesinas, *op. cit.*, p. 19.
[64] Semo, *op. cit.*, p. 81.

de febrero de 1962; inmediatamente hubo órdenes de arresto contra los principales líderes campesinos, incluyendo a Rubén, quien busca la protección en un amparo, que le es concedido. Seguro del papel que portaba, pretende llevar a cabo una entrevista con el presidente López Mateos. Se dirige a la Ciudad de México y, al enterarse de que el presidente iba a inaugurar el mercado Malinche, acude en compañía de su esposa y de algunos campesinos más, confluyendo con otro grupo de campesinos de Morelos que solicitaba la instalación de un colegio en su pueblo. Juntos pretenden traspasar las vallas de guardias y de gente concentrada en el lugar. A pesar de que no lograron entrevistarse con López Mateos, Epifania logró colarse y le hizo llegar el escrito con las demandas y solicitudes de los terrenos; a cambio, el primer mandatario le regaló uno de los ramos de flores que estaban ahí para la inauguración del mercado.

La casa de Pablo Cabrera en el Distrito Federal, a la cual tenía pensado llegar Rubén para entrevistarse con algunos conocidos, fue cateada por policías. Jaramillo logró huir de aquel intento de detención y fue a esconderse a casa de otro amigo. Los que solicitaban la escuela en su pueblo fueron sacados de un pequeño hotel en el que iban a pasar la noche, para ser interrogados por policías vestidos de civil. La Dirección Federal de Seguridad no perdía el tiempo.

Al parecer aquella acción provocó la ira del líder campesino, el cual expresó su disposición para volver al cerro y empuñar las armas de nuevo. Sin embargo, no lo hizo y regresó a su casa en Tlaquiltenango. ¿Qué pudo haber pasado por la cabeza de Rubén para sentirse seguro y volver a su pueblo? ¿El amparo? ¿La concesión de los terrenos? ¿El abrazo del presidente? Aun cuando había sido avisado por un policía: «Chíspate, porque tenemos órdenes de quebrarte».[65]

---

[65] Fuentes, *op. cit.*, p. 122.

11
LA HISTORIA NO ALIVIA LA INDIGNACIÓN

Es el 23 de mayo de 1962, fecha que no aparece en los registros de la historia oficial pero sí en la memoria colectiva del pueblo de Morelos. Rubén llegó acompañado de un ayudante a su domicilio en Mina 14. Pifa, como le decían a la esposa de Jaramillo, invitó al joven a quedarse a comer con ellos. Rubén se interpuso y envió al amigo a su casa, para que no tuviera problemas con sus padres.

Mientras se terminaba de preparar la comida, Rubén salió al patio trasero de la casa para aserrar una viga que utilizaría en la construcción de un gallinero. A las dos de la tarde, un convoy de unos sesenta elementos, entre miembros del Ejército Federal, policía judicial y el matón conocido como el Pintor, arribó a la casa de la familia Jaramillo. Los gritos ordenando que saliera Rubén se escucharon por toda la calle. El capitán José Martínez amenazó que si no acataban la orden, se dispondrían a ametrallar la casa. Los vecinos se acercaron al percatarse de lo que sucedía en las afueras del domicilio de los Jaramillo.

Marcelina, esposa de Filemón, uno de los hijos de Epifania Zúñiga de Jaramillo, abrió la puerta de entrada, permitiendo que fuera invadida por las fuerzas policiales. Raquel, la hija de Epifania, increpó a los invasores pidiéndoles la orden judicial para llevar a cabo cualquier acción. De forma burlona, Heriberto Espinosa, alias el Pintor, le recomendó que debiera ser licenciada por la argumentación que había expuesto.

Filemón les mostró el amparo concedido a Rubén. Uno de los hombres vestidos de civil recogió el papel y se lo guardó en una de las bolsas de su pantalón, recomendándole al joven que no complicara más las cosas, que solo debían llevar a Jaramillo a Cuernavaca para que se entrevistara con el general y que regresaría en una media hora a su casa.

Mientras esto sucedía, Raquel aprovechó la tensión en el ambiente y se escapó por la parte trasera de la casa para buscar ayuda. Se le ocurrió que el presidente municipal de Tlaquiltenango, Inocente Torres, podría intervenir en favor de su padrastro. Cuando Inocente escuchó a la muchacha, solo le dijo que no podía hacer nada, que todo estaba en regla, que ellos llevaban una orden de la Procuraduría General de la República para detener a Rubén.

Mientras tanto, a empujones, los policías y los soldados obligaron a Rubén, Epifania, Ricardo, Filemón y Enrique –de veinte, dieciocho y dieciséis años respectivamente–, todos ellos hijos de Epifania Zúñiga de Jaramillo, embarazada del primer hijo que le iba a dar a Rubén, a que subieran en una de las unidades ahí estacionadas. La acción fue presenciada por los vecinos y Rosa García, madre de Epifania, una anciana de ochenta años inmovilizada por un reumatismo deformante. Solo pudo desahogar su impotencia gritándoles cobardes a los secuestradores. Ante aquella anciana, unos meses después de cometido el atropello, el ex presidente Lázaro Cárdenas prometió: «[...] que se haría justicia ya que el brutal asesinato del líder Rubén Jaramillo, su esposa, sus dos hijastros y su sobrino en Xochicalco era una mancha sangrienta que empañaba la obra del presidente López Mateos y no podrá ser limpiada hasta que se haga justicia y se castigue ejemplarmente a los autores del incalificable crimen que ha conmovido al país.[66]»

El convoy partió. La escena ha sido contada y publicada una y otra vez; en varias ocasiones se ha reproducido la entrevista que concedió Raquel, la hija de Epifania, sobre los acontecimientos de aquel 23 de mayo de 1962. Carlos Fuentes, en la revista *Siempre* y en su libro *Tiempo mexicano*; la revista *Políti-*

---

[66] Manjarrez, *op. cit.*, pp. 123 y 124.

ca; en el libro autobiográfico de Rubén Jaramillo, con notas de Froylán C. Manjarrez; incluso en el suplemento de *La Jornada* del 23 de mayo de 1992 volvió a aparecer el testimonio. Además, existe una versión novelada sobre estos acontecimientos de Francisco Pérez Arce: *Hotel Balmori*.

Hoy Tlaquiltenango parece un pueblo fantasma. La calle Mina es la que conduce a un balneario anunciado por todo el Distrito Federal. La plaza principal del pueblo se ve ausente de emociones; al fondo, se distingue la parroquia de Santo Domingo de Guzmán, del siglo XVI, con su convento franciscano, cuyo término de construcción data de 1540, y siguen anunciándose los recuerdos del paso de buenos pastores por aquella zona de Morelos. Detrás, se erige la sierra, los montes por los que cabalgaron Rubén y los suyos; imponente el verde que rodea y abraza al pueblo, en cuyo mercado nadie desea comprar. Las pocas caras de los pobladores que se asoman se ven como detenidas en la historia, como el pueblo; nada parece moverse. ¿Quién podría recordar hoy a Jaramillo?

Los cadáveres de Rubén, Epifania, Ricardo, Filemón y Enrique fueron encontrados cerca de las ruinas de Xochicalco. Ninguna autoridad pudo articular una versión creíble sobre lo acontecido, a pesar de que varios habían presenciado el secuestro de la familia Jaramillo e identificado perfectamente a quienes se los habían llevado. Las notas periodísticas sobre la muerte del líder y su familia rayaban en el límite del absurdo; orquestadas por los boletines vomitados desde las instancias oficiales responsables de procurar la justicia. A pesar de ello, tanto la Procuraduría General de la República, como la Procuraduría del Estado, la Secretaría de la Defensa Nacional y demás dependencias policiales, negaron haber participado en el asesinato de los Jaramillo, pretendiendo hacer creer que el asesinato se había debido a conflictos interfamiliares que tenían los Jaramillo con otras personas.

Ninguna versión oficial logró sostenerse, sobre todo cuando el procurador del estado de Morelos, Felipe Güemes Salgado, se declaró incompetente para investigar el asesinato, ya que en él habían participado miembros del Ejército Nacional. De igual forma, el director de Seguridad Pública de Morelos, capitán Gustavo Ortega Rojas, no pudo apoyar más las versiones oficiales, luego de declarar que el camino a las ruinas, solo cuenta con una salida; por lo tanto, quienes hubiesen cometido el crimen lo habrían hecho seguros de la impunidad que gozaban, dando a entender que habría sido cualquier instancia oficial y no un vengador anónimo.

Al saber la noticia del asesinato, un grupo de periodistas de la Ciudad de México se trasladó hasta el lugar de los hechos. Los relatos sobre cómo estaban las piedras manchadas de sangre todavía y hasta la existencia de algunas prendas de vestir de las víctimas, convocan a las peores narraciones de terror. En el lugar de los hechos los periodistas Froylán C. Manjarrez y Edmundo Jardón Arzate encontraron algunos casquillos vacíos y una bala entera de calibre .45-A con las siglas FNM –Fábrica Nacional de Municiones–, marcados incluso con los años de fabricación. Aquel descubrimiento implicó por demás la participación de cuerpos militares y judiciales en el asesinato.

De las pruebas se dio aviso a las autoridades competentes, por si deseaban incluirlas en la averiguación previa, pero nunca recibieron respuesta alguna. Días después del 23 de mayo, el escritor Carlos Fuentes también acudió al lugar de los hechos en compañía de Fernando Benítez, Víctor Flores Olea y León Roberto García, quienes constataron el pánico de los vecinos de Xochicalco para hablar sobre lo acontecido.

Hasta la fecha, se insiste en que el presidente Adolfo López Mateos desconocía que gente cercana a él se encontrase implicada en el asesinato de Jaramillo y su familia, incluso existen versiones oficiales que afirman que, al enterarse de lo sucedido, el presidente se molestó mucho.[67] Sin embargo, más allá de la

---

[67] Según testimonios de la entrevista con su secretario particular, Humberto Romero Pérez, publicados en *El Financiero* el 28 de mayo de 1992 por Óscar Hinojosa, y de la entrevista del 18 de octubre de 1997 con el licenciado Luis Echeverría Álvarez con el autor, quien había sido entonces subsecretario de Gobernación.

propia indignación, no la materializó en una verdadera investigación a fondo.

Además del famoso capitán José Martínez y del matón Heriberto Espinosa, se acusaba de autores intelectuales al antiguo gerente del ingenio, Eugenio Prado, al secretario particular del presidente, Humberto Romero, al jefe del Estado Mayor presidencial, general Gómez Huerta, al ministro de la Defensa General, Agustín Olachea, e incluso al norteamericano William Jenkins. Conformaban una lista de connotados intocables como para ser sacrificados por un líder campesino.

Recientemente también se adjudica como parte de la absurda decisión para asesinar a Jaramillo, lo que plantea Julio Scherer en su *Parte de guerra*, esto es, que existía la determinación de aplacar a Rubén antes de que se llevase a cabo la visita a México del presidente Kennedy; así que, luego de un «Que arregles definitivos», se llevó a cabo el crimen.

El entierro de los Jaramillo tuvo lugar el 25 de mayo a las seis de la tarde. A pesar de las acciones de intimidación ejercidas por las diferentes fuerzas del orden, incluido el Ejército Federal, cerca de cinco mil campesinos acudieron a despedir a su líder. La memoria colectiva podría más que su asesinato y así lo demostraron los campesinos que llegaron para ser testigos del cortejo fúnebre, con el cual no solo las manos de un presidente quedaban manchadas de sangre, sino que también quedaba marcado todo un sistema lleno de insatisfacciones para los campesinos, quedando de manifiesto lo que el propio Jaramillo le había escrito a un compañero: «[...] se apoderaron ellos del gobierno dedicándose a cantar en memoria de la revolución que jamás sintieron ni sienten aún».[68]

---

[68] Ravelo, *op. cit.*, p. 224.

12
LECCIONES QUE NUNCA SE APRENDEN

Los estudiosos e historiadores del tema aún se plantean si las acciones jaramillistas fueron actos eminentemente guerrilleros o no. Varios son los significados que nos permiten acudir al rescate de la lucha armada encabezada por Rubén Jaramillo, el cual, a pesar de que nunca bautizó su movimiento bajo sigla alguna, sino que únicamente se distinguió por estar formado por él y su grupo de seguidores, luchando por el anhelo de que se aplicara la Constitución y se cumplieran las promesas a los sectores campesinos, estuvo más inmerso en la lógica del nacionalismo cardenista que en plantearse la toma del poder desde cualquier tipo de óptica ideológica. Se trata, en definitiva del único zapatista como tal, aun cuando nunca se autodenominó así, como luego han hecho varios grupos armados de los años posteriores, incluyendo al actual Ejército Zapatista de Liberación Nacional.

Parte de la argumentación por la cual se pretende desconocer como guerrilla la acción jaramillista, se basa, por un lado, en la idea de que no tuvo como objeto el establecimiento del socialismo como proyecto de nación, sino que su campo de acción se redujo a las inmediaciones del estado de Morelos, aun cuando su proyecto de los cerros del Michapa y de El Guarín concentrasen mayores expectativas hacia la verdadera creación de un sistema muy próximo al socialismo.

De ahí que incluso sus acciones armadas no contaran con una estrategia predeterminada que condujera hacia la supuesta liberación global de las masas trabajadoras, a pesar de que sus acciones en el ingenio de Zacatepec siempre fueron planeadas y consensuadas, con el fin de intentar reunir bajo un mismo origen las demandas obreras y campesinas, consciente de que cualquiera de los sectores por separado, jamás alcanzaría ningún acuerdo con la autoridad.

Con respecto a la acción armada, es Carlos Fuentes quien mejor describe la penetración de la acción jaramillista en el pueblo, su campo de apoyo, sus bases sociales, el origen de su lucha y su capacidad de movilización. Este afirma que «la guerrilla fue la extensión intuitiva de esa conciencia: fue la defensa de una tensión libremente aceptada contra una tensión irreflexiva y brutal impuesta desde afuera». Profundizando en el tema, continúa:

> Una autoridad poderosa y remota declara la ley marcial en Morelos, e incapaz, precisamente, de distinguir los factores culturales de la rebelión, también es incapaz de distinguir a los rebeldes del resto de la población: al atacar al pueblo, engrosa las filas rebeldes. El pueblo y los rebeldes, por cierto, descubren que realmente son indistinguibles entre sí: el uniforme del rebelde es la ropa de trabajo del campesino. El uso de la fuerza militar contra el zapatismo derrota los propósitos políticos de Huerta; el terrorismo social acaba por suplantar tanto a la fuerza militar como al propósito político; es impuesto un programa drástico de pacificación mediante el traslado de los pobladores de una aldea a otra [...]

Este método pretendió utilizarse durante los cercos militares desplazados contra las acciones de Jaramillo, y luego se repetirán en las acciones contra Lucio Cabañas en el estado de Guerrero. En la actualidad sobran ejemplos de la campaña oficial que pretende diezmar la acción del EZLN en Chiapas.

Por último, señala Fuentes que «el mimetismo del guerrillero es un hecho cultural: conoce la tierra porque es la tierra, humanamente situada y recreada».[69] Coincide con esta aseveración

---

[69] Fuentes, *op. cit.*, pp. 134 y 135.

el escritor Carlos Montemayor, quien en su libro *Chiapas, la rebelión indígena de México*, nos dice:

> La polarización ideológica de este siglo nos ha llevado a olvidar que el guerrillero ha sido tradicionalmente campesino, que forma parte o responde a las insurrecciones indígenas o campesinas, y que no proviene de una influencia ideológica determinada, sino que más bien canaliza, a través de una ideología dominante en ese momento, la conciencia profunda de insurrección, de libertad, de dignidad, que su comarca padece o vive.

Parte del pretendido desconocimiento de las acciones jaramillistas se debe también a que sus actos, por lo regular, estuvieron y se desarrollaron sin la conexión de quienes se creían entonces los únicos guías del pueblo hacia la construcción del socialismo, dentro de los cuales destacan miembros del PCM, algunos intelectuales de izquierda e incluso varios de los que posteriormente se convertirían en activistas de los grupos de la guerrilla urbana de la década de los años setenta.

Rubén apoyó y simpatizó con lo obtenido del triunfo de la Revolución Cubana, pero no recogió parte de aquella experiencia, entre otras cosas, porque México nunca estuvo dentro de las prioridades para exportar la experiencia de las guerrillas cubanas, entre otros motivos por el grado de gratitud de los milicianos cubanos para con el gobierno mexicano, ya que fue México el único de los países latinoamericanos que se negó a cercar las relaciones internacionales sobre la isla, como había promovido Estados Unidos.

Por otra parte, aunque Cuba se hubiese negado a brindar cualquier tipo de apoyo solicitado por Jaramillo, como sucedió en varios casos posteriores, destaca además lo planteado por Jorge Castañeda cuando dice que «en 1962 ocurrió el primer caso confirmado que implicaba a Piñeiro en una empresa revolucionaria en el exterior: el foco de Salta, en Argentina, dirigido por Ricardo Masetti, quien, junto con Gabriel García Márquez, fundó *Prensa*

Latina en 1960».[70] Por lo que las pretensiones de contagiar la experiencia del triunfo cubano apenas se estaban determinando cuando ocurrió el asesinato de Rubén Jaramillo y su familia.

Jaramillo, más que ser un ideólogo marxista o leninista, teorías a las cuales se fue acercando durante los últimos años de su vida, quería «rescatar» —y así lo demuestra con su Plan de Cerro Prieto—[71] no solo los principios olvidados y traicionados del zapatismo, sino también la política obrera y campesina impulsada desde la Presidencia del general Lázaro Cárdenas, envuelta en aquel nacionalismo revolucionario de la década de los años treinta. Con el arribo del general Manuel Ávila Camacho a la Presidencia, Rubén tomó distancia del poder político, el cual se dedicó a impulsar lo que posteriormente llegó a ser el más grande resplandor del llamado «milagro mexicano» en el sexenio de Miguel Alemán, proyecto que olvidó por completo las promesas del nuevo régimen fincado en la lucha revolucionaria de 1910.

Hoy en Xochicalco, lugar de la Casa de las Flores, continúa descansando el último suspiro de la vida de Rubén Jaramillo. Esperando quedó doña Rosa García la promesa del general Cárdenas, aquella de que se haría justicia y se castigaría a los culpables.

El 9 de septiembre de 1962 fueron ejecutados por justicieros anónimos en el estado de Guerrero el capitán José Martínez y Heriberto Espinosa, el Pintor, a los que nunca se les ejerció acción penal alguna. El sexenio de Adolfo López Mateos quedó marcado, a pesar de que la historia oficial no consigne esta parte de su periodo.

Puede que la voz de Jaramillo, entre otras tantas experiencias más, haya sido recogida por quienes se expresaron a partir del 1 de enero de 1994 ya que, al igual que ellos, Rubén promulgaba: «El pueblo debe mandar, no solo obedecer...».[72]

---

[70] Jorge Castañeda, *La utopía desarmada*, Joaquín Mortiz, 1993, p. 68.
[71] Se puede consultar el suplemento *Perfil*, de *La Jornada*, del 23 de mayo de 1992.
[72] Manjarrez, *op. cit.*, p. 164.

II

Los primeros vientos

La tierra, los sindicatos y la izquierda

1
LA PALABRA REVOLUCIÓN, SIN QUE ESTÉN PRESENTES LOS TRABAJADORES

Con la década de los cincuenta se anuncian varias luces, cuyos destellos entendería tarde el sistema político mexicano; puede ser que, a la fecha, aún no los haya asimilado. La entonces ya caduca Revolución Mexicana, que tanto le había llenado la boca a políticos, burócratas, intelectuales, líderes y periodistas, comenzó a parecer letra muerta, por lo que optó por la represión como única salida y resolución a las protestas y peticiones del momento.

Las ciudades habían cambiado. Ahora eran el centro productivo, comercial, donde se generaba el empleo; el olvido del campo provocó la gran afluencia de gente a las urbes, sobre todo hacia la ciudad capital, donde con más fuerza se iban a expresar las nacientes contradicciones de un sistema que empezaba a vivir del recuerdo del famoso instante llamado Milagro Mexicano.

La palabra «revolución» comenzó a tomar distintos matices fuera del control oficial. Solo quedaban las referencias a las antiguas batallas emprendidas cuatro décadas atrás; la vigencia del movimiento de 1910 se estancó en retóricas de campaña, en actos oficialistas, en demagogia y lecciones de historia patria. El concepto y el contenido de la palabra eran novedosos para algunos gremios, que querían hacerlo real; los estudiantes eran cada vez más críticos con la realidad que les había tocado vivir.

La consigna histórica que se había acuñado durante el cardenismo perdió vigencia; la unidad a toda costa, impuesta tanto a los obreros como a la izquierda, no encontraba ya en los años cincuenta razón de ser. A pesar de ello, el movimiento obrero mantenía la corporativización como estrategia de control político, económico y social de las clases trabajadoras, mientras que la izquierda, por su lado, había perdido la posibilidad de incrustarse en la conciencia del llamado proletariado.

Había rezagos que el régimen aún tenía que pagar a muchos de los viejos revolucionarios mexicanos, haciendo que se respetara, así, el cacicazgo en varias zonas del país. Aunque el poder civil era quien controlaba la política, la existencia de viejos generales en los diferentes estados de la República, provocó que se conformaran realidades oscilantes entre el olvido y el progreso.

Durante el mes de septiembre de 1956, cuando se viste todo el país de nacionalista, de grito en el Zócalo, de colores patrios y el pecho se hincha por saberse cien por cien mexicano, el 23 de aquel mes, el ejército irrumpe por primera ocasión en las instalaciones del Instituto Politécnico Nacional, para acallar las protestas y la movilización emprendida días atrás por la Federación de Estudiantes Técnicos de aquella casa de estudios, que solicitaba mejores condiciones en el internado que daba hospedaje a varios jóvenes de provincia. Cuando clausuraron el albergue y el comedor del IPN, algunas voces de protesta, como las del Partido Obrero Campesino de México, quedaron en el vacío ante aquella acción que mostró un alarde de fuerza.

Por aquel año se realizan varios actos de protesta por parte del magisterio del Distrito Federal, el cual exigía un aumento del treinta por ciento en el salario. Esto propaga cierto descontento contra el corporativismo sindical, destacando el liderazgo de Othón Salazar.

A varios kilómetros de distancia de la Ciudad de México, en el estado de Chihuahua, los acontecimientos que se suscitan este mismo año en la capital del estado norteño son seguidos, paso a paso, por un joven llamado Arturo Gámiz, quien a sus dieciséis años decide ingresar a las filas del Partido Popular. En ese entonces, no existe en Chihuahua el Partido Comunista Mexicano, espacio obvio de acción para todos aquellos que pretenden liberar a los trabajadores del yugo capitalista y cuyas acciones comienzan a asomar la cabeza, dejando la tradicional clandestinidad a la que fueron arrinconados durante los sexenios anteriores. De ahí que las consignas lombardistas sean la única vía que encuentra el muchacho para estar presente en todas las acciones que se necesite emprender para ayudar a quienes menos tienen, sobre todo porque la dirección estatal de este partido ha estado ligada a los maestros normalistas y a los campesinos, por el liderazgo que llevaron a cabo en dicha institución política los hermanos Pablo y Raúl Gómez Ramírez.

Por otro lado, un recién egresado de la Escuela Nacional de Maestros titubea en apoyar o no las demandas del magisterio de aquel año de 1956 en la Ciudad de México. Su intención era comenzar a trabajar en la Secretaría de Educación Pública como mentor en alguna zona del país; tiene también el deseo de resolver legalmente las demandas de campesinos y obreros, ya que además posee los estudios del bachillerato en leyes, realizados en la Universidad Nacional. Su nombre, Genaro Vázquez Rojas.

Mientras, en el estado de Guerrero, un joven de dieciocho años ingresa en febrero del mismo año a la normal de Ayotzinapa, para cursar sexto de primaria. Quiere convertirse también en maestro. La precariedad de los cursos y la ausencia del profesorado a las clases provocan los primeros actos de inconformidad contra los docentes y el director en aquella Normal. El recién llegado, de nombre Lucio Cabañas, encabeza la protesta. Como él mismo lo cuenta:

> Nosotros nacimos en Ayotzinapa, siendo todo. Yo me acuerdo que estaba en sexto de primaria cuando hicimos la primera asamblea con cinco compañeros [...] Nos reunimos: Compañeros estamos estudiando, no hemos terminado la primaria: ¿qué vamos a hacer por el pueblo? Parece que vamos a hacer

una revolución. (Se dijeron entre sí). Ah, pues que hablaran de revolución los de sexto de primaria era muy raro. Entonces nosotros hablábamos de revolución antes de irnos a la escuela.[73]

A fines de 1956, México es el escenario en el cual comienza a gestarse el primer movimiento guerrillero latinoamericano que alcanza la victoria. El 25 de noviembre, los motores del yate Granma son encendidos en el puerto de Tuxpan, Veracruz, con dirección a la isla de Cuba, llevando a Fidel Castro y Ernesto Guevara en sus entrañas.

Con la llegada de 1957 llega también el preludio de un ambiente de luchas gremiales cuya máxima expresión se desata el año siguiente. La sección XV del Sindicato de Trabajadores Ferroviarios de la República Mexicana denuncia a sus líderes locales por corrupción, mientras que los telegrafistas presentan su solicitud de aumento salarial. De una o de otra manera, el secretario del Trabajo, quien tenía fama de izquierdista por haber estado, en su juventud, al lado de José Vasconcelos, había logrado calmar hasta entonces el ímpetu de las nacientes demandas obreras. Ese año alcanza la candidatura para la Presidencia de la República por parte del partido oficial, el licenciado Adolfo López Mateos.

A pesar de no tener un adversario fuerte, la campaña presidencial de López Mateos apuesta por todo tipo de actos políticos; mientras, la efervescencia sindical va en aumento, aun bajo la advertencia del ya maduro líder de la CTM, Fidel Velázquez. «Los bajos salarios de los trabajadores pueden ser pretexto para que el comunismo se apodere de la situación [...]»;[74] haciendo gala de la moda de aquellos tiempos, se le endosa al comunismo, considerado enemigo mundial, la protesta por la falta de libertades dentro de los sindicatos, las demandas de

---

[73] Luis Suárez, *Lucio Cabañas, el guerrillero sin esperanza*, Roca, 1976, pp. 53-54. En una grabación del propio Lucio Cabañas, explicando cómo se fue a la sierra.
[74] Gerardo Peláez, *Partido Comunista Mexicano. 60 años de historia I (1919-1968)*, Universidad Autónoma de Sinaloa, p. 101.

aumento salarial y las críticas por las condiciones precarias de los trabajadores.
Son cientos de voces las que se escuchan durante 1958.
Por un lado, los telegrafistas, que dan inicio el 4 de febrero a los actos de «tortuguismo», luego de no haber recibido respuesta a su demanda de aumento, ni a la queja del trato despótico que recibían del administrador central. Por ello, dos días después, estalla la huelga en setecientas veintitrés oficinas del país. La reacción ante tan atrevido acto recibe de inmediato una cascada de proclamas contra la huelga telegrafista: agitadores extranjeros, profesionales que amenazan la paz social con el objetivo de derrocar al gobierno. Estos son algunos de los mensajes que se suman al anterior llamado del líder de la CTM, por parte de la mayoría de los empresarios y de las entonces autodenominadas «buenas conciencias» de México.

Los empleados del telégrafo no desean enfrentar al gobierno de Ruiz Cortines, solo solicitan un aumento de salario. Por lo mismo, evitan cualquier tipo de apoyo que pueda comprometer su lucha, para que no se vea como un movimiento político que vaya contra la autoridad. La negociación llega y tras dieciséis días de paro levantan la huelga con el compromiso presidencial de que sus demandas serán atendidas; la conjura comunista internacional desaparecía momentáneamente.

Al llegar el mes de abril, es el turno de los gremios de telefonistas y electricistas, quienes durante la revisión de sus contratos levantan la voz para pedir un aumento, cuidándose también de no entablar relación alguna con otro sector obrero, no se vayan a malinterpretar las demandas. Los focos rojos han comenzado a encenderse en varios sindicatos más, entre otros, el de los petroleros, mientras que los maestros continúan actuando alrededor del Movimiento Revolucionario del Magisterio, cuyo líder, Othón Salazar, se ha ganado el respeto y la confianza de los docentes de la Ciudad de México.

Bajo la demanda para obtener un catorce por ciento de incremento en los sueldos, el 12 de abril de 1958 los maestros abandonan las aulas e, inocentes, se dirigen al Zócalo del Distrito Federal para manifestar su postura. Están convencidos de que su solicitud no es contra el Presidente, por lo tanto, no ven peligro de represión para dirigirse al corazón político del país, sin embargo, la plaza es propiedad del oficialismo, y no hay lugar para permitir ningún tipo de protestas o exigencias frente al Palacio Nacional.

La policía montada hace acto de presencia. Los golpes comienzan a caer sobre los incrédulos trabajadores de la educación, con las caras llenas de sorpresa más que de indignación. Se emprende la carrera de huida; hay algunos muertos y varios heridos. Conforme pasan las horas, comienza a incubarse la furia por la respuesta recibida. El sistema comienza a manejar diversas cartas, dependiendo del gremio de que se trate. Con los telegrafistas, telefonistas y electricistas tuvo una respuesta más o menos rápida a las peticiones; en cambio los maestros insistían en seguir reunidos alrededor de su MRM con Othón Salazar a la cabeza, a pesar de que este no era reconocido oficialmente ante el Sindicato Nacional de Trabajadores de la Educación del Distrito Federal.

Lejos de provocar el desánimo, la represión provoca el coraje. Así, se convoca a una marcha desde el Monumento a la Revolución al Zócalo, ya no únicamente para insistir en el aumento solicitado, sino que también se exige el castigo de los culpables por la represión de la semana anterior y desconocen a los líderes del SNTE que consideran que los han traicionado.

Entregan en las oficinas de la Secretaría de Educación Pública un pliego con las peticiones. La respuesta oficial es clara: «[...] la solución del problema magisterial tendrá que hacerse por conducto del sindicato, pues no se puede ni se debe tratar de resolver los problemas con organismos que no estén legalmente reconocidos».[75]

Los maestros y la lucha del MRM no se dejan intimidar. Al contrario, planean una acción mayor para el 30 de abril, cuando de manera pacífica arriban a las oficinas de la Secretaría de

---

[75] Semo, *op. cit.*, p. 44.

Educación Pública y toman los patios del edificio en plantón permanente, hasta que sean atendidas sus demandas. Son unos mil quinientos maestros los que convierten la protesta en una fiesta durante más de un mes, desbordándose en atenciones y apoyo la participación del pueblo con los profesores de sus hijos. Las elecciones están a la vuelta de la esquina, las autoridades se han cerrado creyendo que a golpes resolverían las peticiones de los mentores.

Ahora es Carrillo Puerto, el socialista de Yucatán, el que, con su mirada triste, pintada por Diego Rivera, observa desde su muro el plantón magisterial. Los maestros inspiran su lucha, una y otra vez; *En el arsenal*, la mujer con el fusil en la espalda entregando a la joven una escoba, mientras que los ricos son sometidos por muchachos con sus pañoletas rojas al cuello. De igual manera son revisados los ánimos de lucha de los obreros y campesinos retratados por Rivera, Siqueiros y Orozco en todas las paredes del edificio, murales que albergan la decisión determinante del Movimiento Revolucionario del Magisterio que no cede hasta lograr la atención a sus demandas.

El maestro de las escuelas de San Juan de Aragón e Ixtacalco, Genaro Vázquez, se ha convertido en uno de los participantes del movimiento encabezado por Othón Salazar. Se encuentra con sus compañeros en los patios de la Secretaría; asiste a los mítines que se realizan en las calles de Argentina y González Obregón. Procede de San Luis Acatlán, en el estado de Guerrero, y alterna su trabajo con el apoyo que le solicitan, de vez en cuando, algunos campesinos de su estado natal, quienes van a buscarlo hasta la Ciudad de México.

De igual modo, el gremio ferrocarrilero ha comenzado a movilizarse para revisar su demanda de aumento salarial. Ante la actitud sumisa de los delegados del sindicato, se organiza y se instala la Gran Comisión Pro Aumento de Salarios, la cual cuenta con dos representantes de cada sección en todo el país. El nuevo organismo no es bien visto por las autoridades ni por el Comité Ejecutivo General del STFRM, pues sabían que este movimiento podía respaldar la exigencia de democratizar el sindicato, ya que dentro de la nueva Comisión hay gente del Partido Comunista Mexicano y del Partido Obrero Campesino de México.

Las negociaciones entre los ferrocarrileros, su sindicato y las autoridades comienzan a avanzar. El 21 de mayo hay un intento de desarticular la Comisión de Salarios, cuando los líderes del STFRM aceptan un aumento de doscientos cincuenta pesos, ante la exigencia de los trescientos cincuenta que solicitan. Aquella intentona es derrotada y se refuerza el movimiento, redactándose el famoso Plan del Sureste, que surge de las secciones de Matías Romero, Tonalá y Tierra Blanca, lugares en donde el movimiento logra tal fuerza que expulsa a los líderes charros locales.

El Plan del Sureste proponía varias cosas: primero, rechazar los doscientos cincuenta pesos que ofrecían; aprobar el aumento de los trescientos cincuenta pesos; por el hecho de haber pactado, había que deponer en cada sección al Comité Ejecutivo local y al Comité local de Vigilancia y Fiscalización; emplazar al Comité Ejecutivo General del sindicato para que reconociera a los nuevos dirigentes, y, por último, en caso de que no se respondiera, se iniciarían paros de dos horas que irían aumentando por cada día que no se tuviera solución.

El Plan es adoptado por todas las secciones y se decide:

> un acuerdo muy importante que consistía en que las secciones fijarían rápidamente una fecha y una hora para llamar al paro general, en caso de que se presentaran actos represivos, aprehensiones y destituciones, y mantener el paro hasta que cesaran las represiones. Este punto fue muy acertado ya que dio una gran confianza a la colectividad ferrocarrilera, que se incorporó de forma masiva al movimiento.[76]

A pesar del reto impuesto al sistema, los profesores mantienen la idea de que su lucha no está dirigida contra el presidente;

---

[76] Valentín Campa, *Mi testimonio, memorias de un comunista mexicano*, Ediciones de Cultura Popular, 1978, p. 242.

consideran que su actuación no tiene tintes políticos. Sin embargo, las voces que los atacan se desatan una detrás de otra, tachándolos de «rojos enfermos», exigiendo a las autoridades que controlen la situación al costo que sea y llamando al uso de la fuerza para expulsar a los desestabilizadores profesionales. Una vez que las negociaciones parecen llegar a un arreglo y se promete el aumento solicitado, los sectores conservadores hacen un llamado para que la sociedad se movilice contra el magisterio:

«Padre de familia; cumple con tu responsabilidad y mañana martes 27, vigila que se dé educación a tus hijos. Es hora de hacer respetar nuestros derechos. Ahora más que nunca, pues el señor presidente de la República ha acordado elevar los sueldos de los profesores.»[77]

La estrategia oficial es clara: se decide negociar con el magisterio para que el conflicto ferrocarrilero no invada la lucha alterna de los maestros, por lo tanto, se les otorga un aumento de ciento cincuenta pesos mensuales, no solo a los agremiados de la sección IX del Distrito Federal, sino a todos los maestros del país. Los patios de la Secretaría son desalojados, se regresa a las aulas, a pesar de que queda por resolver la elección y el nombramiento del líder de la sección en la Ciudad de México. Los ánimos de los maestros les hacen creer que la victoria alcanzada logrará derrotar a los líderes charros del SNTE nacional, pero no hay cambio alguno y la lucha del MRM se diluye momentáneamente.

Las pretensiones del Partido Comunista Mexicano y del Partido Obrero Campesino de México de constituir una comisión de enlace entre los diferentes movimientos gremiales fracasa, sobre todo por el miedo de los trabajadores a ser vistos como anti gubernamentales, imagen que las fuerzas conservadoras y parte de la burocracia gubernamental se desgañitaban porque así apareciera.

Durante el mes de junio de 1958 el movimiento ferrocarrilero llega a uno de sus momentos más importantes cuando el

---

[77] Peláez, *op. cit.*, p. 102.

Plan del Sureste entra en acción, debido a la falta de respuesta oficial para las peticiones. De igual manera, la inquietud para destituir a los líderes de las diferentes secciones toma fuerza, constituyéndose así todo un movimiento contra la corporativización oficial. Para el día 26, inicia un paro de dos horas en todas las terminales ferroviarias; que los rieles dejasen de rechinar por aquellos años, significaba prácticamente la paralización del país. La lucha de los trenes empieza a preocupar a las esferas más altas de la política, y de los ámbitos económico y social.

Por su lado, los estudiantes de la Ciudad de México inician un movimiento contra el alza del pasaje en el transporte urbano, imitando la forma del proceder de los ferrocarrileros. Los universitarios constituyen una Gran Comisión, la cual modifica su demanda de no a la subida del pasaje, por la de la municipalización del transporte. Son decomisados varios autobuses hasta «[...] convertir CU en un cementerio impresionante. Todos participaron en el movimiento: la causa era inobjetable y se prestaba para jugar a la aventura».[78]

A las movilizaciones estudiantiles se suman los contingentes de los ferrocarrileros, de los maestros, de los telegrafistas, sin dejar de ser estas protestas juguetonas, una aventura de juventud, una expresión del relajo ante el ambiente asfixiante del momento. Por este motivo, la posibilidad de que las diferentes causas se abracen se ve lejana; el apoyo intergremial es efímero y circunstancial.

El presidente recibe a la Comisión de estudiantes para, luego de regañarles de forma paternal, acceder a detener el alza del pasaje. Los estudiantes han ganado esta pequeña escaramuza. La Gran Comisión se disuelve y todo regresa a la normalidad de los juegos de fútbol americano, de los suéteres y heladerías.

---

[78] Carlos Monsiváis, «Autobiografía», Semo (coord.), *op. cit.*, p. 48.

Los hombres del overol, gorro y silbato continúan la lucha. Para el día 27 el paro fue de cuatro horas. También la campaña difamatoria había iniciado varios días antes, cuando los medios insistieron en acusarles de comunistas, desestabilizadores, extranjeros, provocadores y agentes del desorden.

El 28 de junio, cuando se programó el paro por seis horas, se decidió organizar también una gran concentración en la explanada del Monumento a la Revolución, en donde se diera a conocer los motivos de su movimiento a la opinión pública, debido a la cerrazón de los medios de comunicación y de la empresa de difamación que se había iniciado en su contra.

Los gases lacrimógenos hicieron su aparición; después, llegó la caballería y los granaderos; la respuesta era clara: ante la osadía de enfrentar al sistema, el gobierno decidía utilizar todo el peso de la represión.

Las fotografías de Rodrigo Moya durante aquellos días muestran de manera incuestionable la fuerza excesiva contra trabajadores indefensos.

Las macanas se estrellaban en las cabezas de los trabajadores, y ni la carrera ni el escondite fueron suficientes. Rafael Alday Sotelo y Leopoldo Álvarez García caen muertos frente al monumento de liberación de la dictadura porfirista. Al mismo tiempo, eran atacados y saqueados los locales de las secciones sindicales en toda la República mexicana.

El asalto de la sección XV de la Ciudad de México fue preparado como si se tratara de la toma del cuartel enemigo. Los soldados cortaron cartucho y avanzaron a bayoneta calada; la destrucción y los golpes fueron el preámbulo para la entrada de la fuerza pública. Andrés Montaño Hernández, un obrero jubilado, no pudo contener la indignación y se abalanzó sobre los invasores llevando como única arma sus propios puños: fue recibido a culatazos; lo dejaron inconsciente, lo arrastraron hasta los vehículos de la policía y fue llevado a la comisaría, en donde fue asesinado.

Varias son las estampas que han narrado las jornadas ferrocarrileras, pero sin duda es *Y Matarazo no llamó*, la novela de Elena Garro inspirada en los hechos de aquel día, la mejor de ellas.

Hubo muchos intentos del sistema para que fracasara el movimiento ferrocarrilero. La posibilidad de que se les unieran otros gremios no se dio, una vez que el gobierno había concedido las demandas de telegrafistas, maestros, petroleros y estudiantes. La represión y la toma de sus locales parecían ser el golpe final. Sin embargo, contrariamente a lo que se pudiera suponer, al día siguiente, los trabajadores del tren paralizaron durante diez horas el país, continuando con la estrategia planteada en el Plan del Sureste.

El sistema entendió que no podía seguir inflando más el globo, bajo el peligro de que este se le reventara en plena cara, más aun cuando las elecciones estaban por llevarse a cabo a escasos días. La empresa y el gobierno acceden al diálogo, y el propio presidente Ruiz Cortines admite un aumento de doscientos quince pesos mensuales. Los Novios de la Rielera acababan de ganar su primera batalla.

La segunda sería una semana después, cuando renuncia el Consejo Ejecutivo General del STFRM. Los puestos vacantes son ocupados por los consejeros suplentes, mismos que no son reconocidos por los trabajadores, para lo cual se realiza la VI Gran Convención General Extraordinaria, citada por la Gran Convención y encabezada por Demetrio Vallejo, quien queda electo como secretario general del sindicato.

La Secretaría del Trabajo se niega a reconocer a los nuevos representantes del STFRM, dando el apoyo a los suplentes de los líderes charros. Con esto quedaba claro que habían aceptado el aumento, pero no la libertad de elección de los representantes y menos que quedaran al frente aquellos ligados al PCM y al POCM.

Una vez más la amenaza de que las chimeneas de los trenes no inunden de humo el aire ronda por todo el país. Para el día 3 de agosto son ya cinco las horas de paro; los soldados intervienen otra vez y las estaciones se convierten en cuarteles militares. La empresa convoca a los jubilados para que entren a manejar las máquinas; echan a andar varios trenes sin mercancía, ni pasajeros. Fueron los famosos «trenes fantasmas», que hacen acto de presencia para aparentar que la normalidad ha llegado al ferrocarril.

Los actos de protesta en apoyo a los líderes democráticamente electos van apareciendo. El Bloque de Unidad Obrera, al frente del cual está Fidel Velázquez, amenaza con ofrecer su apoyo al gobierno y a la empresa para echar a andar las máquinas. La amenaza anima a los ferrocarrileros, quienes ven la oportunidad de contaminar con su insurgencia a los sindicatos de las empresas privadas, dominados por el corporativismo oficial. El aún no considerado don Fidel, recapacita y anuncia que el BUO actuará siempre y cuando sea absolutamente necesario.

El gerente de Ferrocarriles Nacionales, Roberto Amorós, insiste «[...] en que Vallejo no fuera el Secretario General del sindicato, aunque su corriente podía nombrar al que quisiera. Demetrio Vallejo contestó que: "nosotros no aceptamos que usted sea el gerente; aunque el Presidente de la República nombre al que quisiera; estamos en huelga general y no aceptamos injerencias en el sindicato ferrocarrilero"».[79]

De nuevo la liga se tensaba luego de pasadas las elecciones, ya con el licenciado Adolfo López Mateos como presidente electo de México. Las negociaciones iban y venían; las discusiones acaloradas se daban en cualquier esquina, haciendo que el conflicto ferrocarrilero estuviera relacionado con todas las actividades del país.

Es el propio presidente quien llega a un acuerdo con la Gran Comisión para que se levante el paro, accediendo a que, en primer lugar, se lleve a cabo un plebiscito en la base para elegir entre las dos planillas: la encabezada por Demetrio Vallejo y la que sustituía a los líderes charros renunciados; en segundo lugar, la libertad de todos los detenidos por motivos del movi-

---

[79] Campa, *op. cit.*, p. 244.

miento; en tercer lugar, la reposición de los cesados; el pago de los salarios caídos, y, por último, la salida de las tropas de los locales sindicales. La posibilidad de que se castigara a los culpables por la represión excesiva parecía una utopía que no prosperó.

La consulta inicia el 7 de agosto. Los trabajadores de los rieles se disponen a sufragar para elegir a sus representantes; los votos no llegan a todo el país. Pero, a los pocos días de haber comenzado el plebiscito, la planilla encabezada por Vallejo suma ya más de cincuenta y nueve mil votos a favor, contra nueve mil de los representantes del charrismo oficial. Son cuarenta mil los ferrocarrileros que faltan por votar, cuando el propio presidente Ruiz Cortines insiste en que se detenga el proceso para dar paso al reconocimiento de la primera gran victoria de los trabajadores sobre el control oficial.

El entusiasmo explota y, el 27 de agosto, el nuevo Comité Ejecutivo General del STFRM toma posición de sus cargos con Vallejo a la cabeza. Pronto el sistema se cobraría la factura de aquella afrenta.

Tal vez el éxito ferrocarrilero motivó al Movimiento Revolucionario del Magisterio, el cual había obtenido solo un punto a su favor con el aumento salarial, mientras que la sección del SNTE de la Ciudad de México continuaba en disputa con Othón Salazar en punta de lanza. El último mensaje presidencial del primero de septiembre fue poco valorado, cuando se dejó entrever que Ruiz Cortines no permitiría ni una expresión más de libertad, protesta o huelga, mientras que por otro lado el lobo maduro Velázquez declaraba que «la maniobra parte de distintos puestos, pero con un solo objetivo: crear el caos y la anarquía en todos los aspectos de la vida nacional».[80] La propaganda anticomunista, antidemocrática, antipopular se había puesto en

---

[80] Semo (coord.), *op. cit.*, p. 51.

marcha y no se iba a permitir la repetición de lo que acababa de suceder con los ferrocarrileros. A pesar de ello, los maestros salen eufóricos a la calle.

A los pocos días del informe presidencial es detenido el líder magisterial Othón Salazar. Por toda la ciudad se reprime a los maestros y cualquier intento de petición de elecciones democráticas dentro de las diferentes secciones del SNTE en el resto del país. José Revueltas proclama que la burguesía en bloque es enemiga de clase, tanto del pueblo como del trabajador, insistiendo en que no importa si se encuentra ligada o no al poder político, ni si es o no nacionalista o progresista; él considera a la burguesía, en su conjunto, antagónica al proletariado.

Es para fines de aquel año de 1958, cuando el estudiante Lucio Cabañas se ha convertido en el líder de la normal de Ayotzinapa, y es electo secretario de la Sociedad de Alumnos de aquel centro de estudios, a pesar de cursar el tercer año de secundaria; este fue el motivo utilizado para pretender echar por tierra su candidatura, argumentado que no era posible que un secundario encabezara a la sociedad de alumnos.[81] La responsabilidad del joven Lucio ha crecido, ya no solo se trata de protestar por las ausencias de maestros y autoridades de la normal, sino que también atiende y apoya cualquier inconformidad de la comunidad. El origen campesino y popular de la mayoría de los aspirantes a maestros hace que tengan presente las necesidades más elementales de la población de su alrededor.

Lucio decide ingresar al Partido Comunista Mexicano y continúa manteniendo reuniones con estudiantes de todos los grados de la normal. Se habla de él, es apreciado. Combina sus estudios con la representación estudiantil, con el análisis sobre la situación de la gente, y también se da tiempo para trabajar y poder sostenerse económicamente. Fueron muy comunes los encuentros de varios compañeros de la Normal alrededor de un

---

[81] Arturo Miranda Ramírez, *El otro rostro de la guerrilla*, El Machete, 1996, p. 32.

aparato de radio destartalado, para oír las emisiones de Radio Rebelde desde Cuba.

El exceso de trabajo no le permite mantener un empleo seguro. Así, va de la venta de paletas heladas al campo para sembrar maíz, así como al turno nocturno de velador en un hotel en la ciudad de Tixtla, población cercana a la Normal. Es aquí en donde hace amistad con el cura del pueblo, quien le invita a desayunar un domingo para pedirle que se acerque más a Dios, que acuda a misa, que se confiese... Sin embargo, el joven estudiante provocó la ira del párroco al responderle:

«Padrecito, yo sí estaría dispuesto a acudir a este templo, a confesarme, a ser más cristiano; pero también quisiera que la Iglesia se pusiera de parte de los pobres, como se puso Cristo, que fueran los padres revolucionarios y ayudaran a cambiar esta sociedad donde unos cuantos explotadores viven de la gran mayoría de la gente pobre.»

A pesar de cierta tensión, Adolfo Ruiz Cortines deja la banda presidencial a su antiguo secretario del Trabajo, Adolfo López Mateos, sabiendo con seguridad que los ánimos obreros están calmados.

Una noticia delirante comienza a correr durante las últimas horas del agonizante año de 1958: la guerrilla cubana ha tomado posiciones importantes dentro de la isla y se rumora la posible salida del dictador Fulgencio Batista. Pronto, todo el mundo se convulsionaría al saber que Fidel Castro –aquel que meses antes había dejado atrás, con ochenta y un seguidores, las tierras mexicanas– asumía el poder de Cuba, para convertirlo en el primer territorio libre de América, próximo sueño de todo el continente.

Varias pueden ser las explicaciones sobre la puesta en marcha del golpe contra la dirigencia independiente del sindicato ferrocarrilero. Lo cierto es que, para el sistema, los obreros le pertenecían; y no solo eso, sino que los trabajadores del Estado debían ser parte de la gran «familia revolucionaria», por lo tanto, no se podía permitir la intromisión de ningún otro partido político en la vida de los sindicatos que no estuviera bajo el control de la CTM o que se negara a participar en el Bloque Unido Obrero.

Durante los primeros meses de 1959, el último de la década, hay diferentes manifestaciones contra el STFRM. Así, los empresarios exclaman: «[...] el deseo de todo mexicano es que el derrotero de progreso no se altere [...] La táctica de la agitación obrerista ha rebasado los límites de la cordura [...] La agitación obrera tendrá consecuencias fatales [...] Es preciso poner un fin a todo esto.»

Como ya se ha comentado, el nuevo presidente recibió ciertas señales de disgusto por haber otorgado la amnistía a Rubén Jaramillo en Morelos; también como acto de buena voluntad por parte del nuevo gobierno, es puesto en libertad Othón Salazar y otros dirigentes del MRM, aun cuando, a su vez, el movimiento obrero corporativizado, gran aliado del sistema, se declara en guerra contra los comunistas, considerados corruptores de las «buenas costumbres» de nuestro pueblo. Así, convocan a los obreros para que se mantengan alerta de aquellos insidiosos que pretenden dividir a la clase trabajadora, llegando al extremo de solicitar la detención de Vallejo por propagandista del comunismo.

En pleno momento cúspide de la llamada Guerra Fría, el gobierno, los líderes charros y los empresarios adquieren un discurso de «defensa de la patria», para combatir a los artífices comunistas.

A la par que se echa a andar la cascada de declaraciones y se va creando el ambiente adverso para la siguiente revisión del contrato ferrocarrilero, se activa a la policía secreta, así como a los miembros de la Dirección Federal de Seguridad, con el fin de intervenir en cualquier acto del sindicato vallejista; se infiltran, se hacen pasar por trabajadores o incluso compran gente para su causa.

Las relaciones entre el sindicato independiente, la empresa y el gobierno se tensan. Para el 25 de febrero de 1959 se suspenden las labores en los trenes de Ferrocarriles Nacionales, y solicitan el aumento del 16.66 por ciento sobre los doscientos quince pesos otorgados meses atrás; además de varias prestaciones y beneficios, de los cuales ya gozaban otros gremios de trabajadores del Estado, como los de atención médica y casas, entre otros.

Los líderes del ferrocarril del Pacífico y de Veracruz otorgan –tal vez ingenuamente, por error o hasta como acto de provocación– la prórroga solicitada por la empresa. Por lo tanto, no llevan a cabo el paro aquel día y cuando se conceden las demandas, no son considerados para recibir los beneficios. El paro se levanta al día siguiente; parecía ser una victoria más de los vallejistas, a pesar de las presiones. Sobre todo porque Demetrio Vallejo había rehabilitado los derechos de personas como Valentín Campa, cuyas acciones de 1948 todavía no se olvidaban, siendo catalogado como agente del comunismo internacional.

La empresa y el gobierno se niegan a conceder los beneficios a los ferrocarrileros del Pacífico y de Veracruz, por más que el líder nacional ofrece sus mejores oficios para llegar a un acuerdo, el paro se hace inminente ahora en aquellos centros laborales. Se suspende el ruido de los silbatos el miércoles 25 de marzo. Al resto del sindicato no le queda más remedio que apoyar solidariamente el movimiento y se convoca el paro nacional, precisamente cuando todo México se preparaba para abordar los trenes en la Semana Santa de 1959.

El gobierno ha encontrado el pretexto suficiente para echar a andar su maquinaria de represión. Así, bajo el argumento de la disciplina dan inicio los primeros despidos, luego de declararse ilegal la huelga; son desalojadas familias enteras de los vagones que ocupaban en ciertas zonas del país como viviendas. La voz de la protesta comienza a encenderse, las concentraciones y los mítines vuelven a ocupar la calle; el sistema no está dispuesto a aguantar más el movimiento ferrocarrilero, por lo que el 28 de marzo se planea toda una acción para desmembrar al sindicato y acabar de una vez por todas con los inconformes, los que atentan en contra del «desarrollo estabilizador.»

Aquel Sábado de Gloria no hay agua para festejar la semana mayor de los católicos. Se moviliza toda la policía del país y los soldados salen de sus cuarteles; la acción incluye también la participación de los agentes de la Dirección Federal de Seguridad. Se toman los locales sindicales y la represión se generaliza por todo el territorio nacional. Son detenidos los líderes, entre ellos Demetrio Vallejo. Se ha decidido la crucifixión del movimiento, ni un grito obrero más fuera del control oficial.

La estrategia del gobierno incluye el desprestigio de los ferrocarrileros para que no se puedan levantar más y quitarles el apoyo popular y de otras fuerzas obreras. El primero de junio de aquel año expulsan a dos diplomáticos de la Unión de Repúblicas Socialistas Soviéticas del territorio nacional, acusados de estar detrás del sindicato y del movimiento ferroviario. Rojo, comunista, profesional de la violencia y desestabilizador eran atributos que plagaban el discurso oficial que había que fundamentar con la supuesta complicidad del enemigo detrás de la cortina de hierro. El efecto causó gran impacto, no solo en la sociedad en general, la cual había visto esfumarse las vacaciones de aquel año, sino también en los propios trabajadores, para quienes el ánimo de lucha había disminuido considerablemente y la resistencia había comenzado a disolverse, así como las protestas por la fuerza desmedida ejercida en su contra.

Se convocó a la VII Convención Nacional del STFRM, para nombrar a los líderes que sustituyeran a los recién encarcelados por ser cómplices de la URSS. El 6 de Abril el sindicato estrenaría nuevos dirigentes con la bendición de la empresa y del gobierno. Seis días después se levantaba la huelga y todo parecía volver a la normalidad, como si se hubiese tratado de una pesadilla momentánea.

Vicente Lombardo Toledano, que había apoyado a los ferrocarrileros en sus luchas pasadas con el PP, al igual que el PCM y el POCM, regresaba al redil de la revolución atacando a los líderes encarcelados, criticando su ambición de poder y su lucha contra los principios nacionalistas.

La lección estaba dictada no solo para los ferrocarrileros; el mensaje también tenía otros destinatarios, los cuales entendieron de inmediato y dejaron a un lado la posibilidad de salirse de los preceptos oficiales.

El general Lázaro Cárdenas recibió un mensaje de Valentín Campa para que mediara en el problema. Quiso intervenir y propuso un encuentro entre gente de la Presidencia y el líder comunista para poder tratar políticamente el asunto. Todo finalizó cuando, eufórico, el presidente le comentó al general:

«"[...] mi general Cárdenas, tengo una gran noticia que darle; la noticia es que acabamos de aprehender a Valentín Campa". Cárdenas comentó que él se molestó mucho y que le había contestado al presidente: "Usted me mandó decir por conducto de Lauro Ortega que estaba de acuerdo en discutir políticamente con Campa, no en aprehenderlo".»

Una vez asestado el golpe y desarticulado el movimiento ferrocarrilero, son varios los intentos que se hacen por rearmar la lucha, estudiando los cómos, cuándos y porqués de la derrota desde la clandestinidad los militantes del PCM y POCM intentan que el hilo de comunicación y el liderazgo de los hombres de la vía no se rompa, pero la cacería puede más que cualquier posibilidad de mantener la resistencia.

Víctor Rico Galán, un periodista español nacionalizado mexicano, sostiene varios encuentros secretos con algunos de los pocos dirigentes en pie de lucha. Se reúnen en casas prestadas, se cuidan hasta de su sombra, discuten, analizan, pretenden crear una nueva estrategia, el golpe ha dado en el blanco, cualquier protesta ya no es más que la reducción de las convulsiones que da un cuerpo en agonía.

La vida en rosa parecía regresar a las calles de todo el país. Una acción de las fuerzas de seguridad del Estado, una estrategia de desprestigio, la comprobación de fuerzas extrañas ya desterradas de México, la calma anhelada por los empresarios parecía ser la realidad; todo bajo control.

Genaro Vázquez continuaba sus clases en la Ciudad de México. Su vida parecía normal: aulas, alumnos, tareas, exámenes. El desfile de conocidos desde el estado de Guerrero que le pedían asesoría, apoyo y consejos, era común cada semana; junto a la educación, los problemas de la tierra, el precio de los productos agrícolas, la falta de apoyo oficial, el abuso de los terratenientes y mediadores conformaban su cotidianidad.

Genaro y Blas Vergara acarician la idea de hacer un frente común que permita atender las necesidades de los campesinos de Guerrero, ya que tanto los arroceros, coproros, ajonjolineros y cultivadores de palma comparten problemas, obstáculos y falta de soluciones.

En una pequeña escuela de la Ciudad de México, en la calle Donceles, se llevan a cabo las primeras reuniones para hacer realidad aquel frente que iba a combatir todas estas injusticias. Nació el 22 de octubre de 1959 con el nombre de Asociación Cívica Guerrerense (ACG).

Los problemas de la tierra también se han agudizado en el estado norteño de Chihuahua. La Unión General de Obreros y Campesinos de México, dependiente del Partido Popular, inicia la toma simbólica de tierras de las grandes extensiones de los latifundistas para beneficiar al campesino desposeído. Estos actos conllevan enfrentamientos continuos, sobre todo con la familia Ibarra, la cual se distinguía por su prepotencia. El 11 de julio de 1959, José Ibarra Bojórquez mata en un enfrentamiento a Anselmo Enríquez Quintana. Los hechos son consignados ante el jurado de Matachic y se gira orden de aprehensión contra el señor Ibarra; nunca es ejecutada, provocando mayor indignación entre la gente de la zona y los líderes de la UGOCM.

Los enfrentamientos no cesan, sino que, por el contrario, poco a poco se van incendiando más los ánimos. El 4 de septiembre, Rubén Ibarra Amaya, hijo de José, hiere de muerte al profesor Luis Mendoza. Las movilizaciones y las protestas se repiten, pero la justicia no llega a esta zona del país, a pesar de la claridad con la que han sido llevados a cabo ambos asesinatos y de que se conoce a los culpables.

El entonces gobernador del estado de Chihuahua, Teófilo Borunda, pretende calmar la situación, ofreciendo a los campesinos facilidades para que se vayan a trabajar de braceros al otro lado de la frontera.

Sin embargo, el conflicto entre terratenientes y campesinos va en aumento, al grado de que el día 26 de noviembre, en un intento por terminar con los problemas, la familia Ibarra contrata a Encarnación García Muñoz para que haga desaparecer al líder de la UGOCM, el profesor Francisco Luján Adame, quien agrupaba las protestas de los ejidos Cuatro Vientos, Chinaca, Cebadilla de Dolores, Serrucho, El Poleo, La Junta y Mesa Blanca. El asalto se lleva a cabo en la casa del dirigente campesino y maestro de la Normal; le toma por sorpresa y de tres puñaladas pierde la vida en su propia casa, en Ciudad Madera.

El asesino sale sin mayor prisa del domicilio del profesor, con la camisa manchada de sangre. Una voz pretende detener su paso gritando: «¡Agárrenlo!» El hombre se da su tiempo en voltear hacia el lugar del cual sale la voz indignada y desesperada; luego, señalando la casa del líder, contesta: «¿A quién van a agarrar? ¿A mí? Agárrenlo a él. ¿No ven que se está cayendo?», alejándose hacia la impunidad.

Luego de cumplirse el objetivo, Álvaro Ríos, Raúl Gómez y el joven recién egresado de la Normal, Arturo Gámiz, se movilizan para protestar por el asesinato. Encarnación es detenido y sentenciado, pero los autores intelectuales siguen libres, por lo que inicia una gran movilización por todo el estado, para exigir justicia.

El joven estudiante Lucio Cabañas continúa acrecentando su liderazgo. Su trabajo es reconocido ya no solo en la normal de Ayotzinapa, en la asamblea de la Federación Nacional de Estudiantes Campesinos Socialistas, a la cual acude como representante del estado de Guerrero, en la ciudad del Mexe, en el estado de Hidalgo. Es electo dirigente nacional. Aquel muchacho reservado, que decidía protestar ante cualquier irregularidad en su institución o en el poblado de Tixtla, donde trabajaba, y cuyo apodo años antes había sido el Chivo, asumía temeroso la responsabilidad de representar a todos los estudiantes normalistas del país. Ante la cerrada votación en la que Lucio había asumido la máxima representación de los estudiantes de las veintinueve Normales de México, tuvo el objetivo principal de unificar las demandas e intereses de todas las escuelas, por lo que se decidió a recorrer cada una de las instituciones de educación, alcanzando el reconocimiento como dirigente único.

Con el cierre de la década de los cincuenta, la izquierda partidista se ha hecho más sensible a las necesidades obreras y campesinas del país, de las que había permanecido ajena. Tal como concluye Barry Carr:

> Por serios que fueran sus errores tácticos y estratégicos en 1958 y 1959, la izquierda mexicana se había conectado por fin con las preocupaciones y luchas de masas obreras estratégicamente importantes. Esto no había sido posible desde los charrazos de fines de los cuarenta. Además, la sensibilización a las demandas de autonomía y democracia que plantearon los obreros insurgentes forzaron a la izquierda política a incorporarlas a su propia plataforma y a romper con su exagerada y fetichista veneración por la unidad obrera, heredada de la década anterior.

Nuevos tiempos asomaban entonces la cabeza. Otros puños, otras mantas y banderas iban a levantarse durante los próximos diez años, incluyendo las armas, que parecían haberse enfriado ya.

2
SE PROTESTA POR TIERRA, EN LA TIERRA DE VILLA

El 31 de diciembre de 1959 hace sonar con sus doce campanadas la llegada de una nueva década, llena de ilusiones para alcanzar el cielo y en la que empezará a abrirse un abanico diferente en México. Aún ni se sospechan los tiempos que vendrán de ebullición social, sobre todo porque los guardianes del orden continúan al acecho. Pero parece obvio que la unión, la tranquilidad, la paz, de la ya para entonces legendaria «familia revolucionaria» comienza a resquebrajarse lentamente.

La izquierda como palabra clave es ya parte dentro del discurso de universidades, gremios, políticos, empresarios; ya no solo se usa la palabra «revolución» como cuño de nueva fuerza, sino que ahora, poco a poco, izquierda y socialismo comienzan a dejar de asemejarse al Diablo.

Alfonso Corona del Rosal, presidente del Partido Revolucionario Institucional, atina a decir a mediados del primer año de la década de los sesenta, durante un banquete ofrecido a los diputados de su partido al regreso de un viaje por Europa: «Ante los problemas que vivimos, nuestra posición es verdaderamente revolucionaria: la atinada izquierda ante los problemas de México». La declaración impacta, incomoda, levanta más de un peluquín de los empresarios mexicanos, cuyo apoyo al proyecto revolucionario nunca antes supuso siquiera la posibilidad de que la Revolución Mexicana tuviera algo que ver con la izquierda, sobre todo cuando América Latina ya había iniciado su convulsión bajo la influencia del triunfo cubano.

Aquella declaración y las diferentes presiones de los grupos conservadores, obligan a que el presidente de la República, López Mateos, precise que su gobierno se encuentra dentro de la extrema izquierda de la Constitución mexicana.

Para entonces, el estado de Chihuahua es un polvorín, como el estado de Morelos. Las demandas insatisfechas en cuanto a las tierras para campesinos llevan a la acción directa de estos contra las grandes extensiones de terratenientes, cuyos intereses se ven amenazados por las grandes hordas de descalzos que toman los pastizales del ganado y exigen lo que ni la revolución ni la Constitución les ha otorgado.

Arturo Gámiz, con los hermanos Pablo y Raúl Gómez, emprenden una marcha desde Ciudad Madera hasta la capital del estado de Chihuahua con el fin de reivindicar el asesinato de su compañero, Francisco Luján Adame.

El frío de enero en Chihuahua congela la piel y traspasa hasta los huesos. La marcha comienza con unos doscientos campesinos, pero poco a poco, a su paso por las diferentes comunidades, pueblos y ciudades, va aumentando.

Una de las principales intenciones es entrevistarse con el presidente de la República, quien está a punto de iniciar una gira de trabajo por el estado. Son aproximadamente treinta los kilómetros que, paso a paso, van comiendo aquellos pies descalzos, de hombres, mujeres y hasta niños, durante los días que dura la travesía.

«¿Será que el campesino mexicano ha aprendido el arte de sufrir sin demostrarlo?», se preguntó Judith Reyes al descubrir la columna de campesinos que se dirigía a la ciudad de Chihuahua en busca de justicia. Varios miembros de la marcha le piden que escriba y divulgue en el periódico *El Informador*, sus peticiones, sus denuncias, su situación.

La marcha fue detenida a la entrada de la ciudad capital. El presidente de la República no tuvo noticias de las quejas de aquellos campesinos; la muerte de Luján parecía reducirse a un «pleito de cantina.»

La estrategia de continuar exigiendo un pedazo de tierra fue bien acogida no solo por los miembros de la UGOCM, sino también por el Frente Villista División del Norte, dirigido por Dionisio Sánchez Lozoya.

A mediados de 1960 es ocupado el latifundio de Santo Domingo, en el municipio de Villa Ahumada. Las expresiones de simpatía en favor de aquellos campesinos por parte de la ciudadanía comienzan a llegar bajo la batuta de la cantante Judith Reyes, quien de publicista y reportera del diario *El Monitor* se transforma en la promotora de la causa campesina.

El cerco policial y militar se tendió sobre los invasores de Santo Domingo, para evitar que la ayuda recolectada les llegara desde la ciudad de Parral. Las ciento sesenta y ocho familias participantes en la acción son vigiladas constantemente por policías y por el ejército, que ha sido desplazado hasta las inmediaciones de las casuchas fabricadas de cartón. Sin agua, sin alimentos, sin medios higiénicos para las necesidades elementales; los campesinos acusados de promotores de la violencia sobreviven con lo que pueden. Luego de pasar varios retenes y de alternar con militares de alto rango, la ayuda salva la situación momentánea de quienes exigen un pedazo de tierra del cual poder sobrevivir.

El maestro Arturo Gámiz exhorta a los campesinos con la consigna dictada de: «Compañeros, por la vía legal no hemos obtenido nada, solo nos queda, como presión, invadir la tierra». Se desata por todo el estado de Chihuahua una serie de acciones haciendo que se ocupen los grandes latifundios –son hasta cincuenta y cuatro las invasiones realizadas–, no solo por miembros de la UGOCM. La propuesta de Gámiz es respaldada por otras agrupaciones campesinas, quienes expresan: «Ya nos cansamos de gestiones que no conducen a nada. ¡Pura entretenedera! El Departamento Agrario nomás archiva los papeles y nos da largas, por eso vamos a invadir.»

La respuesta oficial, como suele, es la difamación de los trabajadores del campo, acusándolos de flojos, agitadores y comunistas; despliegan al ejército y a la policía para intimidar y desalojar las hectáreas ocupadas.

«¿No saben que el respeto a la propiedad ajena es una de las bases en que se apoya la paz que disfruta esta gran familia mexicana? ¿Quiénes son ustedes para pisotear el derecho?» insistía indignado un general del Ejército Nacional antes de desalojar por la fuerza a los invasores de Santo Domingo, para concluir diciendo: «Deberían de leer la Constitución y dejarse de andar leyendo libros de ideas exóticas que afectan nuestra mexicanidad.»

Para demostrar que las acciones de invasión eran el resultado de una serie de trámites no resueltos por la vía legal, Álvaro Ríos, compañero de Gámiz en la UGOCM, elaboró el instructivo de convivencia y de acciones a realizar durante las invasiones, en el que se especificaba que no podía introducirse a los campamentos ni una gota de alcohol, así como tampoco ningún juego de azar, como baraja o dominó. Quedó completamente prohibido mezclar cualquier discusión personal entre miembros de la acción, para evitar las riñas en el grupo. No se deberían dañar las fincas, ni árboles, ni animales que se encontraran en el territorio invadido. Los ancianos, niños y mujeres tendrían respeto y la primicia para todo: alimentos y mejores lugares. Nadie podría llevar consigo ningún tipo de arma, incluyendo los utensilios de labranza que podrían ser un pretexto para tomarse contra los policías o soldados. Por ningún motivo se debería de enfrentar a las fuerzas del orden, ni tampoco discutir con ellos. Y por último, las declaraciones a la prensa las harían compañeros previamente seleccionados; el resto debería de guardar la disciplina y no precisar ningún dato.

Como se verá, se pretendía demostrar que su causa se reducía simplemente a la solicitud de áreas en donde trabajar, sin intenciones de atentar contra el poder establecido. A pesar de las estrictas medidas de disciplina, la autoridad comenzó una serie de ataques publicitarios, en los cuales lo que menos se les achacaba era la filiación comunista.

La paranoia del poder llegó a tal grado que cuando se llevaba a cabo una invasión, todos los caminos adyacentes al lugar se cerraban a la circulación normal de vehículos o personas; cualquiera que quisiera transitar por allí debía identificarse y, en el caso de camiones que transportaban mercancía, granos o cualquier otra cosa, esta se confiscaba, ya que aseguraban que irían a parar a la guerrilla que se estaba gestando en la sierra de Chihuahua.

La actividad de los campesinos chihuahuenses comenzó a inquietar a los dirigentes nacionales de la UGOCM, cuyo líder, Jacinto López, dejó de apoyar desde la capital aquellas acciones, entre otros motivos debido a que la Unión dependía del Partido Popular cuya cabeza, Vicente Lombardo Toledano, comenzó una serie de ataques hacia esas formas de protesta porque atentaban contra la unidad revolucionaria. Para cobrarse la factura por la indisciplina partidaria demostrada, se dejó colgado a Arturo Gámiz con la ilusión de realizar a mediados de 1960 un viaje por los países socialistas.

Las invasiones provocaron cada vez mayor enojo entre las autoridades, quienes recibían protestas airadas de los terratenientes porque no cuidaban sus intereses. Los campesinos entendieron que tampoco por medio de aquellas acciones llegarían a algo, ya que los latifundios descansaban en la punta de las bayonetas de los soldados.

La justicia continuaba sin llegar a las tierras chihuahuenses. El 18 de marzo de 1960, Florentino Ibarra, hermano de José, asesina a Carlos Ríos Torres en la población de Madera. El autor de aquel asesinato es detenido y sentenciado, pero en la segunda instancia del juicio es absuelto y sale libre. Esto llenó de ira las expresiones populares.

Los estudiantes de las Normales rurales comenzaron a apoyar todas las acciones de los campesinos, a pesar de las medidas emprendidas por el gobierno del estado para que la simpatía entre ambos no se diera. Punto clave de esta unión fue el encuentro entre Arturo Gámiz y Judith Reyes, la cual divulgaba con su guitarra la lucha emprendida en las diferentes zonas del estado, dando inicio a lo que más tarde se llamó «canción de protesta.»

En octubre de 1960, el Partido Popular decide moverse a la izquierda, incluyendo en su nombre el de Socialista, revisa sus documentos básicos, sin desligarse en ningún momento de los preceptos de la Revolución Mexicana.

3
UN SOLO GRITO EN GUERRERO: ¡FUERA CABALLERO!

¿Qué provoca que una mecha sea encendida? ¿Quién puede acercar de manera inconsciente un cerillo a la pólvora? ¿Cuánto tiempo puede transcurrir entre que un individuo se decide a acatar la orden recibida y su dedo jala el gatillo?

Están a punto de dar las tres de la tarde. A pesar de ser 30 de diciembre, el sol alumbra la Alameda Granados Maldonado, frente a la Universidad de Guerrero. Los gritos de la multitud aumentan conforme pasan los minutos; hay indignación, coraje e impotencia entre los asistentes al mitin. Son personas de todo tipo: estudiantes, amas de casa, empleados, profesionistas, campesinos; un nombre los ha reunido para unir su voz y rechazarlo: general Raúl Caballero Aburto.

Alguien entre la multitud saca una manta con una leyenda contra el gobernador. Muchos exigen sea colocada en un lugar visible. Un joven trabajador de la Comisión Federal de Electricidad se ofrece como voluntario, pues se sabe capaz de cumplir la misión: trepar por los postes es parte de su profesión. No solo es observado por los que protestan; la policía y el ejército también han asistido a la manifestación para controlar los ánimos.

Enrique Ramírez Miranda toma un extremo de la manta, trepa con ella el poste, ve hacia abajo; tal vez presiente que pronto va a terminársele la capacidad de gritar. Las consignas de lucha se atropellan unas a otras. Hay cierto tono de festividad navideña y de fin de año en aquel acto de protesta. Un ruido seco acompaña a las airadas gargantas, nadie entiende bien qué ha sucedido hasta que ven caer el cuerpo de Enrique Ramírez desde el poste, sin haber llegado a exhibir la consigna. Aquel ruido inconfundible se repite una y otra vez. Ya nadie duda de que sean disparos; es imposible confundirlos con cohetes o palomas, la fiesta no llega a tanto.

La turba corre desorganizadamente, una vez más reciben como respuesta a sus peticiones la represión. ¿Hay forma de prepararse contra esta? ¿Acaso se puede acostumbrar uno a los golpes? Las caras de terror se multiplican. En cuestión de segundos: la policía y los soldados comenzaron a disparar indiscriminadamente contra los manifestantes.

Cada quien busca el mejor resguardo, aún temblando. Las fuerzas del orden continúan con su cometido: corren detrás de los manifestantes desarmados. Una, dos, tres cuadras más allá de la Alameda hay gente herida de bala, heridos por alguna bayoneta que les ha atravesado cualquier parte del cuerpo, alguien más tiene la cabeza abierta por alguna macana. ¿Los muertos? Nadie se pone de acuerdo en la cifra; es común que cada uno diga un número diferente. Así, la parte oficial anuncia ocho cadáveres de todas las edades y más de cincuenta heridos.

A los pocos minutos de los hechos se instala un toque de queda en la ciudad de Chilpancingo. Los soldados patrullan las calles; nadie asoma la cabeza ni para ir a recoger a los familiares heridos. «¡Feliz Año Nuevo 1961!», se lee en un comercio del centro de la ciudad; pocos son los que han comprado un calendario del nuevo año, en su memoria quedará grabado el 30 de diciembre de 1960, es el fin de un año y de una administración represiva.

El estado de Guerrero se había ido calentando poco a poco durante 1960 para llegar a los acontecimientos del 30 de diciembre. El gobernador, general Raúl Caballero Aburto, hombre duro, con experiencia militar es un hombre cuya rigidez no le permite conocer intrigas políticas, y mucho menos protestas populares. Hay quien asegura que había estado a cargo de la represión llevada a cabo contra la manifestación de la Alameda Central en la Ciudad de México el 7 de Julio de 1952; concentración que se había desarrollado para protestar por el fraude electoral cometido para evitar el triunfo de la Federación de Partidos del Pueblo –con Miguel Henríquez Guzmán como aspirante a la Presidencia–. Aquella acción le sirvió al general para alcanzar el gobierno del estado.

Genaro Vázquez Rojas ha dejado la capital del país desde el 13 de mayo de 1960, abandonando también a sus alumnos de San Juan de Aragón e Ixtacalco. La lucha magisterial del MRM ha dejado de ser una de sus prioridades. Ha decidido dedicarse de tiempo completo a la lucha de los copreros, arroceros y demás productores del campo de su estado natal, Guerrero. La situación es cada vez más crítica. Los productores agrícolas han realizado varios experimentos de producción autogestionada, los cuales, al levantar el vuelo, habían dejado de tener apoyo oficial o, en contraparte, la campaña desatada desde las barricadas de los acaparadores minaba los precios de los productos. Los ánimos de los campesinos y los intereses ocultos de los grupos oficiales levantaban diversos frentes para controlar los precios de los productos agrícolas o el acaparamiento del grano.

Genaro ya cuenta con la Asociación Cívica Guerrerense, la cual pretende unir las demandas de diferentes productores agrícolas y que se incorpore de inmediato al debate de los diferentes intereses de la riqueza del campo.

En el barrio de San Francisco, de la ciudad de Chilpancingo, se dan una serie de encuentros de la Asociación, entre cuyos asistentes más destacados se encuentran Darío López Carmona, Pablo Sandoval Cruz –cuya trayectoria de comunista le hace acreedor de una ficha en la policía del estado–, Pedro Ayala Fajardo –líder de los pequeños comerciantes–, y otros jóvenes. Así comenzaron los debates sobre la forma de gobernar de Caballero Aburto.

¿Cuándo y por qué comenzaron los problemas entre el gobernador Caballero Aburto y el presidente municipal de Acapulco, Jorge Joseph Piedra? Si además ambos pertenecían al mismo partido político, compartían banderas y discursos. ¿Qué intereses los enfrentó? Pocas respuestas se encuentran en los hechos registrados el 19 y el 20 de octubre de 1960. Sin constancia precisa, parecía ser simplemente una escaramuza más entre el duelo que ya sostenían el gobernador de Guerrero y políticos cercanos al presidente de la República por el control económico y político del estado.

Según la prensa de aquellos tiempos, el 19 de octubre se desarrolló una enorme manifestación contra el presidente municipal del puerto de Acapulco, en la que se solicitó la destitución del alcalde. Al mismo tiempo, el gobernador envió al Congreso local una iniciativa para que se llevara a cabo una auditoría en las arcas de la Tesorería municipal, la cual fue practicada. A las pocas horas, Jorge Joseph Piedra era relevado de su cargo.

Un día después de su destitución, Piedra realiza una serie de denuncias contra el gobernador en el periódico *El Universal*. Los estudiantes de la Universidad de Guerrero se declaran en huelga, oponiéndose a las autoridades universitarias. El clima se enrarece en todo el estado y las irregularidades afloran; la expresión popular contenida contra el gobierno comienza a desatarse de manera espontánea, provocando que sean muchas las protestas; existen varias cuentas pendientes y los hechos se van suscitando uno tras otro. ¿Coincidencia? ¿Quién encendió la luz? ¿Quién está detrás?

Poco usual para la época, el alcalde destituido encuentra un medio que le permite expresar todas sus inconformidades, publicándose la supuesta lista de propiedades de Caballero Aburto, y denunciando la serie de atropellos que ha cometido contra el pueblo de Guerrero; aparece asimismo una lista de los que han pasado a mejor vida por haber enfrentado el poder del general. Sin medida, el funcionario destituido critica, grita y patalea. El reportaje se complementa con la denuncia del líder local de la Asociación Cívica Guerrerense, Darío López Carmona, quien llega al extremo de solicitar la suspensión de poderes en el estado, y empieza a hablar de la Gran Huelga Cívica Popular que se desarrollará como queja en contra del gobernante del estado.

Mientras tanto, los estudiantes también se movilizan. Los líderes, Jesús Araujo Hernández, Eulalio Alfaro y José Naime, llaman al paro de labores el 21 de octubre de 1960. Su voz pronto encuentra eco en todo el estado, paralizando no solo las instalaciones de la Universidad, sino también las escuelas Normales dirigidas por Lucio Cabañas. Las peticiones son concretas y están vinculadas íntimamente al ámbito de la educación: la destitución del rector Alfonso Ramírez Altamirano, por prepotente y porque no tenía ni título de licenciatura; la reforma de la Ley Orgánica Universitaria; el aumento de subsidio; la contratación de maestros capacitados; la restitución de becas para estudiantes de bajos recursos, y la renuncia de algunos maestros y directivos –Rodolfo Pérez Parra, Luis Aguilero Sandoval, Benjamín Mora.

Una vez que se pacta el apoyo de la Normal Raúl Isidro Burgos, de Ayotzinapa, Lucio sube a la azotea del edificio y coloca la bandera rojinegra, para despertar la primera pregunta inocente: «¿Por qué no la bandera nacional? ¿Qué significa la que acaba de colocar el compañero Cabañas?»

El mismo día que inicia la huelga, el gobierno del estado decide enviar a las fuerzas armadas para hacer frente a la protesta estudiantil. Las familias no dejan solos a los jóvenes, por lo que de inmediato la huelga es apoyada por los padres de familia; varios campesinos y la ciudadanía en general forman un cordón humano alrededor de las instalaciones de educación en Chilpancingo y Tixtla, además de apoyar con alimentos y víveres el paro de los estudiantes.

Las manifestaciones comienzan a ser parte de la cotidianidad en todo el estado de Guerrero. El día después del inicio de la huelga, se realiza una gran movilización en la capital que concentra a varios cientos de personas ante el Palacio de Gobierno; la consigna y solicitud universitaria comienza a congregar poco a poco distintas solicitudes populares, hasta la exigencia de renuncia de Caballero Aburto. Durante el mitin, las arengas referentes a las arbitrariedades del general son constantes.

Sin encontrar otra salida, el rector de la Universidad presenta su renuncia el 24 de octubre, cumpliendo la primera de las peticiones; quedan pendientes la autonomía, mayor presupuesto, el despido de otros funcionarios y la contratación de maestros competentes, por lo que la huelga no se levanta.

La marcha del 6 de noviembre enciende y enfrenta por primera ocasión de manera directa a los estudiantes y pueblo que los apoya con el gobierno de Caballero Aburto. El cuerpo de seguridad motorizado hizo acto de presencia con la intención de desintegrar la manifestación; las piedras volaban, los palos se zarandeaban por cualquier parte. La refriega se generaliza y la lluvia de proyectiles destroza varias ventanas de los principales edificios públicos. Corre el rumor de que los líderes de la ACG han invitado a que los ciudadanos tomaran cualquier arma que tuvieran en sus casas para hacer frente a los policías.

El ambiente se vuelve cada vez más tenso; parece que no existe una válvula de escape al problema en Guerrero. Las asociaciones tal o cual se pronuncian en favor o en contra del gobernante. El conflicto llega a la Comisión Permanente del Congreso de la Unión por medio de la diputada Macrina Rabadán, la cual apoya la destitución del gobernador. Por su parte, el editorialista Rubén Salazar Mallen publica un artículo titulado «Carne para el comunismo», en donde le reclama a los diputados su falta de justicia para echar a Caballero Aburto de Guerrero, insinuando que, al no defenderlo, permiten la intromisión del comunismo entre la población de aquel estado. ¿Quiénes son los malos? ¿Dónde están los buenos? Las aguas se hacen cada vez más turbias y las contradicciones no cesan; un solo grito popular se oye: ¡Fuera Caballero!

El 9 de noviembre las balas sustituyen a las piedras. En el puerto de Acapulco se da un enfrentamiento entre manifestantes y policías; se habla de heridos, sin precisar cifras, y son encarcelados varios líderes. Genaro Vázquez está tras las rejas, no se sabe exactamente desde cuándo, si desde el pasado día 6 en Chilpancingo o desde el mismo 9. Lo cierto es que una demanda más se ha anexado al rosario de protestas: la libertad de los detenidos.

Las voces se han unido, y ahora no son solo los estudiantes universitarios o los normalistas, sino que han hecho acto de presencia los campesinos que tienen problemas no resueltos y los pequeños comerciantes. Varios empresarios simpatizan con la insurgencia popular; incluso varios políticos están presentes en los actos de condenación de Caballero Aburto. Todos tienen una sola petición: la salida del general.

El mito se delinea con el paso del tiempo. Aquella revuelta popular en Guerrero y su final feliz se le adjudica, por lo regular, a la acción de la ACG de Genaro, quien indiscutiblemente tuvo mucho que ver en cómo se fueron encendiendo los ánimos. Pero el apoyo de una gran fracción de las fuerzas empresariales, así como de varios priístas reunidos alrededor del gobernador del estado, deja en algún rincón de la historia una pequeña duda sobre las fuerzas que realmente apoyaron el movimiento anti caballerista, más allá de que las demandas tuvieran un fuerte compromiso con la justicia no impartida en aquella región del país. Como lo señala Armando Bartra en su *Guerrero bronco*:

«En estas condiciones, la emergencia cívica guerrerense de los sesenta resulta un acontecimiento sorprendente, cuyo arranque –turbio y politiquero– cumple la insoslayable función de desembotar la conciencia ciudadana y soltar las amarras de la insurgencia popular.»

Algo poco común para la conciencia adormilada aún de principios de los sesenta.

El estado entero entra en una situación de alarma, el paro de escuelas se expande, ya no solo las de educación superior o normales, sino incluso la educación primaria y secundaria ha dejado de laborar. La huelga de pago de impuestos es aceptada por la mayoría de la población, los propios burócratas al servicio del estado se manifiestan en contra de su jefe máximo. La policía y el ejército patrullan las principales ciudades, las refriegas se multiplican en cualquier esquina. El 25 de noviembre el ejército intenta ocupar las instalaciones de la universidad, sin embargo, los soldados encuentran una resistencia que suponían no iba a darse ante sus amenazantes bayonetas, por lo que no se posesionan del edificio hasta las tres de la madrugada del día siguiente. Esta acción hace que se caldeen más los ánimos; no hay ni la más mínima señal de negociación, y ante esta prepotencia, la resistencia parece ser la consigna no dictada.

Varios ayuntamientos son depuestos por la población del lugar; no queda más alternativa a los regidores que acatar las acciones impuestas por los pobladores como el caso de Atoyac de Álvarez donde el 11 de diciembre se disuelve la manifestación anticaballerista con la participación de la policía municipal. La acción provoca un herido de bala y algunos detenidos, entre ellos el joven líder de las Normales, Lucio Cabañas; pero finalmente no pueden disolver la concentración y la gente continúa reunida en la plaza. Los detenidos no obtienen la libertad hasta casi la media noche; las demandas han crecido para entonces, exigiéndose ahora también la salida del presidente municipal.

Los avisos a la Ciudad de México son insistentes. Treinta y cuatro organizaciones firman varias cartas dirigidas al presidente de la República, en donde se le expone la situación por la que atraviesa el estado de Guerrero; la unidad popular no se quebranta ante las acciones policiales, hasta luego del acto del 30 de diciembre.

El repliegue que se suscita con la represión del penúltimo día de 1960 parece otorgarle a Caballero Aburto la primera oportunidad de meter en orden a las huestes en su contra, pero al día siguiente la multitud vuelve a ocupar las calles, las plazas, los edificios públicos. Miles de personas acuden al cortejo fúnebre de los caídos unas horas antes, el llanto no es solo propiedad de los familiares de los diez ataúdes que desfilan por las calles de Chilpancingo. La indignación aumenta considerablemente, la rabia de la multitud parece incontenible, hasta el punto que las fuerzas del orden público se achican ante la respuesta popular.

No hay autoridad alguna, y los responsables de haber iniciado el ataque contra los manifestantes han desaparecido por completo; es el último día de 1960 y varias sombras recorren el estado de Guerrero.

Por fin, el eco desde la costa guerrerense encuentra oídos en la Ciudad de México, a pesar de que es relevado el mando militar y es asignado un regimiento desde la capital para contener los posibles brotes de violencia; el estado de sitio es un hecho. La Cámara de Diputados aparenta tomar el caso en sus manos. Las negociaciones políticas se escurren entre la oficina del secretario de Gobernación, Gustavo Díaz Ordaz, los pasillos de Donceles y Palacio Nacional. Así, el 4 de enero de 1961 son decretados desaparecidos los poderes en el estado de Guerrero. Es elegido de inmediato Arturo Martínez Adame como gobernador interino por decisión de Adolfo López Mateos – entre una supuesta terna presentada para sustituir a Caballero Aburto.

No hubo mayor discusión, no se tuvo en cuenta la opinión de los que protestaban; la decisión estaba asumida. Poco a poco, la calma regresa a Guerrero, la insurgencia se desintegra. Los intereses no permitían una mayor posibilidad de convivencia entre sí; la lucha aparentemente estaba ganada: Caballero Aburto era expulsado de su estado natal a su casa en Puebla.

4
LUCES Y SOMBRAS DEL MLN

La inconformidad no era exclusiva de Guerrero. Por estos meses, en Puebla, los estudiantes también exigen una reforma universitaria de fondo. El pueblo también va a responder, no de manera tan abrupta y decidida como el caso de Caballero Aburto, pero la efervescencia se expande a otras partes del país.

Durante los primeros días de 1961 América Latina despierta del sueño revolucionario cubano, cuando los Estados Unidos deciden romper relaciones con la isla. Es conocida la actuación del gobierno mexicano de no dejar sola aquella porción de tierra del Caribe, y la única puerta de entrada y salida hacia el mundo con la que cuentan los cubanos, en aquel momento en el poder, es la vía diplomática mexicana.

Aquella postura de López Mateos incomoda a los vecinos del Norte, así como al sector empresarial nacional. La actividad del general Lázaro Cárdenas en favor de la Revolución Cubana se relaciona con la unificación de los grupos, que decididamente se solidarizan en toda América con Cuba, para que este país pueda salir airoso y de manera digna de la decisión norteamericana.

¿Qué hacer en 1961 para contrarrestar la política oficial? ¿Dónde encontrar un lugar de convergencia cívica, social, ideológica, política y democrática? ¿Cómo solidarizase con los que aún no han recibido los beneficios del movimiento revolucionario de 1910? ¿Cómo sostener encendidos los ánimos para apoyar al primer territorio libre de América? ¿Cómo hacer en cuanto a influir en las decisiones del gobierno y no dejar libre el camino a los empresarios?

Dudas, preguntas y convicción circulan por el México recién incorporado al mundo, luego de que el Presidente Viajero nos colocara en las rotativas internacionales. Los partidos políticos de izquierda no dejaban de ser el «club de Tobi», que no permitía la visión más allá de sus cortas narices. El ya para entonces denominado «proletariado sin cabeza» navega entre la comodidad borreguil del corporativismo oficial y las derrotas de la expresión independiente. El campesinado no encuentra ropas que rasgarse; las protestas se han dado en varios estados de la República como simples expresiones locales que, si acaso logran vencer el miedo y consiguen la invasión de algún latifundio, por lo cual han recibido de inmediato la macana, el descrédito y la bayoneta.

La corriente de opinión cuenta ya para este 1961 con un medio de comunicación en donde se puede expresar con mayor amplitud los puntos de vista de una naciente clase intelectual comprometida con lo social: *Política*, revista quincenal dirigida por Manuel Marcué Pardiñas que empieza a circular desde el 1 de mayo de 1960.

Una bandera ondea en el interés de la izquierda mexicana, en donde coinciden los miembros del PCM, PPS, POCM, los líderes de los movimientos sindicales de la década pasada, los estudiantes, intelectuales y algunos campesinos: la defensa de la Revolución Cubana se convierte en el paraguas, para que todos aquellos que no han logrado convivir, o coincidir en varios años, ahora se resguarden bajo este.

A instancia del general Lázaro Cárdenas, se programa la realización en la Ciudad de México, del 5 al 8 de marzo de 1961, la Conferencia Latinoamericana por la Soberanía Nacional, la Independencia Económica y la Paz, acto al cual acuden dieciséis delegaciones de América Latina, más observadores norteamericanos y representantes de la URSS, China y de algunos países africanos. Por fin, un hecho externo hacía que se reunieran bajo un mismo techo los izquierdistas del país. Sin embargo, el acto no es bien visto por el gobierno, y mucho menos por las clases pudientes. Los periódicos de circulación nacional no tardan en bautizar de subversiva aquella conferencia, responsabilizando al general Cárdenas de los actos anti patrióticos que pudieran emanar de la misma. Entre los asistentes se encuentra uno de los líderes de la ACG: Vázquez Rojas; el maestro y doctor Pablo Gómez ha viajado desde el estado de Chihuahua para estar presente; varios colaboradores de *Política* no pierden detalle, entre otros Víctor Rico Galán −esta será la única vez que se encuentren estos tres personajes, cuya acción armada se desarrollaría poco después−, así como el ingeniero Heberto Castillo y Vicente Lombardo Toledano. El secretario de Gobernación, Díaz Ordaz, ha enviado varios de los ya preparados agentes de la Dirección Federal de Seguridad para que informen de todo lo que allí se diga.

¿Qué reporte habrá recibido este? Los subversivos, con el general Cárdenas a la cabeza, decidieron acusar al imperialismo norteamericano −¿que acaso no son nuestros amigos?− de la pobreza que impera en el continente, quejándose insistentemente de la misma en casi todos los países representados en la Conferencia. Reclamaron la necesidad de echar a andar reformas para campesinos y obreros. Además de hablar en repetidas ocasiones de la Revolución Cubana.

Lo cierto es que los asistentes al encuentro coincidieron en que la política exterior de los Estados Unidos propone la expansión del imperialismo, ante el cual se debería luchar. También decidieron hacer un llamado en todos los países de la América empobrecida para que se iniciaran reformas agrarias integrales, que se solucionasen las condiciones de la población marginal, que en cada país se exigiera la nacionalización de los recursos naturales, así como que se pusiera punto final a la dependencia tecnológica y comercial con los países ricos, solidarizándose de forma determinante con la causa de la Revolución Cubana.

Tras la clausura de la Conferencia, la delegación mexicana organizó un Comité Nacional Permanente para que vigilara la puesta en marcha de los acuerdos emanados de esta, confluyendo en el seno del Comité todas las tendencias hasta entonces irreconciliables: lombardistas, cardenistas, comunistas, liberales y socialistas.

Al día siguiente de que Fidel Castro anunciara el 16 de abril de 1961 la adopción del socialismo como forma de producción, ideología, sistema social, culto y acción, varios miles de gusanos cubanos entrenados por la CIA emprenden la aventura más desastrosa para la fama norteamericana, al pretender invadir la isla por Bahía de Cochinos. La noticia se conoce rápidamente por todo el mundo. En México se redobla la actitud solidaria, que llega al extremo de evitar que el general Cárdenas tome un avión que lo traslade a Cuba para luchar con las armas en apoyo del proyecto revolucionario.

La imaginación se antoja de paseo: ¿qué hubiera pasado si Cárdenas llega a tomar el avión y las armas para defender a Castro? ¿Qué hubieran hecho los gringos? ¿Y los conservadores mexicanos? Tata Cárdenas tiene que conformarse con ir a gritar consignas contra el imperialismo al Zócalo de la Ciudad de México, lugar en donde se dan cita cientos de estudiantes, participantes también de la Conferencia, y varios líderes de los partidos de izquierda.

«No hay problema Gustavito», pudo haber respondido López Mateos ante las insistencias del secretario de Gobernación de que aquel acto podría ser el detonador de posibles problemas en México. Y fue cierto, ya que después, los siguientes actos de apoyo y solidaridad con la realidad cubana y contra la intervención estadounidense fueron prohibidos y hasta reprimidos. De igual forma, intentaron convencer al general Cárdenas de que se uniera a la institucionalidad revolucionaria mexicana, haciendo un llamado por la unidad nacional en protesta por la invasión del imperialismo. El propio Cárdenas le obsequió al sistema la posibilidad de legitimación por la vía de la protesta institucionalizada contra los invasores a Cuba.

Se continúan las reuniones en casas, cafés, oficinas partidistas, para definir el siguiente paso: ¿qué hacer? ¿cómo construir la alternativa? ¿de qué manera influir para reorientar los principios revolucionarios de 1910? Hasta que se logra la voz conjunta para determinar la creación del Movimiento de Liberación Nacional (MLN), después de la Asamblea Nacional de Fuerzas Democráticas, que tiene lugar el 4 de agosto, en donde concurren personalidades como: Enrique González Pedrero, Francisco López Cámara, Alonso Aguilar, Víctor Flores Olea, Carlos Fuentes, Pablo González Casanova, Heberto Castillo; hay quien también incluye al líder campesino de Morelos Rubén Jaramillo, Manuel Marcué Pardiñas, Genaro Vázquez Rojas y Enrique Cabrera, entre otros.

La unidad de la izquierda mexicana es uno de los objetivos del naciente MLN, que acaba de redactar y dar a conocer su programa, cuyas bases en ningún momento se desligan de los principios constitucionales emanados de la revolución de 1910, considerando la existencia e injerencia del imperialismo estadounidense uno de los mayores obstáculos para la consecución de sus principios así como de la emancipación de México.

Inicia entonces una gira nacional, promoviendo en cada ciudad, provincia o estado de la República, la creación de un comité promotor del MLN. Se pretende el acercamiento a todos los sectores del pueblo, haciendo hincapié en la posibilidad de mantener nexos con el campesinado, tal vez por la influencia agrarista del general Cárdenas.

La demanda general planteada por uno de los miembros del Comité Nacional del MLN insiste en que «[...] solo la lucha en común de campesinos y pequeños agricultores, estudiantes, intelectuales, obreros, empleados e industriales nacionalistas será capaz de superar la crisis [...] que atravesamos y de garantizar el respeto a nuestra soberanía, el desarrollo independiente del país y el rápido y efectivo mejoramiento del nivel de vida del pueblo.»

La convocatoria semanal que se hace para que el pueblo vaya a la oficina central del MLN –sita en República de El Salvador 30, despacho 301–, en pleno centro de la Ciudad de México, con el fin de discutir los temas de interés para conformar la estrategia a seguir para la consecución de los objetivos propuestos, se publica constantemente en la revista *Política*, convirtiéndose esta en el medio de difusión por excelencia del movimiento.

A ocho meses de constituido el MLN, se reporta la siembra de doscientos comités más regados en todo lo ancho y largo del país, aun cuando estos números tan alegres no reflejaran la verdadera actividad promotora para modificar, presionar y hacer palpables los objetivos de los mismos, ya que uno de los errores que más se le han destacado es el hecho de que se dedicaba más a sumar número de individuos, engrosar las filas, más que la lucha por alcanzar la simpatía de organizaciones.

Veintiún días después de inaugurado el MLN, las fuerzas reaccionarias del país respondieron de inmediato, instituyéndose alrededor del Frente Cívico Mexicano de Afirmación Revolucionaria, y si entre las filas del primero aparecía un ex presidente de la República, ellos también conseguirían al suyo, sumándose de inmediato al FCMAR el licenciado Miguel Alemán Velazco; cada cual cavaba su propia trinchera ante la política de López Mateos.

El escaparate de los afirmados revolucionarios tuvo el eco que deseaban en los periódicos de circulación nacional, a pesar de que no sostuvieron acciones o recorridos por el país para organizarse, como habían hecho los miembros del MLN.

¿Cuándo se desintegró el MLN? ¿Bajo qué condiciones se esfumó el proyecto por salvar a México del imperialismo? ¿Qué actitud asumió el sistema con el movimiento? Hay rastros de la huella del MLN y su exigua existencia hasta el año de 1967, para entonces sin ninguna fuerza ya, sin presencia, sin poder de convocatoria. Los viejos integrantes de la izquierda y sus pretensiones por sumar esfuerzos fracasaron, para entonces cada quien regresó a sus viejas capillas y divisiones. Son varios los historiadores y analistas quienes le adjudican al general Cárdenas tanto el momento de brillantez como de decadencia del MLN.

5
JUSTICIA POR PROPIA MANO

Tener noticias de la existencia de posibles guerrilleros a principio de la década de los años sesenta parecería ridículo, salvo el caso de Rubén Jaramillo, cuya historia, tiempo de autodefensa y acciones para conseguir la utopía campesina en los cerros de Michapa y el Guarín.

Detrás de la caza de la información, de los personajes que se decidieron por las armas como medio de acción y transformación tanto de la política como de la sociedad, aparece Camilo Hernández, con su radio de acción en la sierra de El Carrizal, en el estado de San Luis Potosí.

Su historia, parecida a la de todos los campesinos del momento, habla de varias acciones en su contra emprendidas por los caciques de la zona, pretendiendo en todo momento resolver incluso hasta los actos de asesinato por la vía legal. Es por ello que Camilo desafiaba a cada rato a la Presidencia Municipal de Villa Juárez, denunciando los abusos y asesinatos cometidos en su contra por los pistoleros y familiares de Cipriano Báez, y sin encontrar nunca la acción de la justicia.

Descrito por el reportero de *El Heraldo de San Luis Potosí* como un animal acorralado, lo que más destaca de su personalidad es su decisión, capaz de hacerlo adquirir un arma para enfrentarse a sus agresores. Narrada la historia al mejor estilo *cowboy*, se cuenta cómo, de un solo tiro para cada uno de los agresores, Camilo logró deshacerse de los cuatro matones que andaban detrás de él para matarlo bajo órdenes de don Cipriano. En mayo de 1961 se decidió por el camino del cerro, antes de que llegaran las autoridades y no pudiera convencer con su explicación la desventajosa situación.

Las hazañas de Camilo Hernández son retratadas en la prensa local de San Luis Potosí, precisamente en los tiempos en los que Gonzalo N. Santos tiene el poder y dominio de aquel estado de la República, simultáneamente cuando el doctor Salvador Nava Castillo emprende su acción cívica democrática para el gobierno del estado. Ante aquella incipiente lucha por la democracia, el sistema responde con la intervención militar en la ciudad capital de aquella entidad federativa.

El poder de las armas le permite a Camilo controlar, sentenciar e imponer la justicia no existente en aquella zona de la sierra potosina. Sin pretensiones de modificar en ningún momento el estado de las cosas, salvo la limitada situación prevaleciente en su pueblo, Camilo Hernández es perseguido por el ejército mexicano y desaparece del mapa. Su cadáver fue encontrado años más tarde, en las cercanías del poblado de Allende, en San Luis Potosí, al lado del de su compañero de toda la vida, Juan Martínez, supuestamente luego de que ambos hubieran discutido a causa de un amor que se disputaban.

Sin posibilidades de considerársele como acción guerrillera, la actuación de autodefensa de Camilo Hernández se circunscribe únicamente a eso: la decisión de hacerse justicia por su propia mano, a pesar de que los periódicos de la época le endilguen el título de guerrillero.

6
LOS ALIADOS INCÓMODOS A LA HORA DE LAS URNAS EN GUERRERO

El triunfo en Guerrero, con la salida de Caballero Aburto en enero de 1961, lleva a la recomposición de las fuerzas actuantes. El gobernador interino, Arturo Martínez Adame, tiene entre sus tareas primordiales reconquistar el poder priísta que a su vez se encuentra enfrentado entre sí, calmar los ánimos de los diversos grupos participantes en la protesta e insurgencia cívica, atender, entregar y negociar con las fuerzas económicas del Estado, obligar a que todos acepten los nuevos tiempos de legalidad. Así ocurrió en el Ayuntamiento de Atoyac, en donde una vez destituido y obligado a renunciar el presidente municipal, se conforma un Consejo como autoridad, cuyo lema insiste en que «esta lucha es de los huarachudos, no de los privilegiados». Martínez Adame no admite la renuncia de Raúl Galeana y, ante el eminente nuevo brote de insurgencia popular, se retracta otorgando el poder a los llamados Cívicos, quienes al obtener el poder se percatan que no cuentan con un programa de gobierno, salvo la unión que les ofrecía el estar en contra de Caballero Aburto, por lo que afloran los desacuerdos.

Las diferencias entre dos miembros del Consejo de los Cívicos otorgan el pretexto perfecto a la autoridad estatal para que el jefe de la judicial sea enviado para meter orden, por lo que son suspendidas las garantías en Atoyac y asume el poder municipal el comandante Espetia, provocando arbitrariedades y actos de prepotencia. Después de algún tiempo, de nuevo es otorgado el control municipal a los Cívicos, ahora representados por Félix Roque.

El ex presidente de la República, Miguel Alemán, pasea cualquier día a principios de 1962 por el puerto de Acapulco. El sol acurruca la piel con su sensible calor, la guardia personal del presidente no se percata que un raterillo se acerca cauteloso, y con gran habilidad logra arrebatarle su reloj, para emprender de inmediato la carrera y escapar del posible alcance de los guaruras.

Esta anécdota viene a rescribir los ataques contra el Ayuntamiento de Atoyac, que se mantiene fuera del control oficial, una vez que el ratero va a parar a esta ciudad, en donde es detenido y le es confiscado el caro reloj, motivo por el cual son acusados Félix Roque, otro síndico y el jefe de la policía municipal de extorsión.

Las organizaciones, agrupaciones, líderes y estudiantes que se adjudicaban la caída de Caballero Aburto, se organizan alrededor de la llamada Coalición, sintiéndose con el derecho de orientar y encauzar la marcha en el estado de Guerrero. Al frente de esta se encuentran: Jesús Araujo Hernández, Genaro Vázquez Rojas, Eulalio Alfaro, Abel Estrada, Pablo Sandoval Cruz y Julita Escobar, entre otros. Con varios de ellos, Martínez Adame comenzó a negociar, conversar «en lo oscurito» para terminar imponiendo las nuevas reglas del juego, en las que no estaban considerados los que no pertenecieran al grupo político recién llegado al poder, o a los intereses económicos de las familias de siempre.

Los estudiantes se organizan a fines de 1961. Crean en Atoyac la Federación de Estudiantes Guerrerenses, para seguir insistiendo en sus demandas en el ámbito de la educación.

Genaro, al frente de la ACG ha viajado a la Ciudad de México, no está desligado de lo que sucede en el país y participa, como representante de esta, en los diferentes llamados del general Cárdenas, pero en el estado ve frenado su trabajo político. Es relegado de la Coalición y ante la convocatoria de elecciones, el primer domingo de diciembre de 1962, la Asociación Cívica

Guerrerense decide postular a sus propios candidatos en setenta municipios, para los once distritos del Congreso local, y para gobernador, se decide lanzar a José María Suárez Téllez, mientras que el Revolucionario Institucional designa tiempo después a Raymundo Abarca Alarcón como candidato al gobierno estatal, quien cuenta para entonces no solo con gran parte del poder en el estado, sino que también desde las diversas fuerzas políticas de la capital del país.

Las campañas políticas se desarrollan intensamente. La ACG tiene la confianza de recibir el apoyo de la población después de las batallas decisivas que se habían desarrollado meses atrás; Genaro declara durante una entrevista: «Tenemos la seguridad de triunfar en las elecciones porque el pueblo está con nosotros [...] Desde el día 25 no nos sacarán de Chilpancingo, sino hasta dentro de seis años; ya lo verán, y nuestro candidato sí se sentará en el sillón gubernamental.»

El ambiente hostil parecía no ser entendido del todo por los Cívicos, a pesar de que la prensa local anunciaba todo tipo de acciones para desacreditar su campaña proselitista, llegando a llamarlos «civicolocos» o insistiendo en que sus mítines eran absurdas pachangas. *El Correo de Iguala* publica un día de septiembre de 1962:

> [...] tenemos en Guerrero, individuos que se dicen miembros de una fantasmal Asociación Cívica, llegan a las poblaciones los domingos aprovechando el día de plaza para tener contingente, tan solo para insultar a todos los miembros del PRI. Tratan de sorprender a los vecinos de Tierra Caliente, Costa Chica, Costa Grande, zonas oriente y norte de Guerrero, contándoles mentiras y exhortándolos a la rebelión [...] Estos pusilánimes tratan, con sus mitotes domingueros, (de) provocar al candidato y al pueblo para tener motivo de persecución, una persecución que ellos mismos se están labrando.

Los Cívicos no descifran los avisos enviados por el gobernador interino, pues estos apuestan por la legalidad de las urnas y evitan el enfrentamiento con quien habían llevado indirectamente al poder.

En el municipio de Atoyac, donde la ACG representaba a la autoridad y controlaba el Comité Electoral Municipal, sostenía la candidatura de Bertoldo Cabañas para la Alcaldía y la de Suárez Téllez para el estado. Téllez, durante una gira proselitista por el pueblo, dirigió un discurso plagado de exaltaciones para la acción democrática, haciendo referencia a Madero, como ejemplo de figura de quien en un principio se burlaban, pero que había logrado la destitución del dictador.

Con la excepción en este pueblo, que podía provocar un resultado adverso al partido oficial, Martínez Adame sustituyó a los funcionarios electorales de Atoyac y nombró a tres distinguidos priístas en su lugar. Esta situación quedó registrada con toda desfachatez en las crónicas locales:

> Al principio de la votación, los Cívicos instalaron sus casillas con documentos sellados por la Presidencia Municipal [...] por instrucciones de Felícitas Godoy Cabañas y la señorita Elizabeth Flores Reynada, quienes trataron de hacer valer un nombramiento como miembros del Comité Estatal Electoral, mismo que les fue cancelado al recibir un cese fulminante antes de los comicios. El delegado de la Secretaría de Gobernación, Héctor Castillo Monroy, enviado especial para vigilar el proceso electoral, levantó las casillas de los Cívicos por estar obrando fuera de la ley [...] Por fortuna no hubo novedad que lamentar, la votación se desarrolló pacíficamente.

Hubo irregularidades clásicas durante los comicios del domingo 2 de diciembre de 1962. Sin embargo, la confianza seguía siendo la apuesta de los Cívicos, quienes un día después declaraban: «Nos complace informar que, a pesar de las múltiples maniobras puestas en juego por los integrantes de las casillas electorales, en su totalidad miembros del PRI, nuestros candidatos lograron abrumadora mayoría de votos.»

El sistema cerraba filas, los antiguos aliados ahora se convertían en los perversos, comunistas, agitadores y desestabilizadores en general. Por lo tanto, la única respuesta oficial que podía darse era la represión o la cárcel. La ACG se había puesto del otro lado de la trinchera y, como tal, ese trato debería de recibir. Las protestas comenzaron a suscitarse, ahora exigiendo la legalidad no encontrada en el proceso electoral, frente al anuncio del carro completo priísta.

Tres días después, ante las constantes acciones de protesta por las irregularidades cometidas el día de la elección, son detenidos Suárez Téllez, con otros candidatos. El ejército hizo acto de presencia por toda la zona de la Costa Grande para evitar disturbios e impedir manifestaciones y mítines; de nuevo, las cárceles de Guerrero comenzaban a llenarse.

Se habla de un levantamiento armado por la zona de Ometepec, lugar al que son enviados varios miembros del 32 batallón de infantería, pues supuestamente los sediciosos habían pretendido tomar el cuartel militar de El Tamale.

Una de las poblaciones más atacadas durante los días de la represión es, sin duda, Atoyac, lugar en donde son disueltas a la fuerza las intenciones de denunciar el fraude electoral. El Cabildo, en su mayoría compuesto por Cívicos, es expulsado; el ejército ocupa el Palacio Municipal; la prensa nacional no deja de aplaudir las acciones del Ministerio Público, que detiene y consigna a todos los miembros de la ACG, que se habían hecho del poder, ya que son simpatizantes de Castro y Kruschev. Las notas periodísticas los destacan como los hombres y mujeres «mal nacidos» de Atoyac, y festejan la derrota y aprehensión de los rojos.

A dos años de la masacre ordenada por Caballero Aburto en 1960, todos se aprestan a adueñarse de la conmemoración de los hechos; una vez más los Cívicos no supieron leer con precisión lo que el propio diario *El Correo de Iguala* les anunciaba:

> Todo se encuentra listo para iniciar una acción conjunta por parte del gobierno federal y estatal en contra de los alboro-

tadores profesionales que, a partir del día de mañana, con la muletilla de conmemorar el segundo año de los caídos en Chilpancingo, pretenden iniciar una serie de movimientos subversivos, dado que han dicho que a sangre y fuego tomarán el poder municipal de los setenta y cinco Ayuntamientos que componen el estado de Guerrero, lo cual, como ya se sabe, originará una serie de detenciones que al mismo tiempo provocará la huida de muchos de los llamados «civicolocos.»

La protesta contra el fraude electoral no logra llevarse a cabo el día de la conmemoración de los caídos en Chilpancingo; un gran número de efectivos policiales y del Ejército Nacional fue desplegado en la plaza principal de Chilpancingo, lo cual permitió que otros sectores pudieran llevar a cabo un pequeño reconocimiento a los mártires de Caballero Aburto.

Los Cívicos deciden trasladar su protesta a la ciudad de Iguala, lugar en donde hacen un plantón para denunciar el pasado fraude electoral; igual ocurre en los municipios de Tlapehuala, Atoyac, San Jerónimo, Tecpan, Petatlán, Chilapa, Teloloapan, Apaxtla y Acapulco. La estrategia cívica pretende evitar que los «alcaldes electos» tomen posesión de los puestos que no ganaron en las urnas.

Un gran número de Cívicos llega al anochecer a Iguala para apoyar el plantón y recordar también a los caídos; entre ellos se encuentran Vázquez Rojas y Suárez Téllez, quien habría logrado su libertad unos días antes. Dentro del Palacio Municipal están apostados varios soldados, bajo el supuesto de evitar cualquier intento de saqueo. Los gritos que exigen limpieza en las pasadas elecciones se atropellan unos a otros. Una vez más, en los comercios de la ciudad se lee: «Feliz año nuevo 1963». La historia está a punto de repetirse con setecientos treinta y un días de diferencia; las gargantas descansan cerca de la media noche, luego de haberse secado gritando las consignas. Ahora, con las melodías de una guitarra, alrededor de una fogata que se ha encendido para apaciguar el frío, parecen disfrutar su lucha.

Pocos minutos antes de que comenzara el 31 de diciembre, los manifestantes son rodeados por la policía y el ejército. Se acerca Víctor López Figueroa jugando con una pistola en la mano y pregunta por Genaro, porque desea mantener un duelo con él. Las notas de la guitarra se callan. La gente protege a Vázquez Rojas; nadie responde ni pretende caer en la provocación. Figueroa rompe a carcajadas luego de ser ignorado y dispara al aire, entendiéndose como la señal para que entrasen en acción policías y soldados, según el testimonio de un sobreviviente.

La acción en Iguala se repite en varios municipios del estado, desalojando las plazas donde hubiera plantones de Cívicos. Los disparos continuaron escuchándose entrados los primeros minutos del último día de 1962. Los manifestantes corren buscando refugio en cualquier lugar. Se repiten los hechos: la carrera, los gritos y el pánico son componentes de un guión que ya se había representado. Como es costumbre, se habla de algunos muertos y varios heridos; algunos dicen que fueron cuatro, otros medios hablan de seis, incluyendo a los policías Simón García Carrillo y Leonardo Diego Nava. Se enumeran unos ciento cincuenta y seis detenidos, entre los que se encuentran Suárez Téllez y Andrés López; Genaro logra escapar y es perseguido por todo el estado, acusado de haber asesinado a uno de los agentes judiciales.

Sin que pareciera, el estado de sitio se convierte en una realidad en casi todo Guerrero. Lentas llegan las noticias de que han sido detenidos Cívicos en San Luis, en la Costa Chica y en la Costa Grande. En Ometepec se habla también de muertos y heridos; el golpe contra la Asociación Cívica Guerrerense quedaba perfectamente asestado, contando ahora, como lo anunciaba *El Correo de Iguala*, con el apoyo de las autoridades estatales y federales; al fin y al cabo había que deshacerse de los antiguos aliados incómodos.

En la mayoría de los municipios, las autoridades electas toman posesión bajo un fuerte dispositivo militar. Por su parte, Ríos Tavera, el nuevo Alcalde de Atoyac, denuncia ante el

Ministerio Público la pérdida de dos máquinas de escribir, así como la existencia en uno de los archiveros de una bandera rusa con la insignia de la hoz y el martillo. Durante los siguientes meses las denuncias de tortura, prepotencia, detenciones ilegales, asesinatos y arbitrariedades serán la constante –«[...] el ejército se lo llevó para treparlo en un helicóptero y colgarlo de los pies mientras volaban sobre el mar [...]»–; los testimonios publicados en la revista *Política* durante 1963 parecían producto de una mente muy fantasiosa...

¿Qué hacer ante el pago de las urnas estériles? ¿A qué democracia se le debía apostar? ¿Dónde quedaba la victoria del año 1961? Una vez más, ¿quiénes eran los buenos y quiénes los malos? Con estos antiguos amigos, ¿qué necesidad de contar a los enemigos?

Tanto en Morelos como en Guerrero, los procesos habrían sido inversos, pero en ambos casos la respuesta habría sido la misma. Así, en Morelos se pasó del arma caliente a la esperanza del voto; en Guerrero se transitaba de la negación del sueño por el sufragio para ser arrinconados al calentamiento del arma, tal como muestra la reflexión que hizo la ACG ante los resultados obtenidos: «el voto [...] es una engañifa.»

Vázquez Rojas es orillado a la clandestinidad. La justicia lo señala, lo acusa, pero él no se deja atrapar; corre, se esconde, cuenta con varios amigos que le extienden la mano, tanto en el estado de Guerrero como en la Ciudad de México. Su vida transita entre la actividad pública y la secreta, viajando a menudo en compañía del ingeniero Heberto Castillo para constituir los Comités del Movimiento de Liberación Nacional. Cuando siente que lo persiguen, desaparece por algún tiempo mientras la Ley vuelve a olvidar su existencia, sin dejar de andar atento al trabajo político y organizativo.

7
CHIHUAHUA: LA PÓLVORA SE ARRIMA A LA LUMBRE

En el estado de Chihuahua los enfrentamientos entre terratenientes y los líderes campesinos se producen a cada rato, al mejor estilo de la literatura inglesa. Los odios, ajuste de cuentas, venganzas, asaltos, rencillas pendientes y la falta de justicia conforman una lucha a la manera de Montescos y Capuletos, sin más tregua que el ojo por ojo y el diente por diente, en donde por lo regular del lado de los agraristas queda la peor de las partes.

El 25 de junio de 1960, Jesús Márquez Kelli es consignado por haber amenazado de muerte a Daniel Luján, hijo del asesinado profesor Francisco. El 13 de agosto de 1961 es asaltado José Ibarra, acto cometido por Mariano Rascón y Manuel Ríos Torres, este último hermano de Carlos, que también había sido víctima de la familia Ibarra. Así podrían continuar enumerándose acciones diversas, bajo el consentimiento y la parálisis de las autoridades, quienes al tener que emitir un veredicto, por lo regular, se inclinan en favor de los terratenientes de la zona.

Las cuatro mil siete solicitudes para la creación de nuevos poblados ante las oficinas gubernamentales continúan archivadas, mientras que la toma de tierras, las invasiones y todo tipo de protestas continuaron en la mayor parte del estado, aun cuando los líderes nacionales de la UGOCM habían dejado de apoyar dichas acciones. La represión como respuesta había sido la constante: la detención de campesinos, presiones a las familias invasoras, amenazas de muerte...: «Nos encerraron a cuarenta en una celda de cuatro por cuatro, sin ventilación alguna, nos tuvieron cerca de setenta y dos horas; nos abrían la puerta cada cuatro horas y eso porque nos exigían (que) pagáramos veinte pesos por cada abierta.»

De igual manera, la actuación de los Guardias Blancas se dirigió contra los invasores de tierras, al extremo de llegar a detener a un líder campesino de Madera, subirlo a una avioneta y colgarlo de los pies paseándolo por los cerros, hasta hacerlo comprometerse a no molestar más a los patrones. También se quiso desanimar el apoyo estudiantil que recibían de manera decidida los campesinos, cerrando cuatro centros de estudio y dos internados de las escuelas Normales rurales; la policía hostigaba constantemente a los estudiantes, que comenzaron a radicalizarse y a insistir en su simpatía con la causa agrarista.

Es en 1962 cuando Salvador Gaytán obtiene más apoyo entre los pobladores del municipio de Madera, una vez que enfrentó a la familia Ibarra, la cual continuaba haciéndose de las tierras de la zona, presionando a los campesinos para que las vendieran a bajo costo, intimidando a aquellos que se negaban a ceder sus parcelas, o simplemente mostraba supuestos títulos de propiedad expedidos por la oficina local de Asuntos Agrarios. Gaytán pretende hacerle entender al gobernador la situación precaria que vive la zona, por lo que le envía una carta narrándole las irregularidades y los actos fuera de la Ley que impone uno de los miembros de los famosos auto denominados los Cuatro Amigos, siendo estos los terratenientes más importantes del estado de Chihuahua.

Este mismo año, Salvador es electo presidente Seccional en Cebadilla de Dolores y pone en marcha acciones contra los actos de prepotencia encabezados por José Ibarra, restituye el sistema de agua potable, recupera el huerto municipal e hizo que se acondicionaran los caminos para comunicar la población; además, llevó a cabo la rehabilitación de la escuela, la cual llevaba veintinueve años sin abrirse. De las clases se hizo cargo un joven maestro que le había presentado a Salvador su hermano Salomón: Arturo Gámiz, quien acudió al llamado sin cobrar un sueldo, simplemente para apoyar solidariamente las acciones de la administración comunal y poder continuar enfrentando el poder de los Ibarra.

Mientras tanto, un logro nacional tenía lugar en lo referente a las luchas campesinas: la fundación, entre el 6 y el 8 de enero de 1963, de la Central Campesina Independiente. Durante el congreso inaugural, toma la palabra el general Lázaro Cárdenas justificando el nacimiento de la nueva Central, pues «para poner en práctica la reforma agraria integral es necesario organizar a los campesinos que militan en organizaciones independientes y también a los que no militan en ninguna central». Luego de recibir varios ataques que lo responsabilizan de apoyar a los comunistas, lo acusan de haber provocado, por ello, la división en el movimiento campesino nacional; coinciden en esta opinión, entre otros: el PPS con su UGOCM, el PAN, la CNC, el sector empresarial y el obrerismo oficial. Insisten en que se trata de un instrumento más del comunismo internacional para desestabilizar el país, con la colaboración del MLN y otras organizaciones parecidas, por lo que el Comité Nacional de este anuncia que «[...] ve con interés y simpatía todos los esfuerzos de los campesinos, obreros y sectores de la población trabajadora que tiendan a mejorar y fortalecer sus organizaciones». El MLN alienta, además, la lucha por la autonomía y la democracia en dichas organizaciones.

Al acto acude de manera clandestina, oculto con sombrero y sarape, el maestro de Guerrero, Vázquez Rojas, para apoyar la asamblea convocada por Ramón Danzós Palomino, Arturo Orona y Alfonso Garzón. Una ausencia recorrió el inicio de los trabajos de la nueva Central Campesina: el fantasma de Rubén Jaramillo.

La radiografía de la desesperada situación que vive el estado de Chihuahua es retratada repetidamente por el doctor Pablo Gómez y el profesor Arturo Gámiz en varios artículos periodísticos, publicados durante los primeros meses de 1963 en *La Voz de Chihuahua*. En estos, Gámiz destaca que de los veinticuatro millones y medio de hectáreas que componen el estado, entre seis y ocho millones son latifundios que descansan en manos de trescientos propietarios, lo cual arrojaría, suponiendo que se tratara de la cifra menor, que cada uno cuenta con unas veinte mil hectáreas aproximadamente. Paradójicamente, cien mil ejidatarios son propietarios únicamente de cuatro millones y medio de hectáreas, lo cual deriva en que cada uno detentaría unas cuarenta y cinco hectáreas.

Chihuahua no participa en la nueva Central, entre otras cosas porque la mayoría de los líderes campesinos están ligados a la UGOCM del PPS y Lombardo Toledano se había opuesto a la formación de esta, a pesar de que sus cuadros en Chihuahua fueran de lo más combativos, lo cual seguramente inquietaría en más de una ocasión al viejo cardenista.

De la mano del nacimiento de la CCI, el 22 de abril del mismo año, nace el Frente Electoral del Pueblo, cuyo objetivo es prepararse en el terreno político ante la coyuntura electoral que se avecinaba. Los comunistas eran los principales promotores de la idea, para la cual invitan al MLN, quienes no se deciden a enfrentar electoralmente directamente al PRI, por lo que actúan solas las expresiones de izquierda ante esta nueva pretensión de remontar la lucha mediante el voto popular.

La inquietud en las universidades ha ido en aumento. A principio de la década de los sesenta, la estadística plantea que por cada trescientos treinta y tres habitantes en el país hay un estudiante.

Entre el 15 y el 17 de mayo de 1963 se concreta la I Conferencia Nacional de Estudiantes Democráticos, en la ciudad de Morelia, Michoacán. Acuden al llamado doscientos estudiantes en representación de cien mil alumnos de todo el país, con la intención de discutir su participación en la lucha revolucionaria basada en la unidad, la democracia y la independencia. Se desarrolla en Morelia para apoyar las demandas ya expresadas de la Universidad Nicolaíta.

La declaración de Morelia plantea, ente otros puntos, por un lado, la unidad del pueblo y de los estudiantes en la lucha contra los enemigos comunes; también, la exigencia de una educación popular y científica, haciendo un llamado a la unidad y organización independiente del alumnado democrático y revolucionario, para terminar con vivas a la educación popular, a la unidad estudiantil con el pueblo, a la democracia independiente estudiantil, a la unidad combativa y revolucionaria del alumnado, todo bajo el lema: «Luchar mientras se estudia.»

Un desplegado en la prensa local de Chihuahua llama la atención, publicado el 19 de septiembre de 1963, a escasos seis días de que hubiera visitado Chihuahua el presidente López Mateos, quien ya para ese entonces se encontraba ultimando los detalles para nombrar al siguiente candidato del partido oficial para la Presidencia de la República. Dicho desplegado alertaba a la sociedad ante los próximos actos de revuelta que se avecinaban, preparados por gente ligada a la UGOCM, el Frente Patriota de México firmante de aquella denuncia, señalaba además, que Arturo Gámiz, Álvaro Ríos, Jesús Orta, así como Raúl y Pablo Gómez estaban entrenando a campesinos y estudiantes para sembrar actos de terrorismo y de guerrilla en la zona; hacía asimismo un llamado a todo mexicano «bien nacido» para que los denunciara y no se dejara engañar con sus consignas anti patrióticas.

«Cuentan con todo mi apoyo, simpatía y cariño, déjenme sus planteamientos para estudiarlos y no tengan duda de que actuaré en consecuencia»; esta fue la respuesta que recibieron los cinco líderes antes mencionados por los patriotas mexicanos, de parte de López Mateos, luego de la entrevista que sostuvieron con él, durante la cual se expuso la necesidad de resolver el problema agrario del estado.

El ánimo de los líderes no convocó mayor apuesta por la ilusión de que las cosas cambiaran, la muestra de afecto expuesta por el Primer Mandatario se la sabían como parte de una atención más, producto de la cortesía y de la educación del licenciado. ¿Durante cuánto tiempo más había que seguir creyendo en las buenas intenciones oficiales?

Tal vez por ello continuaron sus planes. Así, organizaron nueve días después de la entrevista con el presidente, el I Encuentro de la Sierra de Chihuahua, que tendría lugar entre el 7 y el 12 de octubre de 1963; durante el acto también se desarrollarían mítines en las poblaciones de Madera y La Junta, con la participación de delegaciones de los estados de Sonora, Durango, Coahuila, Sinaloa y México, así como la decidida actuación y apoyo de las escuelas Normales rurales y de una fracción de la Federación de Estudiantes de Chihuahua.

Aquella experiencia alimentó los ánimos de lucha. Se compartieron las distintas acciones emprendidas en los diversos estados con los cuales se hacía frente a los padecimientos similares; la convivencia amplia entre campesinos, estudiantes, maestros y algunos obreros ayudó al enriquecimiento de la discusión.

«Primero, antes de hacer la revolución y tomar el poder, hay que enseñar ética a las masas», propuso uno de los representantes estudiantiles de la Escuela Normal del estado; el resto de sus compañeros deseaban esconderse de la pena, ante la sorpresa que se dibujaba en las caras de los campesinos curtidos en las luchas, atrevidos tomadores de tierra, que se enfrentaban constantemente a la policía y al ejército, al escuchar que lo que necesitaban eran clases de ética antes de exigir sus derechos.

Los chiflidos cayeron como aguacerazo. La propuesta de «darle pamba» a aquel compañero apenas fue contenida por el maestro Gámiz, quien de inmediato tomó la palabra para explicar las diferentes distorsiones que la lucha presenta, las formas en que la ideología burguesa puede penetrar incluso entre compañeros creyentes en la revolución; que se debe de orientar a quienes creen que el estudiante es superior al proletariado, manifestando que la acción de un estudiante no es solo el estudiar, sino también apoyar las solicitudes de tierra del campesino o el aumento de sueldo del obrero, aplaudir la acción revolucionaria en cualquier lugar donde se presente, y nunca hacerle el juego sucio a la burguesía.

Uno de los resolutivos del Encuentro insistiría en continuar la lucha por el reparto de la tierra. Se acordó una fecha específica para que, de manera simbólica, se invadiera toda aquella tierra que estuviera en pleito o que se hubiera solicitado ante el DAAC en los estados de Chihuahua, Durango, Sonora, Coahuila y Sinaloa, así como no enfrentar a las fuerzas represivas si acaso se presentaban para desalojarlos; que se salieran pacíficamente o fueran hasta las cárceles y de inmediato llegarían a las tierras invadidas nuevos contingentes para seguir con la invasión simbólica. De igual forma se acordó asistir a todo acto revolucionario que hubiera, conscientes todos de que la lucha debería contar con la fuerza y la suma de todo oprimido, todo el proletariado, todo el pueblo trabajador, todo aquel que no fuera dueño de los medios de producción, para aprovechar el ascenso revolucionario y poder lograr la unificación, movilización y la revolución, colocando cualquier tipo de ambición individual o sentimental por debajo del interés general del proletariado y del panorama nacional.

Después del Encuentro de la Sierra, los estudiantes que apoyaban la determinación de la autoridad municipal de Cebadilla de Dolores, con Salvador Gaytán a la cabeza, destruyeron los trescientos sesenta y dos postes y la alambrada impuesta por José Ibarra que dividía parte de la población. Las fuerzas del orden entraron en acción el 17 de octubre y detuvieron a cinco estudiantes y al líder de la UGOCM, Álvaro Ríos.

Una vez más hay razones para que los ánimos se calienten y las reacciones no se dejan esperar; se organiza una gran marcha, ahora solicitando también la libertad de los presos, el alto a los actos de hostigamiento y la atención inmediata a las demandas de tierra, así como otras solicitudes estudiantiles.

A fines de mes, una noticia invade todo el territorio nacional: el Partido Revolucionario Institucional cuenta ya con candidato oficial para las elecciones del año siguiente. Se trata del secretario de Gobernación, Gustavo Díaz Ordaz, quien ha recibido el apoyo de todos los sectores del partido y anuncia el inicio de su campaña proselitista. Por su parte, la izquierda comunista decide lanzar como candidato a Ramón Danzós Palomino; Acción Nacional, a Pedro González Torres, y Lombardo, con su PPS, acuerda no proponer ningún candidato para expresar su apoyo a Díaz Ordaz, aunque sí lanzó candidatos para el resto de los puestos de elección popular; por lo que, quedaron para el caso de Chihuahua, Pablo Gómez como candidato a diputado suplente por uno de los distritos de aquel estado, y Raúl Gómez como propietario de otro de los distritos. El MLN, como ya se dijo, se suma y apoya al candidato oficial.

En 1964 se desatan los acontecimientos; las buenas intenciones se mezclan con la urgencia de justicia. Al lado de la clásica actitud provocativa de los terratenientes, la historia está llena de coincidencias, de actos que tal vez nadie desearía que hubiesen pasado, pero que, al mismo tiempo que la anécdota queda registrada, también es cierto que, como pasa con los medios de comunicación masiva, cuando andan detrás de la nota exclusiva o de las ocho columnas, si la información no cuenta con algo de sangre, parece que no existen los hechos.

1964 amanece nublado: las demandas siguen sin resolverse, las invasiones continúan con la misma respuesta, la familia Ibarra declara que todo el problema referente a sus tierras en el municipio de Madera se relaciona con que varios «maestrillos» de la Normal se la pasan alborotando a la gente, que los campesinos, por su parte, ya están también cansados de los mentores, y que todos los actos de violencia con los que se asocia a su familia han sido situaciones que se han ido dando, que no había deseo de lastimar a nadie; que algún día se les disparó el arma, otro tuvieron que asesinar en defensa propia, que tal pleito había sido provocado por una novia en común..., total que las circunstancias y la incomprensión bien podrían estar de parte del culpable.

Ante la falta de respuesta sobre los cientos de solicitudes presentadas al Departamento de Asuntos Agrarios y Colonización los estudiantes, que desde el Encuentro se han convencido de la lucha campesina y que ofrecen su incondicional apoyo, determinan tomar las oficinas del DAAC. La fuerza pública actúa casi de manera inmediata, responsabilizando de los hechos a quienes siempre han manipulado las mentes sanas de la juventud mexicana: el comunismo internacional, representado sobre todo en la figura del candidato del Frente Electoral del Pueblo, Ramón Danzós Palomino, para entonces acusado también de ser el títere del «rojo» Othón Salazar. Todos estos argumentos son los que expresa el general Práxedis Giner Durán.

Los gases lacrimógenos sustituyen cualquier posibilidad de respiro. No solo han sido convocadas la policía estatal y municipal, también interviene el ejército, como ya era clásico, para desalojar las oficinas agrarias. Son varios los jóvenes golpeados, intoxicados, y unos treinta estudiantes son aprehendidos, lo cual provoca que de inmediato se organice una manifestación en la plaza principal de Chihuahua. Para entonces no hay quien pueda calmar la indignación estudiantil; apedrean el Palacio de Gobierno, por lo que se suscita un segundo encontronazo entre estudiantes y policías, quienes cuentan con el respaldo de los soldados. Los primeros se repliegan pero no reducen las intenciones de continuar protestando, por lo que se organiza un plantón en la plaza Hidalgo, así como varios mítines y marchas, hasta que sean escuchadas sus peticiones, que dan prioridad a la resolución de las demandas campesinas y ahora incluyen la libertad de los detenidos. Con este panorama es recibido el agente del Ministerio Público investigador de la Procuraduría General de la República, Salvador del Toro Rosales, quien ha sido llamado de la Ciudad de México para fincar las responsabilidades a los supuestos delincuentes. Por cierto, varios años después, Del Toro se arrepintió de todas las acciones que emprendió fuera de la Ley contra luchadores sociales, tal como afirma él mismo en su publicación *Testimonios*, justificándose bajo el argumento de que tenía que mantener a su familia de alguna manera.

En una carta pública, el gobierno del estado riñe a los padres de familia por no estar pendiente de la educación que han estado teniendo sus hijos y por dejar que contaminen sus mentes con ideas extravagantes; no baja a los estudiantes de «muchachitos léperos». Para ese momento existe ya entre estos la firme consigna de no desistir y declaran ante los periódicos locales:

«No se crean que en lo sucesivo nos vamos a dejar de los granaderos, la próxima vez les contestaremos aunque sea con piedras; nosotros no somos provocadores, ellos son los que nos provocan [...]»

Así se van desatando las cosas cuando el 29 de febrero, una semana después de la ocupación de las oficinas del DAAC, aparece una manta por el camino a Sirupá, una vez que algunas manos han incendiado el puente que lleva rumbo al camino industrial de Bosques de Chihuahua, reza lo siguiente: «Este puente lo quemamos porque pedimos libertad a los campesinos, libertad a estudiantes y resolución a (los) problemas agrarios». La acción parecía rebasar ya cualquiera de las protestas anteriores; el grupo que se asumía como autor de la quema del puente, que dejaba su mensaje al final del hecho se autodenominaba Guerrilleros Populares, y parecía no ser entendido por los gobernantes.

El anuncio simplemente sirve para que la autoridad insista en que la razón está de su lado, que la Revolución Mexicana sigue cumpliendo con su pueblo, que los actos recientes son producto de una conspiración internacional que ha decidido actuar en México, sobre todo después de que en otras partes del país la situación agraria o los movimientos estudiantiles y populares hayan tomado una fuerza insospechada, como en Morelos, Guerrero y Puebla.

En Puebla se conformó el movimiento conocido como «el de los lecheros», el cual había originado una gran movilización cívico-popular, similar a la acontecida en el estado de Guerrero en 1960. En el estado de los hermanos Serdán, confluyeron la indignación de los lecheros, los campesinos, los estudiantes, los pequeños comerciantes, reflejándose en magnas concentraciones que llevaron a la renuncia en escasos días del entonces gobernador del estado, el general Antonio Nava Castillo; el 30 de octubre de 1964.

La semilla en Chihuahua comenzó a brotar. La quema del puente se adjudica al profesor Arturo Gámiz y otros campesinos del municipio de Madera, quienes han luchado durante los últimos seis años mediante la vía legal en busca de un pedazo de tierra, con los sueños convertidos en pesadilla debido a la respuesta represiva constante; ahora, deciden actuar de manera violenta. Esta decisión se ve como una clara forma de llamar la atención, más que como la posibilidad real de que para ese entonces se cuente ya con una organización militar capaz de hacer frente al poder establecido. ¿A quién se le pudo ocurrir firmar la manta como Guerrilleros Populares? ¿Simple puntada? ¿Ganas de asustar? ¿Preparación de lo que vendría después? ¿Ganas de tomar las armas? ¿Deseos de responder a la violencia con más violencia? ¿Inspiración de la Cuba revolucionaria? ¿Quiénes son los Guerrilleros Populares?

El jueves 5 de marzo de 1964 Salomón Gaytán se sintió desesperado por todas las arbitrariedades que sucedían en la población de Cebadilla de Dolores, perteneciente al municipio de Madera, de la cual su hermano Salvador era el representante municipal.

—Acompáñame, vamos a ver a don Florentino Ibarra —invitó a su sobrino Antonio Escobel Gaytán.

Un par de días antes, Florentino había participado en una de las tantas acciones que se realizaban contra los pobladores de Cebadilla de Dolores, presión que se había recrudecido luego de que varios estudiantes derribaran la alambrada que habían instalado los Ibarra para bloquear la comunidad y obligar a los campesinos a dejar sus tierras para apoderarse de ellas después, robándoles hasta el ganado. Los afectados acababan de contarle a Salomón su padecimiento.

—Alguien tiene que poner punto final a esta situación—, se animó Gaytán conversando con su sobrino.

—Oiga tío, pero don Florentino siempre carga pistola.

—No se asuste mi'jo, yo también vengo preparado por si las cosas no se controlan, pero simplemente quiero que deje de estar molestando a la gente.

Salomón llega con Florentino Ibarra, hermano del famoso José Ibarra, cacique de la zona y miembro de los llamados Cuatro Amigos, invitándolo de manera cordial a que abandone las prácticas que afectan a la gente pobre.

—Yo aquí hago lo que me venga en gana—, fue la respuesta que Gaytán recibió.

—Por qué no mejor se va de aquí y nos deja tranquilos—, insistió Salomón ante el desplante prepotente de Florentino.

—Estás loco. Los Ibarra somos los amos y dueños de esta zona y nadie va a venir a decirnos qué debemos hacer.

Al final de la respuesta el terrateniente pretende desenfundar su arma. La habilidad de Salomón fue la primera sorpresa que recibió Florentino, quien no ha terminado siquiera de asomar su pistola, cuando ya ha recibido dos tiros, ello provocado por su pretensión de adelantarse a la violencia. El cuerpo de Ibarra se desploma. Ignacio Gil, uno de sus acompañantes, hace movimientos para sacar también su pistola y de igual modo es herido levemente por el arma de Salomón. No hay ni un grito. Los testigos permanecen impávidos ante los hechos. Nadie se atreve a detener a Salomón; Antonio, su sobrino, no sabe si correr o esperarse a que el tío le indique cuándo huir.

Salomón Gaytán invita, por fin a su sobrino a que se vayan después de revisar el cuerpo tirado y sin vida de Florentino Ibarra. Tal vez se acordó de Carlos Ríos, que había sido asesinado por el que ahora yacía en el piso y al que nunca se le fincó responsabilidad alguna por aquel hecho. A pesar de que Salomón sabía que la justicia no lo iba a tratar de igual forma, se tomó su tiempo y con calma regresó a su casa en compañía de Antonio.

—Nos tenemos que ir chamaco, a ti también te van a acusar por algo que no hiciste, recoge cualquier cosa y nos pelamos.

Salomón pasó por su casa, contó brevemente lo sucedido, le

chifló a su sobrino como si se fueran de cacería; luego, todavía se dieron tiempo de pasar a ver a su hermano Salvador.

—Ni modo hermanito, no hubo chance de aguantar más la injusticia, así es que tenemos que entrarle. Ya empezamos, ahora hay que seguirle.

El representante municipal no supo ni qué decir. ¿De lado de quién debería poner la justicia? ¿Le causaba gusto y placer lo que acababa de hacer su hermano? ¿Debía bendecir su camino? ¿Desearle suerte? ¿Qué preguntarle? ¿Acaso debía apoyarlo?

La noticia de lo sucedido corre por cada rincón de la zona. La sorpresa con la que se enfrentan los Ibarra les da cierto espacio a Salomón y Antonio para internarse en la sierra antes de que salgan en su búsqueda para vengar la muerte del miembro de la familia de caciques. Sin que sea manifestada la alegría, la mayoría de los pobladores de Cebadilla de Dolores sonríe; se sienten satisfechos con lo que acaba de suceder, varios hubieran querido ser el que detonó el arma para castigar a Florentino. El camino a recorrer ahora por los campesinos del municipio de Madera ya había sido transitado tiempo atrás por Rubén Jaramillo en su estado y por Genaro Vázquez en Guerrero. La manecilla del reloj de la historia llegaba a Chihuahua.

Salvador hace que traigan al profesor de la escuela primaria Francisco Villa para contarle lo sucedido; Arturo Gámiz no oculta su alegría, decide no regresar a la escuela y cambiar el gis por una pistola, que ya tenía desde tiempo atrás. Se esconde, como si él hubiera tenido que ver con los acontecimientos, se reúne en secreto con varios amigos con los que ya había hablado de la necesidad de utilizar otras vías para ser escuchados.

La policía del estado llega el mismo día en busca del asesino de Ibarra. Nadie da ningún dato que sirva a las autoridades; estas solo reciben la rabia, el coraje y la prepotencia del resto del clan de terratenientes, quienes se desquician de saber que un campesino ha asesinado a uno de ellos y exigen justicia cuanto antes, que el atrevido sea eliminado, no solo capturado; que sea cazado como si se tratara de un animal. La policía sale en su búsqueda sin un rumbo establecido.

A los pocos días Arturo Gámiz está preparado y decidido para seguir y apoyar a los que han huido. A su lado, emprenden también la aventura: Miguel Quiñonez, Guadalupe Escobel –hermano de Antonio– y Rafael Martínez Valdivia. El grupo guerrillero estaba en proceso de formación, la firma de la manta con el aviso, luego de haber incendiado el puente parecía un juego; pero las armas se habían calentado y era la hora de asumir la causa.

En la ciudad de Chihuahua continúan los enfrentamientos entre policías contra estudiantes y campesinos. Ante la difícil situación, para el día 7 de marzo de 1964, la UGOCM decide aceptar en todo el país el plazo impuesto por la autoridad con el fin de que se resuelvan los problemas de tierra para dejar de emprender acciones de protesta o invasiones de tierra, por lo que se conmina a los dirigentes del estado para que levanten el plantón y dejen sus demandas por la paz, que supuestamente pronto van a ser resueltas. Son tiempos de campaña política. A pesar de que en aquellos días los votos se encontraban seguros en las urnas, había que hacer campaña, recorrer el país, declarar a los medios, y la inestable situación social no beneficiaba los tiempos electorales.

La información de lo ocurrido en Cebadilla de Dolores pronto es conocida en Chihuahua. El reporte policial menciona que la gavilla de guerrilleros está compuesta por once miembros, los cuales pronto caerán en las manos de la justicia, ya que se ha desplegado un fuerte dispositivo por la sierra de Sonora y Chihuahua. Ante la falta de resultados se ordena detener a Salvador Gaytán el 11 de marzo, acusado de ser el autor intelectual del asesinato de Florentino Ibarra.

Los estudiantes y los campesinos no levantan su campamento de protesta. Ya no solo es la tierra, ahora también se exige la libertad de los detenidos, a los que nadie quiere mencionar. Para la autoridad son unos revoltosos y merecen el castigo social; para los dirigentes nacionales, si acaso pueden llegar a suponer que se trata de uno más de sus simpatizantes. Por ello, Pablo Gómez, líder de la UGOCM, decide no acatar el mandato del dirigente nacional, Jacinto López. En el plantón se infiltra un campesino soplón, el cual mantiene informadas a las autoridades de los planes que se van a llevar a cabo; en definitiva, de todo lo que se dice durante las reuniones: de lo que se piensa hacer, de los apoyos recibidos, de las pintas y las recolectas.

–Dizque el dinero que tienen es para comprar armas, alguno de los estudiantes dijo que de ahí nadie los va a sacar, que si las autoridades no les quieren dar tierra, pues de una vez que se los lleve la chingada– reportó el infiltrado al agente del Ministerio Público de la PGR.

–¿Quién dirige el movimiento? ¿Quién es el que habla de violencia? ¿Quién es el que los invita a tomar las armas?– son las incógnitas sin resolver para la cabeza del licenciado Del Toro. Necesita nombres, responsables de la agitación, seguridad de saber que son los comunistas quienes están detrás de todo, necesidad de justificar el exceso de violencia oficial, deseos de dar buenas cuentas al de arriba.

–Imposible que alguien decida tomar un arma solo porque no se les ha resuelto su problemita de tierra– le insiste Salvador del Toro a su informante.

–Nadie los incita, están ahí porque quieren y ni saben qué hacer. Varios han estado de frente con los soldados durante las invasiones de tierras. Se ve que a los campesinos no les interesa jugarse la vida, insisten que cuando los estudiantes se cansen de llevarles comida se van a poner en huelga de hambre o se van pa'l monte con la carabina– recibe el licenciado como respuesta a sus múltiples dudas, a su incredulidad de lo que sucede en Chihuahua, a escasos días de que se lleve a cabo una gira del licenciado Gustavo Díaz Ordaz por el estado, transcurridos más de cincuenta años que los mexicanos dejaron de echar tiros como locos por la tierra.

La persecución de Salomón y Antonio se recrudece en la zona de Madera. Varios cuerpos de seguridad andan ya tras ellos, incluido el ejército. El apoyo de los campesinos y pobladores de la sierra vuelve a ser el acto clásico, puesto en práctica también en otras zonas de México para que no capturen a los prófugos de la justicia.

Arturo Gámiz y su grupo logran dar con quienes andan a salto de mata evitando ser detenidos. Rápidamente la alegría del encuentro se hace patente, ahora Salomón y Salvador saben que no están solos, la solidaridad de las comunidades y la suma del antiguo maestro de Cebadilla de Dolores y otros campesinos les reconforta.

El 6 de abril de 1964 no hubo vivas ni gritos de apoyo simulando euforias, tal y como estaba acostumbrado el candidato del PRI en su trabajo proselitista por el territorio nacional. Por el contrario, las miradas eran de desconfianza. El campesinado de Chihuahua no podía continuar esperando más tiempo para que le resolvieran sus demandas los burócratas acarreados, a pesar de saber que en ello se podría ir su trabajo; se sentían intimidados ante las miradas silenciosas de los cientos de huarachudos reunidos frente al templete colocado en la plaza principal, dándole la espalda al Palacio Municipal.

Varios jóvenes estudiantes habían arribado desde temprano para estar cerca del candidato; era mucho lo que el estudiantado deseaba expresarle a Gustavo Díaz Ordaz.

El autobús oficial llegó. El ambiente no era de fiesta y las porras fueron sacadas a fuerza de unas cuantas gargantas. El licenciado descendió los escalones y levantó su mano para saludar a una multitud fría, casi indiferente. La música ambiental pretendía ocultar el estado de ánimo adverso. Los vítores esperados fueron sustituidos por chiflidos de rechazo que tensaron todos y cada uno de los músculos de los responsables de la gira, quienes ya habían tenido problemas debido al gigantesco letrero coloreado de verde, blanco y rojo, colocado en la cima del cerro del Coronel, donde cada letra del PRI y de Díaz Ordaz medían unos noventa metros aproximadamente; para iluminarlo se había instalado una planta eléctrica custodiada por varios elementos del Ejército Nacional, porque en más de una ocasión corrió peligro de ser destruido por estudiantes, campesinos o simples ciudadanos, que vieron aquel alarde publicitario como una ofensa.

A punto de iniciarse el acto, el estudiante Jesús Mariñelarena sube a la tribuna con la intención de tomar la palabra ante el candidato oficial, antes de que la cascada de oficialismo cayera entre los presentes. Hay un pequeño forcejeo por el micrófono entre el personaje que la hace de maestro de ceremonias y el estudiante. Los gritos y las señas que apoyan al conductor del evento salen del lado de la comitiva oficial y uno que otro burócrata instalado debajo del templete, mientras que la mayoría de la multitud ahí reunida exige que se le otorgue la palabra a Jesús.

Algunas matracas ensordecedoras pretenden silenciar las voces de apoyo al estudiante. Los nervios y el pánico afloran en los rostros de todos los miembros de la comitiva y del priísmo local, al tiempo que Díaz Ordaz aprieta la mandíbula de coraje, acentuando su ya pronunciada quijada.

Lauro Ortega, presidente nacional del PRI, y varios colaboradores se reúnen alrededor de la figura del candidato; deciden bajar del templete y no llevar a cabo el acto. La negativa a ser escuchados provoca que la gente se enardezca más, sustituyéndose los gritos de apoyo a Jesús, por insultos a las autoridades locales, al PRI y al propio candidato.

Entre empujones y pasos apresurados que se tropiezan entre sí, se decide llevar al candidato al hotel Fermont, a escasos metros del templete, donde se había instalado la sala de prensa. Varios comunicadores chocan con el torbellino que se les viene encima, entre el círculo que desea cuidar a Díaz Ordaz y los supuestos simpatizantes que se han transformado para ese entonces en opositores al sistema.

«Están apaleando a Díaz Ordaz», se dicen en voz queda entre sí los reporteros.

El fuego estaba encendido en el ánimo de la gente. Comienzan a volar algunas piedras; las fotos, pancartas, mantas y demás propaganda de la visita del candidato eran lanzadas hacia cualquier lugar; las pasiones se habían desbordado, la indignación se incendió como pólvora, la gente solo deseaba ser escuchada y se le había negado aquella posibilidad.

La multitud enardecida se desperdigaba por toda la plaza principal. Algunos comenzaron a treparse al templete para descolgar la enorme fotografía del candidato, quien permanecía impávido con la mirada que tras sus anteojos observaba hacia el infinito, hacia el futuro de un México que solo él podía imaginar. Más gente se reunió a la puerta del hotel Fermont, pidiendo entrevistarse con el licenciado. La respuesta que obtuvieron fue: «Señores, este lenguaje de violencia que ustedes hablan, yo no lo entiendo. ¿Qué es lo que quieren?»

No había parecido alguno entre la imagen monumental de la recién despegada fotografía en el templete, con aquel hombre que deseaba fulminar con la mirada a quien se le atravesara por delante. Díaz Ordaz estaba que echaba chispas. Se sentía agredido en su persona, él mismo, o tal vez alguien le habrá hecho creer que la inconformidad popular se traducía en su figura, y no en los años de espera, de solicitud sin solución, de macana como respuesta.

El segundo botón detonador había sido accionado. Los proyectiles populares dejaron de lanzarse hacia ninguna parte, para ahora encontrar un objetivo claro: el candidato al que el círculo de hombres de traje, bien peinados, todos con título, volvió a cercar; un corral de cuerpos abrazó la figura del que iba a ser el siguiente presidente. Los palos, cáscaras de fruta, botellas y piedras llovieron sin cesar sobre aquella masa humana, que ahora pretendía alcanzar el autobús y abandonar la plaza principal de Chihuahua.

Los trajes se arrugaban. Tropezones entre cuerpos torpes, pasos desesperados, rostros desencajados, pelos relamidos con fijadores naturales de aroma podrido, desesperación, miedo, disgusto.

«Rápido, vámonos de aquí». Era la consigna, con las manos como escudos que no evitaban que los proyectiles atinaran en sus blancos.

Risas y nervios se mezclaban entre los periodistas al reunirse en la sala de prensa para intercambiar anécdotas:
—¿Viste la cáscara de plátano en la cara del general?
—Qué trancazo llevaba en el pómulo el Presidente del PRI en Chihuahua.
—Dicen que el banquero Carlos Trouyet no pudo subirse al camión, que anda vagando por el hotel.
—Voy a revelar las fotos, a ver qué sale.

Los comunicadores habían presenciado los hechos. Sabían cómo se desgranaban las pasiones, la cerrazón del sistema, la ineficacia para detener a la turba, la falta de tacto para negociar. Sin embargo, nada de eso se iba a publicar al día siguiente, pues tenían que esperar la orden para saber cómo se manejaría la nota en su respectiva publicación.

Judith Reyes, corresponsal de la revista *Política* y candidata del Frente Electoral del Pueblo al Senado de la República por el estado de Chihuahua, es requerida por un estudiante que la llama desde una de las ventanas del Palacio Municipal. Ella logra cruzar la barrera de policías que se ha colocado para desalojar a la turba que ya parece incontrolable; ya hasta las sillas vuelan como en película de vaqueros.

«Que te presten un micrófono y por qué no le cantas a la gente, puede que se calmen», recibió la propuesta al momento en el que un denso humo comenzó a invadir el aire dentro del Palacio Municipal.

Varios jóvenes habían tomado la determinación de desaparecer por completo el templete en el que se pensaba llevar el acto de proselitismo; un bote de gasolina fue suficiente para hacer que las llamas alcanzaran varios metros, iniciándose una gran humareda entre el papel, cartón y la madera quemada.

El fuego comenzó a alcanzar parte del edificio de la Presidencia Municipal. Dentro se encontraban, además de la cantante, periodista y candidata Judith Reyes, el presidente municipal Roberto Ortiz y catorce empleados del municipio. La única salida que encontraron fue subir hasta la azotea del edificio mientras llegaban los bomberos para controlar el incendio. Con la ayuda de un tablón, lograron llegar hasta el edificio de al lado, que era un banco. Desde las alturas, Judith presenciaba cómo los bomberos luchaban contra las llamas, ante un público que observaba azorado su obra.

El ejército remplazó a los bomberos. El paisaje desolado en la plaza principal de Chihuahua conservaba todavía las huellas de la batalla matutina: no existía banca en pie, el templete se reducía a las cenizas humeantes, piedras, palos y basura tapizaban el piso de toda la plaza, un silencio amenazante sustituía las consignas de unas horas antes, la tensión se podía palpar en cualquiera de las esquinas del parque. ¿A dónde se había ido la fiesta?

La gira proselitista de Díaz Ordaz por el estado de Chihuahua continuó tal como estaba planeada, luego del incidente en la capital. Al día siguiente estaría en Delicias, lugar donde varios de los miembros del PPS organizaban la recepción de su candidato a fuerzas.

«Doctor, le habla el comandante, que si no gusta ir un momento». Pablo Gómez recibió el aviso temprano; es detenido inmediatamente después de que pone un pie en la Comandancia de la policía estatal, junto a su hermano Raúl y otros compañeros del PPS y de la UGOCM. ¿Los cargos?: responsables de los disturbios del día anterior en la capital.

Al finalizar el acto y una vez que el candidato hubo dejado la ciudad, los líderes son puestos en libertad, ya sin cargos de por medio y con una disculpa: «Usted perdone, parece que hubo una equivocación.»

La caza de brujas para castigar a los responsables de los acontecimientos del 6 de abril se desata por todo Chihuahua; alguien tenía que pagar los platos rotos y al no poder responsabilizar a los hoy aliados del PPS, la atención se centra en la gente del Frente Electoral del Pueblo. Así, varios días después es detenida Judith Reyes entre otras personas como culpables de haber incitado a la gente a organizar los desmanes.

Antes de abandonar el estado de Chihuahua y después de haberse entrevistado con varios miembros de la UGOCM, Díaz

Ordaz declara que actuará con responsabilidad para resolver el problema agrario y evitar el acaparamiento de la tierra en todo el país. A pesar de que según el agente del Ministerio Público de la PGR, motivado por el desagravio durante la gira proselitista, se detuvieron los trámites legales de la DAAC para dar respuesta al problema de las tierras en aquel estado.

El convencimiento de que por la vía legal no se obtendría beneficio y que solo mediante las armas se conseguiría el cambio anhelado, estaba más que claro entre los que habían decidido huir a la sierra de Chihuahua, y aquellos que se mantenían en la clandestinidad para no ser arrestados por el asesinato de Florentino Ibarra.

La noche permitía movilidad para llegar hasta el domicilio de los Ibarra en Cebadilla de Dolores, lugar en el que había también una planta de luz y una estación de radio desde la cual se comunicaban los caciques con sus trabajadores. El grupo de alzados al mando de Arturo Gámiz coloca los explosivos sin correr ningún riesgo. Se trata de una acción rápida; el objetivo es afectar la propiedad de quienes tanto mal le han ocasionado a los habitantes de la zona.

El grupo se divide en dos: mientras unos colocan cuidadosamente la dinamita, los otros sigilosamente se desplazan por toda la comunidad para dejar en sus casas un escrito reproducido en mimeógrafo, en el cual hablan de la corrupción del sistema, de la burla que recibe el campesino cuando decide actuar dentro del marco de la Ley, de los intereses de los latifundistas en los departamentos agrarios, del sindicalismo controlado en México y de la llamada farsa electoral; finalmente, invitan a la población a sumarse a la rebelión. Firman: «Dado en Chihuahua. Ejército Popular Mexicano.»

Con los primeros rayos de luz del 12 de abril de 1964, el estruendo despierta a los habitantes de Cebadilla de Dolores. Las llamas sustituyen al débil rojo solar que aparece con trabajo para quitarse la modorra, al instante en que el susto se hace presente entre quienes viven alrededor de la casa de los Ibarra, la cual ha sido convertida en escombros.

La acción podría considerarse exitosa, a pesar de que la represión recayó sobre los habitantes de Cebadilla de Dolores y de la capital del estado. Ahora, en aquella población se instalaba una especie de toque de queda, los soldados patrullaban cada calle, cada esquina, interrogaban y detenían a cuanta persona les pareciera sospechosa.

> Yo conozco a todos y cada uno de esos muchachos tontos y sé todos sus comederos; los conozco desde que nacieron y no son tan hombrecitos como se creen. A mí me tienen ofendido por lo que me hicieron, pues me robaron una carabina M-1, una pistola escuadra calibre .38 y un revólver .22. Claro, reconozco que no me golpearon y me soltaron antes de llegar a Cebadilla de Dolores, y que hasta se despidieron de mí de abrazo y con disculpas; pero eso no se queda así [...] yo voy solo y los busco uno a uno y a ver a cómo nos toca [...]

Es Emilio Rascón el que conversa con el licenciado Salvador del Toro, agente del MP de la PGR. Se desconoce cuándo exactamente el primero, comerciante rico de la zona, se topó con el grupo de alzados en la sierra. El encuentro fue cordial, incluso al parecer los guerrilleros le acompañaron durante algunos días en su labor de intercambio comercial, hasta que una noche fue despertado y al abrir los ojos un arma le despejó el sueño.

«¿Qué les pasa, están locos?» Su sorpresa no cabía en la boca abierta, ante lo que sus conocidos le hacían.

Le exigieron que entregara las armas y algo de dinero. Fue entonces cuando supo que sus «amigos» andaban de guerrilleros, huyendo de la justicia, luchando por los pobres; la indignación continuaba en su cabeza. ¿Por qué le hacían eso a él? La noticia del grupo armado ya recorría varias poblaciones; su existencia ni era un mito, ni una invención; alguien había decidido actuar.

¿Quién podría creer que se trataba de dos acciones sin conexión entre sí? ¿Cómo no pensar que el incendio de la tribuna y la bomba en la casa de los Ibarra no eran parte de un plan del comunismo internacional para hacer que México se desestabilizara? Dos jóvenes van a prisión acusados de haber participado en los actos del 6 de abril, Pablo Alvarado y Óscar González Eguiarte, quienes son torturados para que canten todo lo que sepan sobre el «complot internacional». Puede que en esos momentos ninguno entienda qué sucede, si no eran extremistas; lo cierto es que pronto lo serían después de aquellos mecanismos de interrogación. El sistema dejó de ser consecuente con el Frente Electoral del Pueblo, siendo causado por ellos, según la versión oficial, parte de la responsabilidad por lo ocurrido en Chihuahua.

Pretendiendo ser benévolo con el pueblo que exige justicia, el gobernador Práxedis Giner Durán pide la renuncia del procurador de Justicia del estado, Hipólito Villa, pensando que con ello se tranquilizarían las protestas y se aminoraría la exaltación, pero la bola de nieve lleva ya tal velocidad que es difícil suponer que pueda detenerse sin llevarse a varios por delante.

El 23 de mayo de 1964, durante los festejos del Día del Estudiante, se hace patente el rechazo a la política del gobernador del estado. El representante estatal de los estudiantes dirige un discurso que rechaza la iniciativa paternalista y poco sensible con la que pretende tratarlos el Ejecutivo local. Es Pedro Uranga Rohana quien tiene el micrófono en las manos e insiste en la lucha política, en lugar de festejar aquel día con bailes, sonrisas, refrescos y buenos deseos.

«Es tan incapaz Giner que cuando era soldado durante la revolución y escuchaba que alguien gritaba "¡Fuego!", encendía un cerillo». Esta era la forma en que los estudiantes se expresaban del gobernador.

Los infiltrados, las promesas de que pronto se arreglarían las cosas, lo cansado de la lucha, de los plantones, de las marchas, la aparente buena disposición del señor gobernador, hacen que varios campesinos atiendan la solicitud del ayudante del agente del Ministerio Público de la PGR, un agente de la judicial conocido como Rudy, quien confiesa a los campesinos que pronto las autoridades resolverían los conflictos y que podía conseguirles dinero para que regresaran a sus comunidades. Por ello, un grupo de unos trescientos campesinos declara su agradecimiento al gobernador por las facilidades prestadas para volver a casa, y dicen estar ya cansados del engaño en el que los ha sumido el liderazgo de ciertos individuos, cuyos intereses no eran realmente sacarlos del hambre, mientras que el apoyo del gobierno era real y palpable.

Un punto a favor del gobernador al dividir a los campesinos de la UGOCM. Las elecciones están a la vuelta de la esquina y desea que todo quede en calma, que no existan mayores brotes de indisciplina; hace ver a los hombres del campo que los estudiantes y los maestros solo los quieren para manipularlos, que no son tan honestos como han querido que los vean. Los camiones llegan a la plaza de Chihuahua el 7 de junio y varios campesinos regresan a casa, dejando atrás a varios compañeros todavía en la cárcel, pues prefieren confiar en la palabra de la autoridad.

Los guerrilleros conocen cada arteria de la sierra. Los pobladores confían en ellos, y los ayudan con alimentos, alojamiento e información. En una de sus travesías encuentran un trapiche clandestino cerca del arroyo las Moras, propiedad de Ramón Molina. Al dar con el lugar se impone la moral revolucionaria que desde días atrás Arturo Gámiz ha pretendido transmitir a los que se han sumado a la lucha: se ha prohibido el alcohol, la falta de respeto a las mujeres, siguiendo un código ético. Gámiz consideraba que gracias a las bebidas embriagantes la clase capitalista embrutecía a la clase proletaria, por lo que de inmediato se llevó a cabo un plan para asaltar aquel sitio y destruirlo, en donde se procesaba el alcohol.

Sin que tuviera que escucharse ningún disparo, los guerrilleros logran controlar el lugar en unos cuantos minutos, sometiendo al dueño y a los cuatro trabajadores. Destruyen todo el equipo con el que se elabora la bebida. Las tinajas, el alambique, las botellas, todo fue reducido a pequeños pedazos de cristal regados por todas partes de la construcción situada en medio de la sierra; se hizo explotar la caldera, y no se dejó ninguna herramienta medianamente utilizable, no sin que antes Gámiz ofrezca toda una explicación a los ahí presentes de cómo el sotol provoca daños a la salud y en la conciencia de las personas.

El dueño y los trabajadores son liberados luego de ver la destrucción del lugar, señalándoles que de igual manera se degrada el organismo de un hombre por la injerencia del sotol. Se les amenazó bajo la consigna de que si reincidían en la elaboración de la bebida se les haría un juicio revolucionario. El pavor no permitió ningún tipo de protesta, ni de parte del propietario, ni de los trabajadores. A pesar de que el laboratorio no contaba con los permisos requeridos, el dueño interpuso una demanda contra los guerrilleros y la autoridad fue tras ellos.

La habilidad con la que cuentan los nacientes guerrilleros para movilizarse en la sierra de Chihuahua es una de sus mejores armas, además del apoyo de las comunidades; mientras que para la autoridad, esto constituye su peor derrota. En su paso por cualquier población, cuando tiene oportunidad de dialogar con cualquiera, Arturo Gámiz invita al pueblo para que sufrague en favor del PPS, con la pretensión de llevar al Congreso a los candidatos de la UGOCM de Chihuahua, a pesar de que cada voto se sumara a la cifra del candidato oficial.

El desconocimiento de la zona, obliga a que las autoridades soliciten a los campesinos que les sirvan de guías; la mayoría de las veces aceptan, pero para llevar a las tropas y a los policías judiciales de paseo por la sierra, nunca hacia el área por la cual suponen que se encuentran los alzados.

Giner Durán decide colocar un grupo especial de agentes judiciales en Cebadilla de Dolores para poder articular mejor la búsqueda de los guerrilleros. Así, los judiciales son comandados por Rito Calderas, cuyo pasado como Guardia Blanca al servicio de la familia Ibarra hacía que los pobladores de Dolores le guardaran cierto temor, además de que conocía la sierra.

El primer domingo de julio de 1964, el pueblo de México acude a las urnas. Han llegado a su fin las campañas políticas y su respectiva carga de discursos, promesas, planteamientos acerca del futuro inmediato. Gustavo Díaz Ordaz obtiene el ochenta y ocho por ciento de la votación; el doce por ciento restante se reparte entre los partidos de oposición: PAN, PPS y PARM, los cuales, dependiendo del porcentaje de cada uno, obtienen determinadas curules en el Congreso de la Unión, ya que un año antes se llevó a cabo una reforma en la Constitución para crear la figura del legislador por la vía plurinominal. De este modo, logran llegar al recinto de Donceles veinte representantes de Acción Nacional, y no más de media docena entre el PPS y el PARM. El Frente Electoral del Pueblo, al no contar con el registro exigido por la Comisión Federal Electoral, dependiente de la Secretaría de Gobernación, que para ese entonces habría ocupado como suplente Luis Echeverría, no le fueron contabilizados los escasos votos que tuvo ni en favor de Danzós Palomino, ni del resto de los candidatos al poder Legislativo.

Segunda mitad de julio. Pocos días antes López Mateos vio elegir a su sucesor. Los judiciales desplazados en Cebadilla de Dolores han establecido su cuartel general en una de las casas de la familia Ibarra. Los policías han desarrollado varias expediciones sin ningún éxito. Aquella noche había empezado a correr el alcohol. Los agentes del orden se daban vuelo, se sentían libres. Al terminar la fiesta, cada quien dormía en donde su torpe cuerpo le permitía.

Mientras tanto, sigilosamente, los guerrilleros han estado esperando la hora para que el exceso de alcohol cumpliera su misión. Llegado el momento, rodean la casa, todos van armados, no hay nerviosismo en sus músculos; el factor sorpresa está de su lado y tienen el licor a su favor.

El hombre de avanzada indicó el lugar exacto en el que había quedado dormido cada uno de los judiciales, para que uno de los alzados echara la dinamita en un cuarto vacío. La explosión desempolvó el embriagado sueño de los policías, quienes se refugiaron en una de las recámaras del segundo piso. La invitación para que salieran con las manos en alto se escuchó en casi todo el pueblo; el tronido había despertado a todos los pobladores, quienes tímidamente se fueron acercando para saber qué sucedía.

Las llamas provocadas por la dinamita comienzan a alimentarse de todo lo que encuentran a su paso; el humo les resta capacidad de respiración a los judiciales. Uno de ellos pretende asomarse por el balcón para intentar saber qué sucede y recibe un disparo que le hiere un brazo. Al saberse en desventaja, los policías aceptan la condición de salir con las manos levantadas y que todas las armas fueran transportadas por el comandante Rito.

Conforme van apareciendo, uno a uno son recibidos por el arma de Salomón Gaytán, quien los coloca en formación a un lado del patio de la casa. Arturo Gámiz está en medio, tomando su arma distraídamente. Rito Calderas se percata de la situación; tal vez por la inconsciencia del alcohol o por desquitar el sueldo o incluso por pánico a lo que les pudiera suceder después, pretende hacer uso de un arma para sorprender a Gámiz, sin darse cuenta de que desde el cerro con el que colinda la casa está postrado Salvador Gaytán, quien no ha dejado de observar sus movimientos y le dispara; la bala atina a entrarle por el tobillo derecho. Entre el dolor, la sorpresa y el miedo se deshace del arma que iba a utilizar.

Los judiciales son despojados de toda la ropa, salvo del pantalón; les amarran las manos a la espalda y los trasladan a la escuela Francisco Villa, lugar al que Gámiz no había regresado después de haber cambiado el lápiz por el fusil que ahora empuña.

Salomón está enojado. Sus entrañas le piden ajusticiar a los judiciales; propone que los formen para fusilarlos.

«No, Salomón, nosotros no somos asesinos, nosotros andamos luchando por la justicia pero sin asesinar a nadie, salvo para defensa; además ellos son enviados por el gobierno, solo los vamos a desarmar y a devolvérselos así, encueraditos». Se impuso Gámiz, negándose a aceptar la propuesta del hermano menor de los Gaytán.

Al finalizar su operativo aquel 15 de julio, los guerrilleros han cumplido con la misión: tienen más armas, han escarmentado al gobierno derrotando al cuerpo especial enviado en su búsqueda, exhibiéndolos, además, ante toda la población de Cebadilla de Dolores. No tienen nada más que hacer ahí y regresan a las entrañas de la sierra.

Dos versiones encontradas describen lo que les pasó luego a los judiciales. Una dice que se les dejó ir inmediatamente después de que los guerrilleros partieron hacia la sierra. Otra cuenta que se les dejó amarrados en un salón de la escuela, no sin que antes hubieran suplicado por sus vidas, ya que el grupo de alzados pretendía fusilarlos ahí mismo; que solo fueron liberados tres días después de que llegara el ejército y que mientras estuvieron en cautiverio, algunos pobladores se apiadaron de ellos y les llevaron comida, pero no los soltaron.

Para el día 19 de julio de 1964, cuando se registran los hechos en la prensa local, se remarca que la gavilla es capitaneada por el «enfermo» Arturo Gámiz, y que los policías sufrieron en cuatro ocasiones simulacros de fusilamiento, así como que el tiroteo había durado dos horas y que los judiciales se rindieron hasta cuando se les terminó el parque.

El golpe asestado es duro para el general Giner, quien colérico envía de nuevo al ejército a Cebadilla de Dolores, con la orden de encontrar, a como diera lugar, a los insurrectos. Una vez más la población conoce lo que es la tortura, el allanamiento de morada, la «justicia» de la bota militar. En una de aquellas acciones, los soldados son observados desde el monte por los guerrilleros, quienes no pensaron en las consecuencias de sus actos para la población civil.

A fines de mes un niño llega emocionado a las oficinas del semanario *Índice* y solicita hablar con el director de la publicación, Guillermo Gallardo. En una de sus infantiles manos lleva los cinco pesos recién entregados por el encargo y en la otra el primer comunicado del grupo guerrillero para darse a conocer por medio de la revista.

Por miedo a la represalia, tras consultarlo con algún burócrata local, la decisión del director es no llevar aquel documento a la imprenta. En este, el grupo armado expone las razones por las cuales ha decidido empuñar las armas:

> Hemos visto con indignación, y lo hacemos del conocimiento de la opinión pública, que las fuerzas del Ejército Federal, de la policía rural y de la judicial, enviadas en nuestra persecución, han ido de rancho en rancho cometiendo toda clase de fechorías con las familias, registrando, o mejor dicho, destruyendo todo lo que hay en el interior de las casas, penetrando en ellas como bestias salvajes, golpeando a todas las personas que salen a su paso, y sometiendo a crueles torturas a muchos rancheros. También han torturado a mujeres y niños, roban animales, destruyen siembras, etc.

Además, se pedía que no se desquitaran con la población civil ante la incapacidad de dar con ellos; insistían en que iban a continuar con la lucha hasta el fin de sus días, y que depondrían las armas solo cuando se resolvieran los principales problemas del pueblo. El lugar donde fue redactado el documento fue el municipio de Madera, y terminaba con la consigna: «Vencer o morir. Grupo Popular Guerrillero.»

Al tener conocimiento de que el comunicado no fue leído por ningún ciudadano, el propio Arturo Gámiz decide escribirle una carta al gobernador Giner, donde afirma:

«Estoy convencido de que ha llegado la hora de hablarle a usted en el único lenguaje que entiende; llegó la hora de ver si en su cabeza penetran mis balas, ya que las razones nunca le entraron [...] Otra vez le invito a venir a la sierra al frente de sus soldados.»

El reto pudo haberle provocado un ataque de cólera al general; él, que se sentía forjador de la nación por combatir en las gestas de 1910, ahora recibía el reto del cabecilla de una gavilla cualquiera.

En un segundo comunicado, que tampoco llegó a publicarse, enviado de nuevo al semanario *Índice*, y que esta vez sí llegó a manos de Giner, el Grupo Popular Guerrillero plantea que otorga los cinco meses restantes del año de 1964 para que sus demandas fueran cumplidas. Asimismo solicita la renuncia del gobernador y advierte que, de no llevarse a cabo ningún cambio, comenzarán a disparar contra el ejército. En esta misiva no solo aparece el remitente genérico, también viene la firma del «jefe de operaciones», Salomón Gaytán, y del «jefe político», Arturo Gámiz.

La falta de respeto de la cual sentía el general Giner, había sido objeto de parte de Arturo Gámiz, llevó a aquel a redoblar la vigilancia en la zona, a cerrar incluso las escuelas Normales argumentando que eran más necesarias unas porquerizas en esos terrenos que la educación, y a autorizar la creación de todo tipo de Guardias Blancas al servicio de los terratenientes en todo el estado. Los guerrilleros, por su parte, cumplieron su palabra y no llevaron a cabo ninguna acción más en lo que finalizó el año de 1964.

Pablo Gómez tiene conocimiento de las acciones de su viejo compañero de batallas, Arturo Gámiz, aunque no se sabe si está de acuerdo o no con el camino que él ha tomado. El doctor y profesor tiene pensado viajar a Cuba, pues desea aprender del proceso que se está dando en el primer territorio libre de América. Al parecer estaba todo listo para emprender el viaje. Hay versiones que dicen que fue el PPS quien evitó que Gómez llevara a cabo su traslado a Cuba, situación similar a la que experimentó años atrás Gámiz. Otra versión, la que cuenta su hermano en una entrevista, afirma que fueron miembros del PCM los que lo impidieron, ya que, por el contrario, al PPS le convenía que Pablo Gómez se fuera a Cuba.

A los hermanos Gaytán y al resto del grupo se les pierde la

pista durante el resto del año de 1964, aunque Arturo Gámiz es visto en Delicias, Chihuahua, y otras ciudades del estado, además de la Ciudad de México, siempre siguiendo las más estrictas medidas de la seguridad clandestina. Incluso los domicilios de los hermanos Gómez llegaron a ser refugio del líder político de la guerrilla chihuahuense.

Judith Reyes regresa a la ciudad de Chihuahua después de haber sido encarcelada, acusada de incendiar el templete cuando Díaz Ordaz pasaba por la ciudad en campaña. Es trasladada hasta el hotel Fermont en pleno centro de Chihuahua, donde recibe la visita de dos individuos de aspecto militar, aunque vestidos de civil. El interrogatorio es cordial, aun cuando sus pretensiones parecen ser firmes para sacarle la falsa confesión de que ella está relacionada con la guerrilla, que ha estado patrocinando algunas de las acciones violentas en el estado, que es parte del órgano político de los Guerrilleros Populares. Para ellos, no hay diferencias entre Gámiz y Reyes; no hay diferencia entre la UGOCM, en la que ha participado y actuado el primero y la actividad política de la cantante dentro del Frente Electoral del Pueblo. Para ellos la izquierda –en su muy reducido entender– es lo mismo: rusos o cubanos, anti patriotas todos, desestabilizadores profesionales, defensores de campesinos flojos, sin diferencias ideológicas o estratégicas.

«Sabemos que sostiene a los rebeldes con la pantalla del periódico y de los discos, pero la vamos a dejar libre, siempre y cuando le informe a los alzados que el presidente de la República está muy interesado en resolver los problemas de Chihuahua. Usted es la persona indicada para hacerle saber a Arturo Gámiz que el licenciado López Mateos desea entrevistarse con él y concederle todo lo que le pida a cambio de las armas, el gobierno le entregará lo que sea una vez que modifiquen su actitud.»

¿Desearía arreglar López Mateos los problemas en Chihuahua antes de entregarle el poder a Díaz Ordaz? ¿Preparaba una de sus típicas traiciones? ¿Deseaban poner a Judith como anzuelo para llegar hasta Gámiz?

La cantante se defendió. Expuso las contradicciones en las propias propuestas de los militares, cuestionó la actitud del gobernador Giner Durán, protestó por su reciente detención ilegal así como la que estaba viviendo en aquel momento, hizo hincapié en su trabajo abierto, tanto en lo periodístico, como en la música y lo electoral, confiando en el poco éxito que tendría por intentar entrevistarse con el entonces y conocido líder guerrillero.

La conversación se prolongó durante siete horas. Judith no aportó ningún dato importante para llegar hasta Arturo y no hubo forma de comprobarle complicidad con él, ni la más mínima posibilidad de hacerle llegar a Gámiz los supuestos «mensajes presidenciales». Fue puesta en libertad, con más dudas que respuestas sobre lo que pudiera acontecer en el estado.

Los encuentros clandestinos para ver cómo apoyar la lucha son frecuentes. En uno de ellos participan: Álvaro Ríos, Rafael Valdivia, José Luis Franco y Raúl Gómez, con un personaje que presume de haber entrenado a los cubanos en México, en la táctica de guerra de guerrillas y quien, ante el anuncio de la invasión norteamericana a la República Dominicana, les propone irse para allá a pelear contra el imperialismo.

Es en estas ciudades en las que sostiene varios encuentros secretos con diversos grupos, exponen los motivos de su lucha, hablan de estrategias y valoran la situación local, nacional e internacional.

A fines de 1964 tiene lugar una reunión entre Gámiz y varios estudiantes para concienciarlos del tiempo que les ha tocado vivir, pretendiendo reclutar a algunos para su lucha. Durante este diálogo, realizado secretamente en algún domicilio de Chihuahua, Arturo utiliza la técnica de la «autoentrevista» con el fin de exponerle a los jóvenes su punto de vista acerca de varios temas, desde la explicación de lo que es ser un estudiante revolucionario, los enemigos de estos, cómo se pueden preparar para la lucha, hasta la descripción de los principales conflictos sociales y cómo pueden apoyar su lucha; habla de la oligarquía y sus nexos con las autoridades, la coyuntura internacional y su impacto en la vida nacional, la Revolución Cubana, la religión, los movimientos campesinos, populares y estudiantiles en Chihuahua. Son en total veintisiete preguntas que se hace a sí mismo, tal vez para agilizar la reunión y exposición de lo que quiere transmitirles. Este diálogo quedó grabado, para luego reproducirse en mimeógrafo bajo el título de *La participación de los estudiantes en el movimiento revolucionario*, firmado por Arturo y distribuido de manera clandestina entre los jóvenes.

Sin duda, la participación de Gámiz en el PP, luego PPS, su paso por la Normal del estado, su apoyo decidido a la lucha campesina por medio de la UGOCM, además de su particular interés por estar enterado sobre todo lo que sucedía en el resto del país, le da la fuerza para convertirse en el líder indiscutible del naciente núcleo guerrillero, a pesar de que se exprese de este como si se tratara de algo ajeno a su actividad. Así, a fines del año de 1964, cuando invita a los estudiantes a dicho encuentro, decía que «debe verse con atención la formación de guerrillas populares en Chihuahua». Y finaliza incitando a los jóvenes a que no sigan alimentando la ilusión de la burguesía, la cual no dejará el poder por las buenas, y hace la abierta invitación para que se tomen medidas de acción concretas.

El resto de la República mexicana continuaba encendiéndose en diversos rincones; por aquellos días en Puebla tomó vuelo de nueva cuenta la consigna acuñada en 1961 por los conservadores de aquella ciudad que rezaba: «Cristianismo Sí, Comunismo No», para oponerse a las diferentes expresiones de justicia y necesidades populares.

El Estado ha aprendido bien los mecanismos para infiltrar los movimientos populares, los sindicatos, la intervención de teléfonos, la adecuación de cierto personaje que pueda brindar información, comprar las fotografías de las manifestaciones a los reporteros gráficos, son estrategias que emprende desde su llegada a Gobernación en el año de 1958 el famoso licenciado Díaz Ordaz, con ayuda del que ocupará dicha Secretaría próximamente, Luis Echeverría.

La policía política de la Dirección Federal de Seguridad se profesionaliza, los agentes reciben cursos fuera de México y son instruidos en tácticas de espionaje; la llamada Guerra Fría está en su máxima expresión y el país tiene que estar acorde con los tiempos en cuanto a la lucha contra «fuerzas extrañas», aunque sean las fuerzas internas buscando una mejora social. En los sesenta no hay tiempo para experimentar y dejar que las expresiones crezcan como había pasado la década pasada, sobre todo cuando un grupo de médicos comienza a protestar por las condiciones en las que se encuentran y empiezan a organizarse. Por lo que, desde su discurso de toma de protesta como presidente de la República, Díaz Ordaz anuncia mano dura contra todos aquellos que «pretendan ampararse en la libertad para acabar con todas las libertades.»

8
LUCIO. SU CAUSA: LAS COMUNIDADES RURALES

El estado de Guerrero parece normalizarse. El Revolucionario Institucional logró la victoria en las elecciones de fines de 1962; la orden de aprehensión contra de Genaro Vázquez lo tranquilizaría y no interferiría con la paz social. Los pequeños brotes de inconformidad provocados por el precio de los granos, las solicitudes de tierras, el hambre, la pobreza y la marginación social, bien podrían esperar otra década.

Lucio Cabañas se gradúa de maestro a mediados de 1963. Deja la escuela de Ayotzinapa, pues su actividad como líder estudiantil de las Normales le ha llevado por casi toda la República mexicana. Por eso estuvo alejado del proceso electoral de los meses pasados; además, ha dejado de creer un poco en el proceso democrático planteado por la Asociación Cívica Guerrerense de Genaro. Por su lado, se ha comprometido con las causas de los campesinos, la pobreza le estremece el corazón; se siente más comprometido con ayudar inmediatamente a quien solicite su apoyo que con aspirar al poder por la vía electoral. Va al campo, se relaciona con los trabajadores agrícolas, les pregunta sobre su situación, les ayuda en la jornada, platica mucho con ellos y confiesa que: «busco a los ancianos campesinos porque de ellos se aprenden valiosas experiencias.»

Su solicitud para conseguir plaza de maestro es atendida en la Secretaría de Educación Pública del estado de Guerrero, y en septiembre de 1963 se le asigna la escuelita del ejido de Mexcaltepec, ubicado a unos diez kilómetros de la ciudad de Atoyac, zona muy productiva en maíz, café y con una gran reserva de madera explotable.

Las inconformidades que existen en aquel lugar llegan hasta los oídos y la experiencia del recién estrenado maestro, quien se entera que las compañías madereras se habían comprometido tiempo atrás con la comunidad, para intervenir en varios servicios que la beneficiaran, a cambio de permitirles explotar sus bosques. Dichos servicios incluían: caminos, introducción del agua potable, teléfono rural y luz, así como cierta participación de las ganancias y un tanto por ciento de madera otorgada a los ejidatarios para su uso específico. El acuerdo no se había respetado. Los madereros talaban los árboles sin que los beneficios de la actividad redundaran en la población de Mexcaltepec.

Entre vocales y consonantes, con su gis en mano, Lucio comienza a interesarse por lo que ocurre en la comunidad. Convoca a los ejidatarios en una asamblea para exponer el caso y saber qué se puede hacer para obligar a que las compañías cumplan con los contratos firmados.

El ánimo de la gente está por los suelos; se sienten decepcionados, sin herramientas para presionar a las compañías; la prepotencia se ha instalado y no hay quien se enfrente al gerente o a los «talamontes». Lucio habla de la legalidad del contrato. Les hace ver que los bosques, y los árboles que se está llevando la maderera, les pertenecen a ellos. Un primer acuerdo de la asamblea es citar a los representantes de la compañía para dialogar sobre los motivos del incumplimiento.

A la cita no se presenta más que la propia comunidad, lo que indigna a los ejidatarios. Poco a poco los sentimientos se van acumulando, saben que hay una injusticia en su contra y ahora sí están dispuestos a enfrentar la prepotencia de los madereros. Se programan varias acciones, entre otras, evitar que la madera salga del lugar, bloquear a los taladores para que no puedan cumplir con su trabajo, así como las entradas y salidas al bosque para que ningún vehículo pueda transitar.

La alarma llega a la compañía, quienes ahora sí aceptan entrevistarse con los ejidatarios. El diálogo parece llevarse en buenos términos, y hay algunas disculpas por no haber podido cumplir con lo pactado. En apariencia, los madereros inician ciertos trabajos para cumplir a medias con su compromiso, mientras que una delegación acude a la Secretaría de Educación Pública del estado, con el fin de dar parte a las autoridades educativas de la actividad provocadora del maestro Lucio en la zona.

Sin permitir siquiera que concluya el primer semestre, el relevo de Lucio llega a Mexcaltepec, a quien se le asigna una plaza nueva en la escuela Modesto Alarcón de la ciudad de Atoyac, para estrenar el año 1964.

Con esta victoria en la bolsa, los talamontes delinean la estrategia a seguir, corrompiendo a varios de los ejidatarios, reforzando su actitud prepotente ante la comunidad, arreglando algunos caminos nada más para tapar el ojo al macho, mientras que contratan a más trabajadores para que vayan a talar árboles lo antes posible, sin que les pase por la mente sustituir los derribados con otros nuevos, y llenando sus bodegas una y otra vez, para ir a comercializar la madera a otras partes del país.

Lucio sigue manteniendo contacto con varios de los ejidatarios de Mexcaltepec, los asesora cuando así se lo piden. Al mismo tiempo, entiende que solo cuando la población está decidida a exigir la justicia negada, se puede iniciar la lucha para que esta se haga realidad. Si los ánimos están por el suelo no se puede nada más que apoyar hasta donde sea posible.

Ante el pizarrón de una de las escuelas de Atoyac, decide no solo continuar con sus clases entre los hijos de campesinos sino que, después de la invitación de la Central Campesina Independiente, apoya y organiza la inauguración de la Delegación de la sierra de Guerrero de esta nueva Central, a pesar de que solo había participado como observador del Congreso Agrario realizado en abril de 1963 en el poblado de El Ticuí, en el que también estuvieron presentes personalidades del MLN y del MRM.

Durante los primeros días de 1964 se le ve muy movido: sube, baja, habla, cita, viaja a los ejidos cercanos, programa el II Congreso Campesino de la Costa Grande para abril de aquel año en la ciudad de Atoyac, conjuntamente con su compañero de escuela Serafín Núñez, al cual llegarían también Pablo Sandoval Cruz, Othón Salazar y el ya para entonces candidato a la Presidencia de la República por el Frente Electoral del Pueblo, Ramón Danzós Palomino.

Los Cívicos, que se han distanciado para este entonces de la CCI, convocan los mismos días a un acto paralelo al del Congreso Campesino, en el que Antonio Sotelo, cívico de Tecpan, maneja un discurso muy parecido al que se había escuchado durante el acto promovido por Cabañas.

La militancia que Lucio tuvo en el Partido Comunista Mexicano, así como el apoyo a las candidaturas del FEP, lo alejan del Movimiento de Liberación Nacional, al cual se había acercado durante su fundación y de los motivos de lucha de Genaro Vázquez, quien continúa la labor de constituir los Comités del MLN en provincia. Además existía ya para entonces una clara distancia con los Cívicos de la zona de Atoyac.

Los Cívicos están en la retaguardia, aún son perseguidos y comienzan a hablar de formar varios Comités de lucha clandestinos en algunos pueblos de Guerrero. La idea de seguir las armas para hacerse escuchar, para imponer la justicia o siquiera para defenderse de los Guardias Blancas, es todavía una idea en pañales; aquello de tomar la bala como forma de vida parece ya ser parte de su discurso. Hasta el mismo Genaro durante una reunión en Iguala plantea:

> En este periodo es necesario difundir los ideales de la revolución popular, que no significa cambios de personas al frente del gobierno de la burguesía, sino el cambio radical del régimen político y económico, estos objetivos no pueden sustituirse con una posición electorera, tampoco por votación puede acabarse la lucha de clases y destruirse el Estado burgués que padecemos.

Cada vez platican más entre ellos sobre lo que hay que hacer. A pesar de que para ese entonces su actuación es abierta, no dejan la conspiración clandestina, sin que se lleve a cabo todavía ninguna acción armada.

El maestro de la escuela Modesto Alarcón se convierte en una referencia. Atiende demandas, aconseja, organiza, discute, recibe grupos de campesinos que desean conversar con él. Para Lucio, esta es una actividad casi normal, práctica que no ha dejado de ejercer desde sus años de estudiante; estar atento, saber lo que sucede a su alrededor, escuchar, intentar descubrir cómo se puede ayudar, cómo canalizar, de qué manera organizar.

La oposición electoral de izquierda en Guerrero no es problema para el sistema en 1964. El control político ha sido reencauzado desde 1962 en todos los municipios. Se ha logrado desarticular el más grande grupo competidor: la ACG de Genaro.

El FEP, por su lado, lleva a cabo una gran movilización, así como varios cientos de los maestros de la Costa Grande y Sierra de Atoyac han abrazado los postulados del MRM de Othón Salazar, a invitación de Cabañas. Esto no significa, aparentemente, un riesgo a la estabilidad, como tampoco los resultados del primer domingo del julio electoral de 1964; no es un riesgo tan importante como para que Díaz Ordaz y su gente se preocupen.

Las inscripciones se abren para el curso 1964-1965 en la escuela Modesto Alarcón, Lucio se encuentra en su salón de clases dispuesto a iniciar el nuevo ciclo. Hasta él llegan unos cuantos padres de familia desesperados: no tienen dinero, apenas les alcanza para comer y resulta que la directora Genara Resendis, Genarita como la llamaran todos, ha dicho que no podrá inscribirse ningún niño si no lleva uniforme y zapatos nuevos.

El maestro consuela a los padres de familia, se extraña de aquella situación y se compromete a intervenir en su favor.

«Discúlpeme maestro, pero usted no es nadie para venir a darme órdenes a mí», es la respuesta que recibe Lucio cuando intenta hacerle ver lo ilógico de exigir uniforme y zapatos a los alumnos, si la mayoría proviene de familias de escasos recursos.

La maestra se indigna, se molesta; colérica insiste que es una decisión tomada y que él no tiene por qué intervenir. Cabañas pone ejemplos, le enumera con nombre y apellido en cuántas ocasiones han llegado hasta su salón de clases niños sin nada en el estómago, le enumera el lugar de trabajo de cada uno de los padres de sus alumnos, le pide que comprenda a las familias, y que según este punto de vista un uniforme sería irrelevante.

–Por el contrario maestro, con el uniforme no se notarán las diferencias económicas entre los alumnos. Esta medida pretende que todos nuestros estudiantes se vean igual, que nadie se crea más por tener mejor condición económica.

–Profesora, no es necesario pedir uniformes a los niños, porque no con buena ropita se va a educar, y no exigir solamente calzado, sino dejarlos hasta descalzos que vayan a las escuelas, nada más con que vayan limpios, como pueda ir el niño.

Lucio fracasó en este intento de apoyar la petición de los padres de familia, no hubo forma de hacer cambiar de parecer a Genarita, quien de inmediato puso una queja ante la SEP sobre el supuesto comportamiento indisciplinado del profesor Cabañas.

Era la segunda queja que llegaba hasta las oficinas estatales de educación, pero la simpatía que había despertado ya entre los padres de familia le otorgaba un poder que la directora aún no sopesaba.

Lucio y Serafín convocan un mitin en Atoyac para todos los sectores con el fin de protestar por varias cosas, como la tala inmoderada de la compañía Silvicultora Industrial S. de R. L., en el ejido de Mexcaltepec; contra el bloqueo de las autoridades a la cooperativa textilera de el Ticuí, la cual había sido obligada a cerrar un año antes, además de por el hostigamiento ejercido por el presidente municipal de Atoyac contra los habitantes de la colonia Mártires de Chilpancingo. Durante el acto también se hacen públicas las acciones de hostigamiento que están teniendo lugar contra los profesores por parte de la dirección de la escuela Modesto Alarcón y de la burocracia educativa estatal de la SEP, quienes ya consideraban a los maestros como «enemigos de México», «introductores de ideas exóticas», aspirantes a ser los líderes de una «caterva de aprendices de comunistas». La protesta hizo enmudecer a Genarita, quien tuvo que apechugar el acto de apoyo a los maestros.

1964 es un año de controversia para la izquierda mexicana, porque los irreconciliables habían logrado un acercamiento a principio de la década. Sin embargo, la causa común de la Revolución Cubana y de la lucha en contra del imperialismo no era suficiente pegamento para seguir trabajando como aliados. El Partido Popular, recién denominado como Socialista, se adjudicaba todo tipo de relación con los demás partidos socialistas y comunistas del mundo, cuyo máximo líder, Vicente Lombardo Toledano —el de los cien trajes idénticos para verse siempre con la misma ropa y simular precariedad económica–, le ofrecía su apoyo incondicional al sistema revolucionario institucional, a pesar de que algunos de sus miembros de la Unión General de Obreros y Campesinos de México en algunas zonas del país les hubieran salido bastante «lechones». La consigna general era acatar las decisiones del sistema priísta, cuya máxima disposición, causante de más de una desilusión, fue el apoyar la candidatura de Díaz Ordaz.

El Movimiento de Liberación Nacional, que para estos días ya se ve solo reducido a un membrete más, ha dejado de mantener la expectativa de sumarse a la construcción de un bloque que impida la carrera del sistema mexicano que imite las decisiones tomadas en Washington, y también asume la responsabilidad histórica replegándose y apoyando al ex secretario de gobernación en su ruta hacia Palacio Nacional. ¿Exceso de institucionalidad del general Cárdenas? ¿Convicción? ¿Presiones del sistema? ¿Amenazas?

La situación no había mejorado mayormente en el campo mexicano, sin embargo puede que la palabra empeñada del sistema para atender todos aquellos pequeños rescoldos agrícolas fuera una apuesta pacífica del ex presidente, que provocó la suspicacia en varios círculos de la izquierda a la que se había sumado el MLN.

Por su parte, el Partido Comunista Mexicano sigue debatiendo su propia tarea dogmática, aun cuando ya se ha manifestado contra López Mateos. La historia parece haberlos dejado atrás y el llamado proletariado está atento a otras cuestiones más que a responder al eco de los llamados del PC; el campesinado ha recibido más y mejor apoyo desde otros grupos que del propio PC, el cual sigue buscándole la cabeza al proletariado.

La conformación del Frente Electoral del Pueblo, con Danzós Palomino como candidato, no deja de ser un pretexto para recuperar el abandono de este partido hacia las luchas campesinas, cuyos resultados electorales bien pueden desalentar a cualquiera, más allá de que no contara con registro para competir en las urnas.

El entramado de la izquierda, con sus bodas y divorcios, con las simpatías y fidelidades, con sus batallas inconclusas, crea un panorama particular en cada estado de la República, donde además los intereses creados dan a cada caso una sazón muy especial, teniendo en cuenta también la falta de estrategia electoral y partidista que no sabe hacerle frente a ese gran monstruo que desarrolla sus tentáculos desde las oficinas del partido oficial.

El trámite para resolver cualquier tipo de conflicto o demanda social va pasando por cada instancia de la burocracia federal, de cada estado o municipio, incluyendo las organizaciones obreras, las campesinas, los periódicos, la naciente televisión, la radio, las escuelas, las universidades, las cámaras de industriales y demás sectores productivos. De cualquier modo, nada sucede: la devaluación había sido hacía mucho, y aún con los doce pesos con cincuenta por dólar, la clase media bien podía seguir soñando con el *American way of life*.

Lucio se ve enfrentado cada vez más con la directora del colegio, pues su constante solicitud de cuotas a los padres de familia hace que el maestro intervenga siempre en favor de la Sociedad de Padres de Familia, la cual para 1965 ya se encuentra también dividida entre los que apoyan a Genarita y los que están con el profesor Cabañas. Otros intereses han venido a engordar el encono, ya que la directora ve en Lucio a un posible candidato para relevarla del cargo, siendo que ella fue de las fundadoras de la escuela primaria Modesto Alarcón y no quiere permitir que un recién egresado de la Normal —aun cuando haya estudiado bajo el nuevo programa de tres años y cuente ya con título—, venga a decirle cómo se hacen las cosas.

El maestro y su actividad se derraman por todas partes, su idea era «que ellos comprendieran que había maestros del pueblo que estamos dispuestos a orientar, no solo en la educación, sino en su lucha como parte del pueblo; padres de familia, parte del pueblo contra todo el régimen, contra el gobierno, contra la clase rica.»

Las medidas tomadas por el gobernador Abarca Alarcón a mediados de año no amedrentan las acciones de Lucio. El Congreso local da entrada a una reforma penal en la que se expone que habrá «prisión de dos a doce años y multa de diez a diez mil pesos, a toda persona que difunda o propague una idea, programa o plan por cualquier medio y que tienda a alterar el orden a la paz pública del Estado, o a subvertir las instituciones jurídicas y sociales». La ambigüedad de la nueva Ley podría dar cabida a cualquier acción legal en contra de Lucio, gracias a las protestas o muestras de inconformidad que acostumbra encabezar.

Lucio protesta tanto por las denuncias en contra de la escuela y su directora, hasta por la prepotencia ejercida por las autoridades municipales de Atoyac. Así, cualquier día llega un campesino a contarle que a su hijo lo había detenido la policía una noche antes solo porque se había pasado de copas; la dueña de un puesto le cuenta que por no decir que sí al amorío que le pedía Ríos Tavera, este había tirado su mercancía al río; la dueña de un pequeño restaurante sufrió la vergüenza de que el mismo Ríos Tavera se meara en sus trastes de cocina por no aceptar el guiño que le había propuesto...

«Vete con el *maestro*, él sabrá qué hacer...» Corría la voz entre la gente ante las vejaciones.

1965 es el año de relevo en los Ayuntamientos y Congreso local de Guerrero. El golpe asestado a la ACG ha permitido que en la mayor de las partes del estado los candidatos oficiales realicen sus campañas sin contratiempo. Ríos Tavera, el presidente municipal de Atoyac, gracias al fraude cometido en 1962, prepara las maletas para dejarle la mesa puesta a su sucesor, Manuel García Cabañas, primo «lejano» del maestro revoltoso, de quien dice: «si bien no nos brindó ninguna ayuda porque él no perteneció a ese partido (el PRI), tampoco participó en contra». Y es que, en efecto, Lucio estaba muy ocupado protestando por tal o cual situación particular de la población, entrevistándose con la autoridad municipal, escribiéndole cartas al gobernador Abarca Alarcón, denunciando el atropello cometido con la señora tal, exigiendo la liberación del joven cual..., como para atender y preocuparse por la coyuntura electoral del momento; ¿habrá creído en esa vía como forma de solucionar los problemas del municipio?

Serafín Núñez y Lucio Cabañas no se daban abasto con tantas personas que llegaban a solicitar su apoyo, por lo que el 21 de noviembre de 1965 decidieron, en asamblea con los padres de familia de la escuela y otros ciudadanos afectados de Atoyac, preparar un acto multitudinario en el que se expresaran todas las inconformidades de la población a la nueva administración municipal que estaba por elegirse, cuyo primo lejano, no había ninguna duda, llegaría a presidir. Exigirían de este modo soluciones a cada una de las irregularidades, incluida la destitución de Genarita del colegio Modesto Alarcón, propuesta que ya desde tiempo atrás se había acordado.

Antes de que se lleve a cabo el acto programado una noticia circula por todo Atoyac: los profesores Lucio Cabañas y Serafín Núñez se van de la población. El 8 de diciembre les llega la notificación de la Secretaría de Educación Pública, la cual ahora, haciendo caso no solo a la directora del colegio, sino también a los que están a punto de ocupar el Palacio Mu-

nicipal, que se han quejado de las «actividades subversivas» de los maestros ante la SEP, y que exigen que se tomen medidas al respecto.
—Mándalos lejos.
—¿A dónde?
—Lejos, donde no puedan seguir con su trabajo de «impartir doctrina comunista.»
—Me avisan de México que hay un par de plazas disponibles en Durango, en la escuela rural federal de Tuitán.
—¿Y dónde queda eso, tú?
—En un municipio que se llama Nombre de Dios.
—¿Así se llama?
—Sí.
—Está bien... A ver si se convierten en buenos católicos estos cabrones.

La recomendación es clara porque las autoridades no pueden más con el trabajo de agitación que han desarrollado los maestros en Atoyac, quienes asumen el castigo, no sin antes expresarle a los padres de familia de la Modesto Alarcón y a los ciudadanos de Atoyac: «sin explicación alguna, contra la voluntad de ustedes mismos, que serían en última instancia los más autorizados para juzgar nuestra obra y calibrar nuestras acciones, se nos aleja de esta tierra y de esta gente a la que hemos aprendido a amar y a servir». Puede que sea por resignación por lo que asumen el destierro, o tal vez han sabido sobre lo ocurrido en un estado más cercano a Durango y desean conocer de primera mano los hechos. Insisten en su carta de despedida: «hemos aceptado el cambio, y marchamos hoy mismo a cumplir con honor este destierro, porque nuestra patria es México y en cualquier parte podemos servirla.»

En dicho mensaje final, no dejan de resaltar la manera como lograron relacionarse con la población y sus problemas: «Mostramos a ustedes el valor de la unidad ante las dificultades, juntos la practicamos y así sorteamos momentos difíciles y vivimos horas de satisfacción. Juntos luchamos porque nuestra escuela dejara de ser un medio de explotación y abuso, quisimos hacer de ella una escuela popular y democrática que cumpliera con la doble misión de educar a hijos y padres.»

Los pobladores de Atoyac se enardecen, se organizan por sí solos y deciden tomar las instalaciones del colegio Modesto Alarcón para que se revoque aquella decisión autoritaria. No son solo los padres de familia simpatizantes de los maestros los que están enfurecidos por la situación; a su causa se suman varias decenas más de personas y campesinos que no tienen que ver con la determinación de las autoridades educativas. Por ello, antes de despedirse, los maestros agregan:

> Al irnos, queremos agradecer sinceramente el esfuerzo con que ustedes tratan de reparar esta injusticia y su acción firme y valerosa para defender la razón y salvaguardar los intereses de sus hijos. Queremos decir a ustedes que la lucha en que están empeñados es difícil, porque es una lucha que los pone frente a poderosos intereses políticos y económicos; que los enfrenta a la corrupción y a la arbitrariedad y al sucio interés de los enemigos tradicionales del pueblo que se han propuesto hacernos a un lado porque los estorbamos en el camino de engaño y violación.

El largo camino que ahora emprenden los dos maestros hasta el estado de Durango dura varias horas de viaje en carretera; dejando atrás el movimiento en su favor. Parten de Atoyac el 12 de diciembre de 1965, en busca tal vez de nuevas luchas por emprender.

En un clip quedan guardadas dos historias pegadas a una hoja de papel referentes al año de 1964: por un lado los jóvenes mexicanos que estudian en la Universidad Patricio Lumumba en la Unión Soviética, los cuales han determinado que es la hora de actuar, que se debe de conformar un grupo armado que libere a su país, México, de la opresión, que el único camino disponible para la lucha es la vía armada. Cuba es su referencia inmediata de lo que podría conseguirse si se llevara a cabo una acción parecida. Desde las frías tardes de la Unión Soviética, recuerdan los momentos de represión en su país, el fracaso de los intentos electorales que se han desarrollado hasta entonces. Hacer mella en la concha de la estructura corporativa del sistema es uno de sus objetivos. Así lo considera conscientemente el estudiante Fabricio Gómez Souza y otros michoacanos; desde entonces conversan acercándose cada vez más a aquella idea. Sus propósitos son claros: desean crear un foco insurreccional al estilo cubano en México para llegar al socialismo como se hizo en la isla. Pronto las reuniones se van a multiplicar, pues hay que atar cabos: la teoría, el entrenamiento, la delineación de todo.

Se ha aprendido bien el consejo del Che, que a pesar de que se encuentre uno en un país amigo, se debe de guardar la mayor de las discreciones, por lo que se piensa en las medidas de seguridad, ya que al menos dos de los que han acudido a las reuniones son, si no agentes de Gobernación, sí personas que pueden delatar los planes. No se toman las medidas pertinentes sobre el caso, se deja correr la historia y los planes, para luego saber que la infiltración ocurrió desde el nacimiento mismo de lo que pronto será el Movimiento de Acción Revolucionaria (MAR) –«Las detenciones estuvieron desde Moscú», reflexionará años después Fabricio Gómez–, que Nazar Haro re-bautizó como Movimiento Armado Revolucionario.

La elaboración del Documento de Principios tiene que ver con el análisis que se hace desde la tierra roja acerca de cómo el capitalismo en México está en un grado tal, que se puede iniciar una revolución socialista por la vía armada con la fuerza del proletariado como el motor de la historia, con la participación de los campesinos como aliados de la lucha guerrillera.

Se discute que no pretenden creerse la única fuerza del cambio hacia el socialismo, sino, por el contrario, se toma conciencia de que bien pueden ser una parte de los que estarían por sumarse a la lucha, que debe crearse un gran torrente que logre derrotar al gobierno, parte del gran contingente liberador del pueblo. De ahí que todos y cada uno de los integrantes de este grupo tengan siempre presente que como obligación moral se deberá someter al grupo a la mayor presión posible, para que esta, se pueda expresar durante la etapa de liberación, o en su caso, sumarse en igualdad de condiciones a cualquier otra organización con la cual compartan principios, ya que mantienen la máxima de que la revolución no es de nadie, sino de quien la hace, de aquellos que participen, que la creen, la conformen y la construyan. Por último, en este documento básico se plantea la lucha internacional como una de las bases clave de su actuación; por ello, si se ven inmersos en la lucha de algún otro pueblo, deben aceptar la acción para la liberación de los pueblos, cualquiera que este sea.

La otra historia pegada al clip tiene que ver con el origen del que luego se autoproclamará como Partido Revolucionario Obrero Clandestino Unión del Pueblo, PROCUP. Su fundador está ligado con la idea de autodefensa de Héctor Eladio Hernández Castillo, cuya acción, para entonces, es muy limitada, quedando solo en la intención, aunque posteriormente dará mucho de qué hablar. Su fundación se basa en la decisión determinante de no dejar que continúe actuando impunemente la prepotencia de terratenientes, políticos locales y demás representantes de la burguesía, en contra de campesinos y estudiantes.

No hay precisión histórica o testimonios claros sobre el PROCUP y su conformación; los datos se pierden entre los archivos de la policía, del ejército y algunas investigaciones periodísticas. Destaca una, publicada a partir del número 216 de la revista *Por esto* –junio de 1986–, en la que el comandante entrevistado por Mario Menéndez describe e insiste en afirmar que la fundación de Unión del Pueblo (UP) está relacionada con la actitud de Héctor Eladio Hernández Castillo, quien había comprado durante aquel año un rifle calibre .22 con sus ahorros, luego de haber trabajado en un taller de bicicletas.

Los datos biográficos de Héctor Eladio Hernández Castillo dejan entrever que para 1964, tenía catorce años de edad, por lo cual podría parecer poco probable que aquel muchacho pudiera contar con la preparación que declara el entrevistado en *Por esto*. Dice además el declarante, a partir de la justificación de que el PROCUP proviene de entonces: «[...] nuestros fundadores entendieron que el pueblo es el principal protagonista de la lucha de liberación, y que se debe aportar parte de los medios para hacer la guerra. Por eso hay que politizarlo y organizarlo. Considerando que antes que la aportación económica debe haber la claridad política de los hombres honrados, teniendo como principio la verdad.»

La penumbra no permite atinar para conocer esta historia, el verdadero origen del grupo Unión del Pueblo, que luego conformará al llamado PROCUP, queda el esbozo en el aire, impreciso, como una nota más ahí pegada al clip, sin la posibilidad de que se pueda comprobar, con todas las interrogantes posibles sin resolver.

III

Madera, para alcanzar el cielo

1
EL ASALTO A MADERA PARA LIBERAR TODO MÉXICO

Son cerca de las tres de la tarde, el sol está en pleno cenit, sin calentar como se quisiera porque el frío de enero puede ser más fuerte que el de diciembre en el estado de Chihuahua. La luminosidad del ambiente da un cobijo de calor que sustituye el estremecer de los huesos; son los primeros días de 1965. Arturo Gámiz camina por cualquier calle de la ciudad con aparente despreocupación, aun cuando por su mente puedan circular las ideas para que la convocatoria del II Encuentro de la Sierra de Chihuahua sea un éxito.

–Párate ahí güero– escucha una voz a su espalda. La voz que todo guerrillero sabe que puede llegar a escuchar de un momento a otro y que es la alerta más peligrosa que puede recibirse.

–¡Que te detengas! Sabemos quién eres.

Puede que los años de lucha, la seguridad de la causa o el propio miedo y la sorpresa le hubieran hecho reaccionar con todo aplomo.

–¿Me habla a mí?– Logró voltear mientras aminoraba el paso, casi hasta detenerse por completo.

–No te hagas, güero, te tenemos identificado–. Alternó otra voz que Gámiz no había descubierto, hasta que apareció otra figura, asegurándose de que se trataba de dos individuos.

–Benito es mi nombre y acabo de llegar a la ciudad–. Se identificó falsamente Gámiz, para insistir en guardar su seguridad.

—Tu lucha es justa muchacho, pero no nos quieras ver la cara de pendejos, porque entonces sí que nos encabronamos. Eres Arturo Gámiz y andas de cabroncito por la sierra–. Dijo amenazante el primero de los agentes judiciales.

—¿Quién dicen que soy?– Insistió Arturo suavizando la farsa que se negaba a dejar para dar paso a su verdadera identidad.

—Eres Gámiz, Arturo Gámiz, y el gobierno anda como perro detrás de ti, pero sabes qué, venimos cotorreando aquí mi pareja y yo y hemos decidido dejarte ir, siempre y cuando te caigas con la lana y el arma que traes.

—Porque si sigues jugándole al pendejete te ponemos en tu madre en este mismo instante, o te llevamos a la comisaría, decídele, pero no nos sigas dando la vuelta con que no eres Gámiz–. Retó el segundo de los judiciales, el más desesperado, el que tal vez no estaba tan seguro de dejarlo ir; el que podría tener ganas de madrearlo, de quedar bien con el jefe, que pudiera tener un ascenso al llegar con uno de los hombres más buscados en el estado por el gobernador Giner Durán.

—Solo traigo veinte pesos y si saben de la lucha que estoy llevando a cabo, sabrán también que mi arma es importante...

—¿No que no? Si te estoy diciendo, cabrón, que nosotros no somos tan pendejos como puedes pensar–. Sentenció de nueva cuenta el judicial no tan convencido.

—Párele colega, párele. Nos vale madres tu argumento, tu pase de ida incluye el arma, tú sabrás cómo te las arreglas ahí luego para darle en la madre a otro compa nuestro y quitarle su fusca. De momento te caes aunque sea con esos pinches veinte pesos y el fierro, que ya de por sí te la estamos dejando barata y, que quede claro, solo porque hemos pensado que tu lucha parece ser justa te damos chance esta ocasión, pero ni creas que no sabemos quién eres y cómo andan detrás de ti.

Arturo confió en la propuesta de los judiciales, entregó todo el efectivo que traía con él y el arma, para de inmediato continuar con su paso, como si nada hubiera pasado, sin esperar siquiera cruzar una palabra más con los policías que podrían cambiar de parecer de un momento a otro.

Puede que la duda le haya invadido al dar dos, tres pasos: ¿se atreverán a dispararme por la espalda? ¿Serán capaces de traicionarme y detenerme ahora mismo? ¿Habré caído en una trampa? ¿Es que acaso no debí de haber desenfundado y disparar en su contra? La suerte, la coincidencia, la conciencia de un judicial, los argumentos de su causa... Arturo Gámiz sale bien librado, sin arma pero seguro de que puede continuar la lucha, consciente también de que habrá que reforzar las medidas de seguridad, que el enemigo está en cualquier esquina, a la vuelta de la calle, a pesar de la luz, del sol o del frío. Arturo desaparece.

La convocatoria para que se lleve a cabo el II Encuentro en la Sierra de Chihuahua, ahora bautizado como Heraclio Bernal, se lleva a cabo teniendo en cuenta todas las medidas de seguridad que exige la clandestinidad del grupo guerrillero. Ya no se trata de llamar a una organización cualquiera, aunque los objetivos, luchas y experiencias sean parecidos, ahora se pretende dotar de argumentos prácticos, científicos y sociales sobre la situación que justifique la lucha armada. Ya no son solo las acciones pacíficas las que se pueden compartir; se necesita de un compromiso más revolucionario. Los sectores de estudiantes, maestros y campesinos que acudan al llamado deben ser personas con la capacidad de sacrificarlo todo por la lucha, y sobre todo por la lucha armada.

Para este segundo encuentro —desarrollado en Torreón de las Cañas, en la sierra de los límites entre Durango y Chihuahua, con el fin de asegurar la clandestinidad y que no dieran con ellos ni los militares ni los judiciales, que ya andarían detrás de ellos desde hacía varios meses—, Arturo había preparado varios documentos, que deseaba comentar, discutir, enriquecer con las observaciones de otros líderes, estudiosos, activistas; en definitiva, gente preparada para la lucha revolucionaria.

Arturo llevó la voz cantante, expuso la situación del capitalismo en México y en el mundo, su forma de actuar, de explotar a las clases trabajadoras; cómo se hacen los capitalistas de la riqueza que le corresponde a la clase proletaria. Hizo un recuento pormenorizado de la evolución histórica de dicho sistema; reflexionó sobre los diversos modos de producción en la historia de la humanidad, según el método de análisis marxista, utilizando la misma tónica didáctica que usara con los estudiantes unos meses atrás, para exponerles las razones de la lucha y su papel histórico.

Para este entonces, Arturo ya sabía lo que quería; su perspicacia le indicaba que el camino de las armas sería el correcto. Sabía que si Cuba había podido, ellos no tenían por qué no poder. Además, las acciones realizadas hasta entonces habrían sido la suma de victorias, sin bajas que lamentar, siendo el factor sorpresa el aliado principal de la lucha revolucionaria, y respaldándose en las condiciones extremas de pobreza que hacían que pronto, tanto campesinos como obreros, se unieran al llamado.

Entre la maleza aparecen varios campesinos –los hermanos Gaytán, el doctor y profesor Pablo Gómez; algunos estudiantes convencidos ya de las razones de Arturo–; el frío y las precarias condiciones para llevar a cabo el encuentro no minan el ánimo ni las ganas de participar. La discusión será corta, pues más bien han sido convocados para escuchar la preparación teórica de Gámiz, convencido de emprender la lucha armada; los resolutivos aprobados así parecen demostrarlo. En ellos, Arturo demuestra sus ganas de justificar su presencia y la del resto del grupo en la sierra con las balas dispuestas a liberar al pueblo, con la reflexión de no solo atender a la problemática del estado de Chihuahua, sino de expandir su lucha a todo el territorio mexicano. De ahí que el análisis sea lo más completo posible; por eso las hipótesis para saber los motivos por los que está uno en la tierra y explicarse el mundo en donde vive, la idea de extraer un código filosófico que permita justificar el acto y la decisión.

Los apartados de las resoluciones del II Encuentro Heraclio Bernal son cinco, todos ellos editados en mimeógrafo, cada uno separado por un dibujo en la portada. Para el primero, aparece la imagen de una multitud convocada alrededor de un orador, flanqueado por una mesa; todos los posibles presentes en el dibujo están atentos; la mayoría son jóvenes, y los hay sentados y parados; detrás del orador hay un hombre con la bandera entre las manos, que es aparentemente el símbolo de México. Aun cuando está ausente el águila devorando la serpiente en el dibujo, el mito sirve de entrada para explicar «El mundo en que vivimos», donde se desarrolla someramente que no se escoge dónde se nace; que las condiciones en las que aparece, surge, se desarrolla y vive un mexicano no tienen oportunidad; que la visión de las expectativas de vida no pueden mejorar debido a la explotación, a la falta de libertades, citando las batallas y los ánimos de libertad de los héroes mexicanos. Así, desfilan los nombres de Hidalgo, Morelos, Ocampo, Juárez, Zapata y Villa, para terminar haciendo un llamado a la actual generación y recordarle su compromiso histórico para cambiar las cosas del presente y construir un mejor país.

Luego de este texto, viene la explicación del sistema capitalista y su historia, de los modos de producción en la historia de la humanidad, de los mecanismos de explotación y su referencia histórica en el caso mexicano. Hay ejemplos para exponer el funcionamiento de una fábrica, se hacen suposiciones sobre lo que podría gastar, producir, vender, ganar y pagar a los obreros un capitalista. Términos como «plusvalía» son destacados, para mencionar las consecuencias de la actitud capitalista y su carga de miseria, pobreza y falta de oportunidades para la gran mayoría de los mexicanos y del mundo trabajador. Son veintitrés páginas tamaño carta en las que se incluye también un cuadro sinóptico y la descripción del proceso productivo y de comercialización, así como a dónde va a parar la ganancia. Luego se aborda el tema de los monopolios, del imperialismo y su referencia mundial, hasta llegar a lo que se titula como «El ocaso del mundo capitalista», donde se reitera el sistema mundial y la agudización de sus contradicciones con datos y cifras del funcionamiento norteamericano para aterrizar sobre el argumento de que «la estructura económica decadente, putrefacta y en crisis del capitalismo determina la decadencia, la putrefacción y la crisis de toda la superestructura». Para justificar y argumentar que no se puede esperar nada de los vecinos del Norte así como los motivos de la ausencia de moral y de sentido a la vida de los jóvenes gringos, se analizan todo tipo de expresiones culturales como Marilyn Monroe, Superman o el rock.

En la portada de la segunda resolución se ve a un hombre en la tierra que abraza a sus espaldas a un hombre con un fusil, un campesino cortando maíz y caña; al fondo unos campos petroleros y la Estatua de la Libertad soportando en su mano levantada el signo de dólares. Este texto relata el mundo colonial y semi colonial. Se refiere a la historia de las guerras mundiales y su desarrollo, los intereses en juego, el atraso en los países de América, Asia, África y el juego de los trabajadores del mundo capitalista para perpetuar el dominio del imperialismo. Son solo ocho hojas escritas a máquina.

El tercer documento es precedido de un dibujo con las efigies de Villa y Zapata, cuyos basamentos están resquebrajados, con un hombre tirado bajo una piedra, en la que apenas se puede leer: «Que la revolución de 1910...» La espalda se le ve llena de heridas y su mano derecha está atada por una cadena al piso. En este documento se hace un recuento histórico de México: el mundo prehispánico, la colonia y la llegada de los europeos, los movimientos de independencia y las batallas del siglo XIX, la dictadura porfirista y la revolución de 1910, para llegar a la conclusión del «medio siglo de dictadura burguesa», como el sistema resultante después de las batallas de 1910. Se analiza con ejemplos el poder adquisitivo del trabajador en 1929 y en 1944, así como los costos del arroz y del frijol, para demostrar objetivamente las condiciones de la pobreza en México. A partir de aquí, enumeran las ganancias de distintas empresas extranjeras o los fondos recibidos por las empresas del Estado y la penetración del imperialismo en nuestro país.

Para ilustrar la cuarta resolución aparece un gigante vestido de traje, el cual pisa una pequeña figura con su cartel de protesta o de solicitud entre los brazos. Su mano derecha ostenta un gran garrote, mientras que la izquierda muestra un papel que reza: «Paz mundial. Justicia social». Algunos papeles están suspendidos con las siglas del DAAC, de la CIA y de la SAG. El texto explica el fracaso de la burguesía para brindar bienestar a la sociedad mexicana. Destaca las campañas publicitarias oficiales que hacen hincapié en el progreso, la estabilidad y los alcances logrados en el campo de la educación, que se opone a la situación del campo, de las ciudades; destaca la participación de los revolucionarios y los alcances obtenidos en el ámbito social en los países del campo socialista.

La imagen del quinto y último resolutivo es por demás representativa de «El único camino a seguir», como refiere a un costado de la portada; un hombre musculoso que lleva como única ropa un par de cananas cruzadas en el pecho y un cinturón; ostenta con la mano izquierda un fusil y el extremo de un cordón que ayuda a jalar con su mano derecha, para ser sostenido en el otro extremo por algunas manos que se asoman desde un barranco, con la mirada puesta en la promesa de un futuro mejor; al fondo, la silueta de las montañas. La propuesta no deja lugar a dudas, aun cuando hay un subtítulo de «Las condiciones subjetivas». Gámiz habla ampliamente de la falta de dirección de las masas trabajadoras; critica la actuación de los partidos de izquierda; protesta y expone las decenas de lucha pacífica, las solicitudes por vía legal para obtener tierra, respeto, libertades, justicia y mejores salarios. Recuerda las batallas de otros tiempos en distintos lugares del país, emprendidas por maestros, ferrocarrileros, estudiantes, campesinos; plantea a los presentes y a sí mismo, que no es una locura, que no hay tiempo que perder, que se debe de tomar la iniciativa, que las condiciones son propicias, que solo con el ejemplo de las acciones se podrá contar con el apoyo de las masas, que la historia los reclama, que la lucha y la razón están de su lado, que solo se puede responder de una forma, de una manera, que ante la injusticia la justicia revolucionaria; que no son simples delincuentes como se les ha pretendido presentar, que son hombres de convicción y de ideas, de razón y de sentimientos, de solidaridad y de avanzada, todo para justificar el último lema: «Vencer o morir». Declara que solo la acción hará que se multipliquen las voces y decisiones del pueblo y el entrenamiento que necesita el núcleo original de la revolución, para alcanzar el horizonte, el futuro, la luz, la única vía, la respuesta, la solución de «el único camino» son las armas.

La reproducción de los resolutivos está fechada en el mes de febrero de 1965, por Ediciones Línea Revolucionaria y constituyen el punto de partida de la lucha armada. El documento sustenta su razón de ser en armas por la sierra, contra el sistema, y afirma que están dispuestos a dejarlo todo por el ideal, por la lucha, por el socialismo, por una verdadera izquierda.

La descripción puntualizada de dichos documentos podría parecer exagerada, pero sin lugar a dudas, se está ante el nacimiento del primer grupo guerrillero en México, el cual pretende justificar desde una reflexión teórica y el análisis puntual de la realidad las razones de su lucha armada, dejando atrás la simple indignación localista provocada por las injusticias de los campesinos de la zona. Ahora se trata de crear un foco revolucionario que promueva los cambios estructurales dentro del país entero; aun cuando las gestas de Jaramillo ya se habían suscitado y, de igual manera, se contaba con su Plan de Cerro Prieto, los alcances en el estado de Chihuahua pretendían irradiar más horizontes en comparación con el proyecto campesino del estado de Morelos.

Con sus documentos bajo del brazo, Arturo Gámiz cerraba el círculo. Su decisión armada tenía razón de ser, la violencia revolucionaria se justificaba plenamente. Las anteriores acciones habían sido parte de un contexto muy específico, eran una reacción de autodefensa ante los ataques de terratenientes y la cerrazón de un gobernador; durante años se había recurrido a la vía legal. La radicalización no era cosa de un día, de una calentura por actuar y vengar; existía preparación, decisión y justificación para actuar como estaban actuando, su lucha era justa y única. ¿Quién, antes que ellos, se había preparado para la lucha revolucionaria? ¿Que no, acaso, daba inicio a un primer movimiento armado con ideología en México?

Con la aceptación de los seguidores para aprobar todos y cada uno de los acuerdos del II Encuentro, Gámiz se sintió seguro, preparado, el bagaje teórico estaba resuelto: la proclama a la nación en el mejor de los estilos como lo habían hecho en su momento Madero, Carranza, Zapata, o los Magón. Por su lado, las acciones militares servirían para ir entrenándose en la lucha, para poner el ejemplo a las masas, y estas ya contaban con la vanguardia para representarlas, la que encauzaría sus luchas, definiría el camino, ante una actitud más bien pasiva y hasta entregada por parte de los partidos que se decían socialistas, comunistas o de cualquier otro movimiento que rayara en el espectro de la izquierda nacionalista.

¿Y ahora? El primer paso estaba dado; lo teórico, en marcha y varios actos armados habían triunfado. Faltaba una fecha, preparar un día para sembrar en la conciencia de todo México el inicio de la gran revolución socialista, para que poco a poco se fuera gestando el gran ejército popular, con el apoyo de todos los sectores: campesino, obrero, estudiantil, pequeños empresarios... La valoración del momento parecía ser correcta, las condiciones objetivas y subjetivas coincidían en la mesa de análisis, ¿para qué esperar mejores tiempos?

La estrategia a seguir tras el II Encuentro de la Sierra, consiste en la división del grupo armado: por un lado, se queda en el estado de Chihuahua un pequeño destacamento para cultivar la rebelión en la zona, crear las condiciones en los terrenos del área y, si es posible, realizar alguna acción militar; al mando queda Salvador Gaytán. Por otro lado, Arturo emigra a los estados vecinos a Chihuahua y se desplaza hasta la Ciudad de México, para contactarse con algunos integrantes de grupos radicales y encontrar posibles simpatizantes de la lucha armada.

Además había que plantearse la cuestión de si el foco guerrillero debería extenderse por todo el país, aunque su base de acción estuviera en la sierra de Chihuahua; si sus pretensiones rebasaban o no los límites de un solo estado de la República mexicana.

—Les dieron en la madre a los soldados—. Terminó eufórico el mensajero encargado de narrarle a Gámiz la acción militar emprendida por el grupo que se había quedado en Chihuahua, en cuanto Arturo arribó al departamento en pleno centro de la Ciudad de México.
—¿Pero por qué llegó aquel regimiento a la sierra?
—Fueron enviados desde hace como quince días para investigar una supuesta ocupación de los terrenos de los Molina; Salvador supo de su llegada desde el principio y nada más los estuvo «venadeando», siguiéndoles de cerca, atentos a sus movimientos. Fueron como tres días de andar detrás de ellos, sabiendo qué comían, vigilando cada uno de sus hábitos, sus debilidades, hasta que, como te digo, el 23 de mayo pasado les dieron en la madre durante la madrugada.
—¿No fue muy arriesgada la acción?
—No profesor, todo lo contrario. Los sardos estaban dormiditos. En cuanto escucharon el primer disparo y fueron sacados del sueño, se echaron hechos la madre en desbandada, dejándolo todo: armas, comida, ropa..., le digo que hasta la radio con la que se comunicaban la abandonaron ahí.
—¿Como cuántos soldados eran?— Insistía Gámiz en sus preguntas. Deseaba imaginarse la acción, hubiera querido haber estado allí, participar, echar bala, compartir de cerca el éxito de aquel operativo fortuito y no andar entre el tráfico de la ciudad capital.
—Eran pocos sardos, como unos veinte máximo, más el Rulo que los guiaba.
—¿En dónde dices exactamente que los agarraron?
—Cerca del rancho Las Águilas.

—¿Midieron la responsabilidad de un ataque por parte del ejército contra la población de Dolores, o de cualquier otra comunidad?

—¿No le insisto profe que todo fue bien rápido? Según me lo contó el Refugio, estuvieron siguiendo a los soldados y de buenas a primeras Salvador ordenó el asalto, luego de saber que ni centinela habían puesto para echarse a jetear; hasta donde sé era una oportunidad que no se podía desaprovechar, ya que además se hicieron de varias armas, parque, alimentos y hasta la radio, que destruyeron al no poderse usar y no poder cargarla. La pelada fue rapidísima, incluso la orden que dio el Chava fue clara: solo hacerse de los «cuetes», nada de matar por matar; le digo que no hubo muertitos, solo tres de ellos resultaron heridos, y eso fue sin querer, pero se les dejó ir, nadie les persiguió; las balas se detuvieron una vez que los sardos echaron pata.

—Está muy bien todo lo que me has contado, pero creo que fue muy arriesgado el que solo seis guerrilleros se enfrentaran a los soldados ¿Qué tal si se envalentonan y contestan el fuego?

—Ah pu's entonces sí que les hubiera llovido plomo; los nuestros estaban en mejores condiciones de tiro y le aseguro que no hubiese quedado uno solo de ellos con vida.

—¿Dices que no llevaron a cabo ningún acto de propaganda luego del ataque?

—Creo que ni tiempo tuvieron, mi profe; algo se ha comenzado a mover en los periódicos, pero porque un periodista descubrió el proceso militar que se le lleva a cabo al sargento que iba al frente de los sardos, dizque por abandonar su responsabilidad y no defender su posición. A lo mucho, creo que Chava le envió una carta al asesino de Giner, pero como uste' sabe, de eso no se dice nadita en los diarios.

—Bueno, ahora platícame rapidito qué pasó en la reunión de la UGOCM con los demás profes y los estudiantes.

—Hubo quien se negó a que siguiéramos con las invasiones. Se dijo que desde acá nos mandaban decir que le paráramos a la provocación contra el Giner, que con esa actitud no íbamos a ganar nada. Luego se propuso aquello que nos dijo que dijéramos, de organizar a los pueblos con las armas para la autodefensa, pero eso sí que les cayó a varios como bomba. No lo aceptaron. Dijeron que esperáramos un tiempo razonable para que el gobierno pueda cumplir con nuestras demandas, la *verdá* es que le veo pocos huevos a los compas de por allá.

—¿Repartieron entre la gente que quedamos copias de los resolutivos de la sierra?

—Sí, profe.

—¿Y qué les dijeron?

—La mayoría estuvo de acuerdo en estudiarlos y en comentarlos pa' luego.

—Tú sigue con lo que quedamos, te vas a regresar, vas a mandarle a decir a Salvador que estuvo bien la acción de hace unos días, pero que no se debe repetir, porque solo expone al movimiento y a la población de las comunidades cercanas; que para eso estamos nosotros aquí, para prepararnos como debe ser, para conseguir más y mejores apoyos en armas y logística. Dile que próximamente vamos a comenzar a recibir entrenamiento con la persona que nos contactó Óscar González, y que ya sondeamos a varios periodistas importantes de la capital; que no se desespere, que pronto tendrán noticias nuestras, yo creo que en uno o dos meses a lo mucho va para allá el doctor Gómez.

—Bueno profe, *pos* entonces ahí la vemos luego.

—Cuídate mucho y estate atento de que nadie te siga.

El enviado de Chihuahua había cumplido. Informó sobre la acción armada llevada a cabo el 23 de mayo de 1965, de la asamblea local desarrollada por los líderes de la UGOCM que no se habían tenido que ir a la clandestinidad. Parte de la estrategia de Gámiz para ese entonces tenía que ver con la intención de mantener el foco guerrillero en la sierra de Chihuahua, mantener los contactos y divulgar la decisión armada del II Encuentro de la Sierra entre el movimiento social, campesino y estudiantil del estado, además de organizar mejor su entrenamiento en guerra de guerrillas en la Ciudad de México, así como entrar en contacto con algunos líderes y periodistas que pudieran simpatizar con la idea de organizar la lucha por el socialismo en todo el país.

Cada madrugada se realizaba un entrenamiento físico para los recién inaugurados guerrilleros chihuahuenses, quienes disfrutaban de aquella región transparente del país, junto a los amontonados pisos y edificios de las principales avenidas. Largas caminatas hasta el Ajusco era el inicio del entrenamiento, para luego alternar la zigzagueada entre los árboles, las lagartijas para reafirmar músculos, acompañadas también por las abdominales, las sentadillas y varios ejercicios que simulaban enfrentamientos cuerpo a cuerpo con un enemigo imaginario.

El capitán retirado del Ejército Nacional, Lorenzo Cárdenas Barajas, estaba al mando de los entrenamientos. Él había diseñado las rutas de las caminatas, las rutinas de ejercicios, los simulacros de ataque y trasladaba en su auto las armas para practicar el tiro al blanco. Cuando no, indicaba cómo fabricar con troncos fusiles imaginarios para acostumbrar a los guerrilleros a cargar siempre su utensilio de lucha. También impartía clases de explosivos y estrategias de guerra, que fueron complementándose con las lecturas de Ernesto Guevara, *Guerra de guerrillas*.

Cárdenas Barajas se liga a los chihuahuenses mediante Óscar González Eguiarte, quien participaba también en los entrenamientos en la Ciudad de México.

«Estuvo con los cubanos cuando se entrenaron en México y fue colaborador del coronel Alberto Bayo», argumentó Óscar para que confiaran en él y pudiera entrenar al reducido grupo de guerrilleros del Norte.

¿Era de fiar? ¿Se le podía entregar toda la información? ¿No traicionaría al grupo? ¿Se puede confiar en un ex miembro de las fuerzas armadas del gobierno? ¿Qué intereses tendría el capitán para apoyar a unos comunistas mexicanos?

Otra versión asegura que quien contacta a Gámiz y su grupo en el Distrito Federal con el capitán Cárdenas Barajas es Vicente Lombardo Toledano, quien supuestamente estuvo informado todo el tiempo de las pretensiones de los guerrilleros de Chihuahua y que precisamente sugiere al ex capitán como apoyo para conocer todos sus movimientos, con el fin de dar aviso después a las autoridades, y que estas estuvieran preparadas para las acciones armadas de Gámiz.

Una última versión señala que fue un impresor, de nombre Arsenio, el que contactó a los aspirantes a guerrilleros con el famoso capitán.

Haya sido como sea, lo cierto es que hoy día se mantiene la idea de que el capitán fue quien dio aviso a las autoridades, específicamente al Ejército Federal, de los planes subversivos de los guerrilleros de Chihuahua. Por ello, como comenta uno de los sobrevivientes al ataque del cuartel Madera, Florencio Lugo, en su testimonio publicado bajo el título de *El asalto al cuartel de Madera*:

> Una ocasión el doctor Pablo Gómez me dijo que íbamos a tratar de hacer contacto con un ex militar de nombre Lorenzo Cárdenas Barajas, cuya vil y cobarde traición significaría más adelante la muerte de muchos y muy valiosos cuadros revolucionarios. El contacto se hizo y fue así como este individuo se integró a nuestro grupo [...] Se empezó a ver con recelo la actitud de aquel militar cuyo entrenamiento no era de lo más completo; esto movió que se le fuera marginando poco a poco.

Durante algunos meses, Arturo y su reducido grupo se entrenaron en la Ciudad de México y se reunieron con Víctor Rico Galán para intercambiar ideas sobre el proceso revolucionario tanto en América Latina como en México. El periodista sabía mucho sobre Cuba y su experiencia podría ayudarles, aun cuando, al parecer, ninguno de los dos se había sincerado acerca de su idea de constituir un grupo armado.

Manuel Marcué Pardiñas, director de *Política* también se tomó un café con los guerrilleros. El intercambio de ideas entre ellos había sido más genérico en cuanto a las posibilidades de unir a la izquierda y el futuro de la misma.

Los días pasaron. Arturo Gámiz y Pablo Gómez decidieron redactar una carta para deslindar al Partido Popular Socialista de sus acciones; se sintieron con el compromiso de no mezclar a nadie que no compartiera su forma de lucha, y los lombardistas habían pintado su raya con los activistas del Norte desde hacía ya varios años.

Cuba y su experiencia seguía siendo un ejemplo a seguir. Mientras el dinero y los apoyos comenzaban a escasear para el grupo de la capital de la República, los miembros de la guerrilla en Chihuahua enviaban mensajes que expresan su inquietud para entrar en acción lo antes posible. Se sentían abandonados, olvidados; ya se sentían preparados y no veían necesidad de esperar más tiempo; la ansiedad los dominaba. ¿Para qué prepararse tanto si ya estaba todo sobre la mesa?: la justificación teórica, cierto entrenamiento, contactos, el fogueo durante las tomas de tierras, la simpatía de grandes sectores estudiantiles y de maestros, las injusticias de los terratenientes de la zona, la pobreza y la decisión de actuar, les permitían suponer un rompecabezas poco despreciable.

«Llevaremos a cabo una gran acción próximamente». Fue el mensaje que le hizo llegar Gámiz a Salvador Gaytán y los suyos en Chihuahua a principios de agosto, sin explicar todavía en qué iba a consistir. Las oficinas del gobierno del estado también supieron de las reuniones que se llevaban a cabo en la oficina de la UGOCM, a la cual también varios miembros seguían de cerca y apoyaban en lo referente a la formación del núcleo guerrillero; había infiltrados que no dejaron pasar la ocasión para hacer saber al gobernador que pronto actuaría la guerrilla en su estado.

Por la mente de Gámiz se paseaban varias ideas. Pretendía dar un golpe maestro que le atrajera a la vez varios resultados: hacerse de más y mejores armas, fundar el foco guerrillero en la sierra de Chihuahua después de atacar algún centro militar, difundir los postulados de la lucha por alguna radio local, tomar simbólicamente alguna población para demostrar al gobierno la capacidad de acción de la lucha armada, hacerse de fondos económicos, convocar a los diversos sectores desde la sierra para que se sumasen a la lucha armada, dejar la clandestinidad en la ciudad y comenzar a fundar focos rebeldes en varias partes del país, partiendo de Chihuahua.

La idea de llevar a cabo una acción con objetivos específicos ya estaba clara; ¿La fecha? El gobierno del estado anuncia el 7 de septiembre que el presidente Gustavo Díaz Ordaz visitará en días próximos el estado para entregar tierras a los campesinos. ¿Se habrá preparado la acción para llevarse a cabo durante la estancia del presidente en el estado?

«El general Cárdenas estará de visita en Chihuahua para atender parte de los reclamos agrarios en el estado». Es otro de los rumores que se suma a la determinación de los guerrilleros para tener una fecha en que actuar, antes de que se prometiera trabajar en beneficio del campesinado y que este sector creyese nuevas promesas de ver resueltos los problemas que llevaban esperando más de tres décadas.

La cercanía del mes de septiembre provocó que se acariciara la posibilidad de llevar a cabo la gran acción inaugural del movimiento guerrillero el día 15. Se estudió con precisión el primer punto que debe cuidar todo guerrillero según la experiencia escrita del Che: asegurar la huida, pues esto es más importante que el triunfo o el fracaso de la empresa. Basados en esa premisa no había mucho de dónde escoger, la sierra de Chihuahua ya se conocía casi palmo a palmo, la gente del núcleo sembrado allá se encontraba decidida y hasta desesperada, parte de la población ayudaría con la retirada, por lo tanto, la definición del objetivo para atacar parecía natural: el cuartel militar de Madera.

¿Era válido fincar toda la empresa en la premisa del Che sobre asegurar la retirada? ¿No existirían más elementos por analizar? ¿Contratiempos que medir?

«Si estamos por rescribir la historia, no tiene caso empalmarnos con el día 15, que todos sabemos desde primaria que le pertenece al cura Hidalgo». Alguna voz habrá sido escuchada con atención para que se desistiera en la idea de mantener el 15 de septiembre como la fecha para la acción.

«Que sea el 23 de septiembre». Propuso otra voz desde la Ciudad de México al momento de planear la acción armada en Chihuahua. ¿Coincidencia? ¿Memoria histórica? ¿Revaloración de la lucha magonista?

Puede que fuera el azar, o quizá realmente el que propuso la fecha en sustitución del 15 tuvo en mente que el 23 de septiembre de 1911 los hermanos Flores Magón publicaron un manifiesto de la Junta Organizadora del Partido Liberal Mexicano en sustitución del programa del Primero de Julio de 1906, en el que se concreta la idea libertaria de la Junta en la que participaron los hermanos anarquistas junto con: Librado Rivera, Antonio de P. Araujo y Anselmo L. Figueroa, haciendo un llamado para la abolición de la propiedad privada, obteniendo así el aniquilamiento de las instituciones políticas, económicas, sociales y religiosas. Lo más seguro es que ninguno de los miembros del grupo de Gámiz llegara al extremo anarquista de los Flores Magón, pero la fecha del nuevo pronunciamiento del PLM en 1911 se antoja como la búsqueda de un referente en las luchas del pasado; una vez que la revolución institucionalizada llevó a esculpir en bronce, mármol y piedra cualquier héroe de las guerras pasadas, qué mejor que rescatar a los anarquistas tan olvidados en su lucha y sus principios.

Con intención histórica o sin ella, el 23 de septiembre quedó como el día marcado para derramar toda la adrenalina posible bajo el arma liberadora. Ya con el objetivo militar preparado, con el consenso sobre las garantías de la zona, con el plan delineado sobre las rodillas y la claridad de la lucha, el grupo de la Ciudad de México inició el recorrido de mil cuatrocientos cuarenta kilómetros hasta su estado natal, Chihuahua.

–Varios son los grupos que nos daremos cita en Madera. Por un lado, el comandado por Salvador Gaytán y otros campesinos; los estudiantes que están dispuestos a colaborar con nosotros con información desde la población de Madera, otro grupo más con Pedro Uranga y tu sobrino Saúl Ornelas al frente, y nosotros, que pronto llegaremos. Los estudiantes de la universidad que encabeza Óscar González nos darán el apoyo urbano necesario desde la ciudad de Chihuahua, así como la concentración de la información y del centro de operaciones desde la casa de seguridad, con Guadalupe Jacott como responsable, permiten que tengamos todos los flancos resueltos–. Este fue el resumen expuesto por Gámiz al doctor Pablo Gómez antes de iniciar el largo trayecto entre las ciudades de México y Chihuahua.

Con la mayor de las seguridades, Arturo Gámiz, Pablo Gómez, Salomón Gaytán y Óscar Sandoval toman como destino desde la Ciudad de México la de Torreón, Coahuila. Su arribo, la madrugada del 14 de septiembre, se siente inseguro; han sido muchas las horas escuchando el rechinar de las ruedas del ferrocarril sobre las vías. Están cansados y planean la siguiente acción.

Cerca de las seis de la mañana José Estrada Santos atiende a cuatro individuos que se le acercan para solicitar sus servicios a bordo del auto Chevrolet, modelo 1963 del sitio número doscientos cincuenta cercano a la estación de tren.

–¿Nos puede llevar a la Zarca, Durango?–, fue la propuesta de viaje que aceptó el conductor del taxi.

–Sabe qué, pero antes se detiene por favor en una farmacia, porque tengo que comprar un medicamento–. Solicitó el mayor de los viajeros.

Unos kilómetros después de haber tomado la carretera que se dirige a la Zarca, José Estrada ve una pistola que le apunta desde el asiento trasero.

–No te asustes. Te vas a detener allá delante y no vas a dar problemas, porque en contra tuya no hay nada, solo nos vas a obedecer y no te pasará nada–. Alcanzó a escuchar el conductor una vez que el miedo se le hubo instalado.

–Esto es para no comprometerte...–. Le propone el de más edad, una vez que ha sido colocado en la parte trasera del automóvil y que el volante ha sido tomado por uno de los viajeros.

El remolino se lo tragó, los ojos no tuvieron mayor voluntad, la memoria se borró y el cuerpo se desvaneció por completo; el somnífero hacía efecto. Los guerrilleros emprendían su viaje rumbo a la ciudad de Chihuahua. El automóvil entra a la capital del Estado cerca de las tres de la mañana del día 16 de septiembre. Ha pasado ya el Grito de Independencia; Hidalgo, Morelos, Aldama, Allende han pasado lista como cada año ante la campana de Dolores y en todas las plazas públicas de México.

Una de las versiones existentes afirma que el chofer es abandonado en cualquier calle de la ciudad, se le entrega la cantidad de dos mil doscientos pesos y se le indica que podrá encontrar el auto al día siguiente en la ciudad de Cuauhtémoc, frente a la plaza principal, promesa que no llega a cumplirse. José Estrada se siente muy cansado, el sueño es todavía parte de una necesidad superior a sus ganas de ir a la comisaría a denunciar los hechos. Encuentra un pequeño hotel, apenas logra registrarse en la administración y se sube a dormir hasta el día siguiente.

En cambio, para la versión de Víctor Orozco, según su ponencia *La guerrilla chihuahuense de los sesenta*, la brigada urbana, al mando de Óscar González Eguiarte, se hizo cargo del chofer, una vez que los pasajeros hubieron llegado a la casa de seguridad en Chihuahua, y que lo mantuvieron en cautiverio varios días, hasta que se realizara la operación. Añade además que, una vez liberado en un camino cercano a Ciudad Guerrero, el conductor acudió a la policía y narró su periplo, sin dejar de acentuar el buen trato del que fue objeto. La cantidad entregada por los servicios obligados de aquel taxista coincide en las diferentes versiones.

A la casa de seguridad llegan todos y cada uno de los dispuestos a la lucha; algunos se conocen de tiempo atrás, otros más se han incorporado recientemente. En ningún lugar aparece el nombre de Prudencio Godínez *Jr.*, quien luego se ostentara como integrante de la guerrilla de Madera y redactara uno de los primeros panfletos dictados desde la Secretaría de Gobernación para desvirtuar los hechos históricos, el famoso panfleto *¡Qué poca Mad...era!*, de José Santos Valdés, publicado en el año de 1969.

Las tareas se definen. Son cuatro los grupos de acción. El primero debe llegar a la ciudad de Madera:

—Se registran en cualquier hotel, de inmediato hagan un plano del objetivo, traten de vigilar todos los movimientos de la tropa, sobre todo cerciórense de cuántos soldados se encuentran en el lugar, tenemos un aproximado de que no rebasan los dos pelotones, pero tenemos que comprobarlo todo».

Esta es la orden que recibe el pequeño grupo compuesto por no más de cuatro integrantes, quienes parten casi de inmediato rumbo a Madera, dispuestos a cumplir las órdenes y a dar todos los detalles al contacto que hará llegar la información a los guerrilleros en la sierra, para que estos puedan entrar en acción.

—Ustedes cuatro viajarán en el taxi, se llevarán varias armas de las que disponemos—. Es la instrucción que reciben, entre otros, los universitarios Pedro Uranga, Saúl Ornelas y Juan Fernández. —El resto nos trasladaremos a Tomochic en tren y, ahí nos reunimos para irnos directamente hasta la localidad de Los Leones.

—De la gente de Gaytán no se preocupen, ellos ya saben qué tienen que hacer y nos vamos a encontrar en la sierra. Óscar González queda al frente de los estudiantes de Chihuahua para preparar el terreno urbano; estén pendientes de recibir nuestras instrucciones luego de que hayamos tomado el cuartel de Madera; estén en contacto con Guadalupe, quien va a quedar como responsable del centro de operaciones desde aquí, en donde concentraremos parte del dinero que logremos obtener después de asaltar el banco de Madera para que ustedes nos suministren las armas necesarias para la sierra—. La voz franca de Arturo Gámiz terminó por distribuir las tareas de cada quien. ¿Cómo era posible fracasar con un plan tan bien trazado? ¿Qué podía fallar?

A punto de abandonar la casa, Arturo reaccionó, recordó que aún le faltaba algo para los ahí reunidos, y volvió a tomar la palabra:

«Si alguno está pensando que vamos a atacar al ejército y luego podremos ocultarnos, más vale que se olvide de la guerrilla. No hay un solo lugar en toda la sierra a donde podemos ir al que el ejército no pueda entrar. Es tiempo, pues, de decir que no. También les digo que aquellos que están pensando que quedarse en la ciudad para hacer el trabajo de las brigadas urbanas será tranquilo y sin riesgos, están equivocados, que los peligros serán aún mayores, pues van a tener a todos los perros tras de ustedes. Si quieren, igualmente es el último momento para decir "no le entro".»

La claridad de aquel discurso seguramente llamaría la serenidad de todos y cada uno de los ahí presentes, pues saber en qué se estaban metiendo era parte del convencimiento revolucionario; no se trataba de un juego, de una aventura, sino que estaban decidiendo apostar su vida a la revolución, sin marcha atrás.

La casa de seguridad en Chihuahua fue desalojada poco a poco. Cada uno conocía su responsabilidad. Guadalupe Jacott queda al frente de esta para preparar las acciones después del asalto al cuartel; todos sienten la euforia de saber que están a punto de escribir un capítulo en la lucha por la liberación del pueblo de México; se sienten satisfechos, honrados, seguros de sí mismos.

La acción parece estar bien preparada. Algunos de los guerrilleros no conocen bien la sierra; los nervios se esconden en cualquier bolsillo. Se trata tan solo de obligar a los militares a que se rindan; las anteriores actuaciones le dan seguridad al grupo.

Las lluvias en Chihuahua durante el mes de septiembre parecen no ser parte del escenario previsto por los guerrilleros; el taxi secuestrado se atasca, las llantas no responden en los lodazales de la vereda y se retrasa el grupo del automóvil más de un día y medio. El mapa que llevan los jóvenes estudiantes no tiene nada que ver con la realidad de la sierra; se desesperan, saben lo importante de su misión, y toman la decisión de enviar a un mensajero a Madera para que contacte al grupo de avanzada y le den la información necesaria. Saúl Ornelas, sobrino de Pablo Gómez, es el elegido; se orienta como puede, traza su ruta y llega tarde a Madera para contactar a quienes deberían tener toda la información del lugar.

Por su parte, el grupo de avanzada ha tomado notas, saben la disposición de los soldados en el cuartel, pero la poca visibilidad que tienen hacia el interior de las instalaciones militares les hace suponer que, en efecto, hay pocos efectivos. Hacen un mapa de la ubicación del lugar, como se les ha ordenado; pasean de vez en cuando por la ciudad, platican poco entre ellos; saben que su misión es muy importante, la hora para que llegue el contacto y le puedan entregar la información se cumple. Son las cinco de la tarde del día 20 de septiembre. Nadie acude, la incertidumbre los invade, y se convencen de que tal vez pronto llegará el contacto; pasan las horas lentas y nada, nadie se comunica con ellos.

El grupo de avanzada se convence a sí mismo de que el plan ha abortado, y deciden regresar a Chihuahua el 21 de septiembre temprano, llevando la poca información que han conseguido del objetivo.

El contacto que llega del taxi atascado días antes, con Uranga, Fernández, Ornelas y otro estudiante más, no encuentra al grupo de avanzada. Las razones que se dicen al no dar con ellos no tienen nada que ver con su retraso, y la discreción y las medidas de seguridad obligan a Saúl a no preguntar por los compañeros con los cuales debía haberse reunido para intercambiar información.

Saúl se reúne de nuevo con los compañeros del taxi, con los que decide ir a encontrarse con el grupo de Gámiz. Saben que los tiempos se han acortado y que no van a llevar mayor información, salvo que no se dio el contacto con el grupo de avanzada. Nadie duda para entonces en Madera que está próximo a llevarse a cabo un enfrentamiento en el cuartel militar. El pueblo parece tranquilo, aunque la lluvia es constante.

A pesar de las ganas de entrar en acción no encuentran a ninguno de los miembros con los que tendrían que haberse reunido en Los Leones; no terminan de descifrar qué ha pasado, su retraso nunca había estado previsto. Optan por regresar a la ciudad de Chihuahua.

«En Madera me estuvo siguiendo un hombre con pinta de tira, mejor nos regresamos a Chihuahua, ha de haberse pospuesto la acción». Saúl le dice a sus compañeros parte de lo que está sucediendo y la falta de comunicación entre los diferentes grupos. Precisamente en la mañana del 23 de septiembre llegan a la capital del estado; la historia se escribiría en su ausencia.

Son trece los combatientes que han logrado reunirse el martes 21 de septiembre por la tarde en un lugar de la sierra de Chihuahua. Cada cual carga su arma; son pocas pero saben que cuando se utilizan para liberar al pueblo de la opresión, rinden mejor. Repasan el entrenamiento recibido varios días atrás; se esconden en los arbustos de la vereda; saben que pronto aparecerá algún transporte que los lleve hasta su objetivo.

José Dolores Lozano es el conductor que transita la noche de aquel 21 de septiembre de 1965 por el camino a Matachic. Está cansado de la jornada laboral y se le antoja cuanto antes llegar a su casa. Las luces de su camión descubren a dos individuos obstruyendo el camino, se detiene.

—¿Nos puede echar un aventón?—. Le proponen los jóvenes que se le acercan a la ventanilla. Acepta. Los ve chamacos, ni siquiera se le ocurre preguntar qué rumbo llevan, porque supone que desean ir al lugar a donde él se dirige.

Una vez que acepta, uno de ellos silba y de las penumbras salen más. El conductor se extraña. De inmediato se suben a su lado dos hombres, uno de ellos de mayor edad comparado con los que le han parado; en la parte trasera del camión suben varias cosas que apenas distingue desde el espejo retrovisor. Parecen amables. Le incomoda descubrir que algunos llevan armas.

—¿Nos puede llevar a Madera? Le vamos a pagar el servicio—. Le pregunta Arturo Gámiz. José Dolores pretende negarse, les hace ver que está cansado, que han sido muchas horas detrás del volante.

—Si no nos desea llevar, entonces préstenos el camión. Solo vamos a Madera a hacer un encargo y se lo devolvemos luego, luego; el servicio se lo vamos a pagar y muy bien—. Le propone el mayor de los presentes.

—Me van a disculpar pero la troca no se la puedo dejar, no es mía, ustedes saben. Mejor los llevo a donde quieren y ahí muere—. Concede el conductor, quien para entonces empieza a sentir cierta desconfianza, a pesar de que ha sido tratado de muy buena forma por sus pasajeros.

En la madrugada del 22 de septiembre el camión cargado de guerrilleros se acerca al pueblo de Madera. Cuando faltan unos ocho kilómetros para llegar, el conductor recibe la orden de detenerse, precisamente en el lugar llamado El Presón de las Golondrinas. El camión es descargado. Solo entonces José Dolores descubre los rostros de las trece personas que hicieron que desviara su viaje, todos ellos parecen muy jóvenes; piensa que su familia seguramente estaría preocupada por no haber llegado aún.

El vehículo es escondido en un atajo y varios de los jóvenes lo cubren con ramas y hojas. Se internan unos cuantos pasos del camino en donde presencia cómo se va levantando un pequeño campamento. Se prepara un pequeño almuerzo: huevos, carne seca y unas galletas pasan de mano en mano; no hay conversación de por medio, cuando tienen algo que decirse entre sí, se van a otra parte para hablar. La noche va dejando paso a la luz solar. El conductor entiende cada vez menos; ya no es solo la desconfianza de las armas que portan, sino su forma de proceder; ¿asaltantes?, ¿rateros?, ¿serán los guerrilleros de los que tanto se habla?, ¿traficantes de droga o de fayuca?, ¿cazadores?

Cerca del medio día del 22 de septiembre, Arturo Gámiz ordena a uno de los jóvenes que vaya al pueblo. Manuel se encaminó, haciéndose pasar por un viajero común y corriente; ¿quién podría dudar de él? Tan joven, tan aparentemente indefenso.

El tiempo parecía no andar. El silencio en el pequeño campamento era la constante; las miradas son la única forma de comunicación, y eso solo de vez en cuando. Todos están decididos. Saben que su misión es importante, no hay tiempo para la duda, el temor parece ser un sentimiento que no conocen, las guardias se van sucediendo por rondas determinadas; aparentemente están tranquilos.

Pasadas las dos de la tarde se organizó la comida. Una pequeña charla se escuchó hasta entonces entre los hombres acampados. José Dolores pretende argumentar que su familia debe estar preocupada por él; como no queriendo la cosa, desea zafarse de lo que ha estado viviendo; Arturo Gámiz le responde cortante: «Nos va a disculpar, pero no se puede mover de aquí hasta que terminemos con el encargo.»

«La resignación es el mejor de los consejos», habrá pensado el chofer Dolores, el cual prefirió descansar luego de comerse todo lo que le habían servido: carne seca, huevos y galletas otra vez.

Con el descenso del sol, empiezan también a decaer los ánimos. Aquellos hombres que guardaban su nerviosismo empezaron a caminar de un lado a otro, como deseando trasladarse hacia algún lugar sin saber cuál; el cuchicheo entre todos se reprodujo a pesar de su acuerdo de no manifestarse frente al conductor.

Aún sin tener noticias, Arturo toma la decisión de partir hacia Madera. Despierta a José Dolores y le indica que van a ir a Madera para saber qué le ha pasado a su amigo. Todos se suben al camión. Sus armas han dejado de guardar discreción y cada quien carga la suya; la incógnita se dibuja en cada uno de los rostros. A José le duele el cuerpo, han sido varias horas de estar pendiente de lo que sucede a su alrededor, y los demás también sienten los músculos contraídos. El camión comienza a avanzar, despacio, para que no despierte ninguna sospecha; unos cuantos kilómetros antes de llegar a Madera aparece, casi paseando por el camino, Manuel, que detiene el vehículo y conversa con Arturo Gámiz desde la ventanilla.

—No hay rastro de los contactos. Estuve preguntando por todas partes y hay quienes los llegaron a ver, pero no me supieron decir cuándo se fueron, ni hacia dónde. No quise seguir insistiendo para no levantar sospechas. Luego me di algunas vueltas por el objetivo, se ve tranquilo y al parecer hay muy pocos elementos.

—Súbete y vámonos. Regresemos al campamento—. Ordena Arturo a Manuel y al chofer.

El camión volvió a esconderse bajo algunas hojas. El campamento se levantó una vez más, y José Dolores recibe la instrucción de descansar al otro extremo de donde se han reunido cuatro de los hombres armados; mientras, el resto se distribuye en diversas tareas: unos vigilan el camino a Madera, otros limpian las armas, otros construyen bombas molotov con gasolina del vehículo.

—¿Qué les habrá pasado?— Inquiere dudoso el doctor Pablo Gómez.

—Algún contratiempo habrán tenido; lo importante es que ya estamos aquí y tenemos que llevar a cabo la acción. Sabemos más o menos la distribución del terreno y lo más importante es que son pocos los soldados que se encuentran dentro del cuartel—. Responde convencido Gámiz.

—¿No sería lo más indicado poner otra fecha?— Se atreve a cuestionar Gómez.

—De haberse filtrado cualquier información estaríamos en desventaja. Además, tenemos ya un testigo presencial de todos nuestros movimientos—. Volteó Arturo para señalar con la mirada al conductor. —Sería muy riesgoso no cumplir con lo programado; están por llegar, en cualquier momento Salvador y su gente, imagínate que no nos encuentren, los arriesgaríamos inútilmente. Yo propongo que continuemos con lo planeado, hasta los estudiantes que vienen con tu sobrino puede que lleguen de un momento a otro, no sabemos a ciencia cierta qué les pudo haber pasado.

Salomón Gaytán aprueba de inmediato la postura de Arturo; el otro miembro del comando duda unos segundos, tiene la posibilidad de empatar con su punto de vista las dos opiniones vertidas hasta entonces, le sudan las manos, sabe que es una gran responsabilidad su comentario, ¿Cómo oponerse a la determinación de Arturo? ¿Cuánto riesgo existirá entre decidirse por el repliegue o por la acción? Transcurren varios segundos de silencio. Se sabe en desventaja porque él nunca ha luchado; tanto Salomón como Arturo ya han estado en combate, tienen experiencia, han desarmado policías y soldados, mientras que el doctor Gómez solo tiene el entrenamiento que han recibido en la Ciudad de México. Valora que es más fuerte la determinación de Gámiz y Gaytán. Las palabras que se le escapan a un cuarto combatiente, testigo de la conversación y hasta entonces incapaz de hablar, atinan finalmente a proponer:

—Me sumo a la decisión de los compañeros que tienen mayor experiencia.

Pablo Gómez queda en desventaja. No por ello deja de insistir en que se analicen todos y cada uno de los aspectos que están en juego; sus argumentos son válidos y su experiencia permite que sea escuchado de nuevo.

—Deberíamos de intentar saber qué ha pasado con los compañeros que no están en Madera, qué les llevó a regresarse a Chihuahua, si están bien. Salvador no se va a arriesgar si llega y no nos encuentra; por otro lado, el grupo de Saúl, tengo el presentimiento de que se han perdido por la sierra, considero que erramos en enviarlos solos, sin un guía que conozca la zona de la sierra, que siempre es tramposa. Ellos son los que traen las mejores armas. Además de que ya deberían de haber llegado desde hace mucho tiempo.

—Nosotros somos trece. Dejamos a uno de nosotros al lado del chofer para que prepare la huida, y quedamos doce para atacar mañana temprano. Está de nuestro lado el factor sorpresa. En el cuartel debe haber, máximo, unos cuarenta soldados, de los cuales varios se asustarán al verse rodeados; además, Salvador puede llegar en cualquier momento. Insisto en que debemos continuar con los planes; creo que es más riesgo no actuar ahora y dejar que se nos vaya el objetivo—. Insistió seguro Gámiz, tal vez para convencerse a sí mismo. A pesar de que siempre había aconsejado que antes de llevar a cabo cualquier acción se estudiara bien la posición del enemigo, creía contar con la información suficiente para poder actuar.

–Una vez que tengan conocimiento de que el cuartel de Madera es nuestro objetivo, lo reforzarán con más tropa y no podremos actuar más adelante; que no se le olvide la condición de internarnos en la sierra luego, luego, de haber cumplido con la misión–. Subrayó Salomón lo expuesto por Arturo.

–¿Qué pasa si los soldados deciden no rendirse ante nuestro ataque?– Pregunta el doctor Gómez, un poco temeroso de que se pueda criticar su actitud de desconfianza porque las cosas no han salido como estaban planeadas, llegando a pensar que ya no desea actuar por faltar a la palabra empeñada o que ya no quiere participar.

–Valoremos las acciones durante el enfrentamiento mismo, supongamos que no logramos la rendición inmediata de los soldados. Entonces, que Chuy incendie con la gasolina que contamos el dormitorio del cuartel, lo que les obligará a salir por la fuerza; al tener copadas todas la vías de acceso, quedarían a nuestra disposición–. Durante unos segundos, Gámiz valoró sus propias palabras, para luego retomar la idea. –Ahora que si ya de a tiro no hay forma de hacerlos desistir, tomemos la acción como un mero trámite de entrenamiento, algo así como un piquete de la lucha guerrillera. A final de cuentas contamos con la huida asegurada, la sierra está a unos cuantos pasos y la gente de por acá no dudará en echarnos una mano.

–¿Entonces ya no llevaremos a cabo todo el plan?– Titubeó el cuarto combatiente.

–Les insisto: todo va a depender de cuántos elementos haya acuartelados. Por demás, basta decir que lo ideal sería que podamos obtener la rendición rápida de los soldados, para luego continuar con el plan de ir al banco y expropiar el dinero de los caciques con Salomón Gaytán a la cabeza, mientras que el resto del grupo se lanza conmigo a la radio para hacer el llamado a la población, como habíamos acordado. Pero si de pronto vemos que somos menos en número o que el parque se nos acaba y ya no hay para dónde hacerse, la sierra será nuestra única salvación. Hay que insistir para que cada uno memorice los dos puntos de encuentro colectivo, por si de pronto nos agarran las carreras–. Finalizó Gámiz completamente convencido para ese entonces de que la acción no corría ningún riesgo y que sería mejor actuar cuanto antes.

El cuarto combatiente mantiene su postura de otorgar su confianza a los que tienen más experiencia. Pablo Gómez guarda silencio durante unos instantes, valora lo expuesto por sus compañeros y decide apoyar completamente la propuesta.

–Muy bien. Voy a distribuir a los combatientes en el terreno de acción. Pablo, tú distribuye las armas y revisa que cada quien cuente con parque suficiente. Salomón, revisa qué tan efectivas han construido las bombas, y tú releva la guardia–. Ordenó Arturo Gámiz, una vez conseguido el consenso para actuar.

Al otro lado de la sierra un camión hace rechinar sus llantas. No hay forma, la lluvia ha estropeado las veredas, por más que se esfuerzan los hombres tardan varias horas en lograr que el lodo deje de abrazar los neumáticos. Salvador Gaytán se desespera, sabe que no tiene tiempo que perder, y han pasado varias horas ya desde que debía llegar con sus compañeros en el campamento. Lo invade una angustia muy grande, pero la lucha contra la naturaleza es insostenible, infranqueable. Por fin, con ayuda de varios troncos, el camión se mueve. Los dieciséis combatientes campesinos se sienten seguros y felices de haber logrado mover el vehículo.

Cuentan con pocas horas para llegar hasta donde está el resto del grupo; entre el balanceo del camión los ánimos han subido. Solo Salvador duda si podrán o no llegar a tiempo, pues es mucho el retraso que llevan. La noche ha cubierto todo a su alrededor aquel 22 de septiembre. La visibilidad disminuye y el camino está casi destruido por completo; cuando no es una roca, es un árbol caído, el lodo..., el caso es que no se puede avanzar como desean. El frío hace tiritar a los cuerpos que se arremolinan con sus armas en la parte trasera del camión. De vez en cuando una fina lluvia complementa el panorama desalentador.

Es cerca de la media noche del 22 de septiembre, faltan unos cuantos minutos para que nazca el día 23, cuando un ensordecedor ruido obliga a que se detenga por completo el camión. No hay forma; es el río que ha crecido más de lo previsible por las lluvias de los días pasados. El agua parece enojada, corre como queriendo desquitarse con alguien; la angustia de Salvador no es menor ante lo que está presenciando.

—Es imposible Salvador, no podemos pasar—. Declara tembloroso el conductor.

—¡Cómo carajos no! Intenta de ladito—. Alcanza a decir afligido el campesino.

Las llantas apenas logran acariciar el cauce del río y el camión se mueve como si hubiera tenido vida propia; varios de los combatientes que están en la parte trasera caen al piso.

—Lo siento, el río está muy crecido, no podemos pasar—. Confiesa en un suspiro el chofer, como si fuera culpa suya la potencia con la que corre el agua ante su escasa visión.

—¡Algo tenemos que hacer!—, grita Salvador corriendo de un lado a otro, revisando ambos lados del camión, imaginando que colocando mayor peso en la parte trasera el agua los va a respetar; ni siquiera su mirada alcanza a llegar al otro extremo, es una furia la que les impide continuar su camino.

—¡Cálmate Salvador! Vamos a esperar un tiempo, a lo mejor baja el río—. Se atreve a proponer uno de los campesinos, deseoso de que eso sucediera, pero sabedor de antemano de que su propuesta pertenece más al deseo que a la realidad.

Salvador se tira en el piso, se mesa los cabellos mojados, piensa en su hermano Salomón, en el profesor Arturo, en el doctor Pablo, en sus insistentes avisos en la Ciudad de México para que se llevara a cabo una acción, y ahora que todo está dispuesto la naturaleza juega chueco. Sabe que no tienen tiempo para regresar por donde han llegado y evitar el río; su desolación no le permite siquiera sentir el frío que ha invadido al resto del grupo.

Los demás combatientes están formados pretendiendo ver el obstáculo húmedo que los tiene postrados ahí, a unas cuantas horas de sus compañeros, a escasos kilómetros de su compromiso revolucionario. Su mirada se topa con la cortina negra que deja caer la noche; es el escándalo del agua lo que les da a entender la magnitud de la fuerza del río. A alguien se le ocurre echar un pesado tronco al agua, el cual se sumerge y desaparece de inmediato como si fuera un débil palillo de dientes. Nadie se atreve a decir nada; es el rechinar del agua lo que no les deja olvidar que están abandonando a sus compañeros.

No hay noche del miércoles para el jueves, es septiembre pero el frío ya está instalado en la sierra de Chihuahua. A pesar de ello, ¿quién puede helarse a unas horas de entrar en combate? Las rondas de guardia nunca dejan de cumplirse con todo el rigor de la disciplina revolucionaria; los minutos de descanso permiten comer bocanadas de valor con los ojos cerrados, simulando que se está soñando.

El reloj avanza despacio; cada segundo es una eternidad. Una fina lluvia hace acto de presencia cerca de la hora de avanzar. México duerme entero e ignora lo que está sucediendo cerca de la ciudad de Madera; para los guerrilleros el sueño es estar donde están, creer que si la Revolución de Cuba se comenzó a escribir en el Moncada, ellos pueden hacer lo propio con la de México: en Madera.

A los trece combatientes se les nota la tensión en las mandíbulas. Tal vez ese sea el centro nervioso más difícil de controlar, aun cuando en sus ojos exista determinación y decisión para lo que están a punto de hacer.

—Es la hora—. Se escucha la voz de Arturo Gámiz, con ese tono franco que solo la gente del Norte puede entonar.

Los trece combatientes se ponen de pie como si hubieran estado esperando aquella consigna toda su vida. Están a punto de dar las cinco de la mañana y la oscuridad de la madrugada no permite saber qué expresión tiene en la cara cada uno, simplemente sus cuerpos se han apostado seguros y rígidos con sus respectivas armas.

—Nos vamos en la troca hasta la entrada del pueblo, tú te regresas para acá y nos esperas—. Señala Arturo al chofer y a uno de los combatientes más jóvenes. —Si en dos horas no hemos regresado se pelan, él te va a decir a dónde—. Le indica al chofer José Dolores. — Ahí nos encontramos—. Termina por indicar, mientras que el resto, los doce que están a punto de entrar en acción, cuenta con un plano de las construcciones que rodean al cuartel y la ubicación que debe tomar cada uno.

En la casa redonda del ferrocarril se ubican cinco combatientes, desde las vías del tren se apostan tres, entre ellos Salomón Gaytán y Arturo Gámiz; desde la iglesia debe atacar el doctor Pablo Gómez, en la escuela se ubica uno más y por último, para cerrar el círculo del fuego de ataque, quedan en la casa de Pacheco otros dos guerrilleros. De los doce combatientes, uno está desarmado, según la relación con la que cuenta Gámiz en uno de sus bolsillos; el de seudónimo «Jesús» tiene por arma algunas botellas con gasolina para hacerlas explotar.

Son escasos los minutos que pasan de las cinco de la mañana. La oscuridad continúa invadiendo la visibilidad cuando se escucha un grito desde las vías del ferrocarril:

«¡Ríndanse, están rodeados!»

Luego de gritar Arturo Gámiz, las armas dejan escuchar su voz.

Un pelotón de soldados se encuentra fuera del cuartel, parecen no sorprenderse de que les lluevan balas desde algún lugar cercano; de todos modos la orden no se hace esperar y un sargento impone su voz por encima de las ensordecedoras detonaciones que le llegan desde cuatro puntos diferentes: «¡Soldados, a las armas!» No hay sorpresa de por medio, a pesar de que algunos efectivos han caído muertos ante las balas de los guerrilleros; incluso uno de ellos dirige su arma a una farola que otorga iluminación a los atacantes para detectar el uniforme verde de los soldados.

La movilización se da casi inmediatamente en el interior

del cuartel militar. Los destellos de los disparos se asemejan a luciérnagas instantáneas que se dejan ver desde diversos lugares del pueblo de Madera, cuyos habitantes han sido arrancados del sueño no por el canto del gallo ni nada que se le parezca.

Las bajas comienzan a darse. Las bombas molotov se estrellan de vez en cuando en el interior de la fortaleza militar, pero las armas de alto poder con las que cuentan los soldados reduce el campo de tiro de quienes están fuera exigiendo la rendición. En un principio parece que la suerte está del lado del grupo guerrillero, pero en cuestión de minutos la situación cambia, y estos se ven en desventaja.

Tal vez ni siquiera Arturo Gámiz tuvo tiempo de percatarse de que el fuego que provenía del cuartel no correspondía al de unos treinta o cuarenta soldados –según el parte oficial, son ciento veinticinco los efectivos que están en el interior–, así como tampoco llega nunca el resto del grupo comprometido y comandado por Salvador Gaytán.

–¡Vámonos ya, Arturo!– Se escucha la voz de Pablo Gómez quien se ha dado cuenta de que están en desventaja, pero no recibe respuesta alguna y por la fuerza de las balas tiene que continuar atrincherado haciéndole frente a los soldados, que ahora, de la posible sorpresa inicial, han pasado a ocupar la actitud de la ofensiva, mientras que los guerrilleros asumen la defensiva como única posibilidad.

El tiroteo se prolonga hora y media aproximadamente. Los primeros en caer por el fuego de los soldados son el doctor Gómez y el combatiente apostado en la escuela, hasta llegar a ocho los muertos por la parte guerrillera y supuestamente cinco del lado militar, aun cuando algunos testigos habitantes de Madera suponen que fueron hasta treinta las bajas castrenses. Un vehículo que alguna vez sirvió de taxi, estacionado cerca de la casa de Pacheco, es el testimonio de la refriega, guardando noventa impactos de bala como recuerdo.

Ramón Mendoza ha visto caer a sus compañeros Arturo Gámiz y Salomón Gaytán; él es el único que queda con vida de la parte de las vías del tren. El ruido ensordecedor de las armas de los soldados no le permite escuchar que se aproxima una máquina de ferrocarril hasta que se encuentra frente a él y ve las señas que le hace el maquinista para que se suba a ella y logre escapar. Los cuerpos de los compañeros están inertes, sangrando; no hay mayor esperanza que salvar la vida. Los pies comienzan a movérsele como con vida propia, corriendo a la par de la máquina, la cual no ha detenido su paso. Atrás han quedado los compañeros, y apenas ha tenido tiempo para pensar en su propia vida y en la manera de salir de ese infierno. Finalmente logra treparse a la máquina y recibe el consejo, una vez más a señas, del conductor del ferrocarril para que termine de cruzarla y se pierda por las calles del pueblo de Madera. Es un pequeñísimo instante lo que tiene para aceptar la indicación del hombre de overol. El miedo no le paraliza, por el contrario, la adrenalina se le arremolina en todos y cada uno de los centros nerviosos como para no salir corriendo hacia cualquier destino lo más alejado posible de Madera. Ha logrado escapar.

Francisco Ornelas, por su parte, ha querido disparar desde el lugar que le fue asignado: la casa de Pacheco. Los débiles rayos del sol que han comenzado a aparecer le obligan a replegarse detrás de la casa; el reflejo y el aguacero de balas hacen que su cuerpo se convierta en un tabique más de la construcción. La acción de los soldados al irse detrás de quienes se encuentran en la escuela y la iglesia provoca que Pancho pase desapercibido, logrando colarse y esconderse en las afueras de Madera. Su cuerpo se agazapa, desea volverse invisible, que nadie sepa que existe. Todavía después de que la calma parecía haber llegado, escucha algunos disparos aislados desde su escondite y el terror parece atragantársele a mitad de la garganta. ¿Cuántos habrán muerto? ¿Dónde estarán? Las dudas y la soledad de su escondite le hacen temblar de más. Deja pasar el tiempo, pretende poner su mente en blanco, calmarse, no dirigirse inmediatamente al lugar citado para los sobrevivientes. Sabe que está en desventaja ante cualquier movimiento en falso; pero de momento se sabe a salvo, y eso es ya una ventaja.

—Tenemos que esperar—. Le dice el joven al conductor asustado, ante la ansiedad de ambos por salir de ahí lo antes posible. Desde su lugar presencian el ataque al cuartel Madera por el sonido que dejan escuchar las armas. Sus cuerpos se estremecen tal vez peor que los de los combatientes. Matías Hernández, que ha quedado para asegurar la retirada, no puede hacer nada, solo tiene que esperar y pasado un tiempo irse al lugar acordado. Para él, la adrenalina le puede jugar mal y convertirse en miedo; el sonido de los disparos se hace cada vez más débil, hasta que por fin deja de llegar ruido alguno.

—Un rato más—. Insiste Matías para convencerse de que alguno de sus compañeros llegará hasta él para decirle que todo ha terminado, que la acción ha sido un éxito y que la revolución ya ha comenzado. Pero no aparece nadie; la espera puede convertirse en la peor de las agonías, y para aquel joven no hay más tiempo que el que transcurre sin confirmar que sus compañeros han muerto; no se ve aparecer a ningún conocido.

—Vámonos, ya no hay nadie por quién esperar—. Le dice el conductor José Dolores al último de sus secuestradores, que también ha sido testigo con sus oídos de lo ocurrido en Madera desde el campamento guerrillero. Al recibir aquel consejo, el joven guerrillero sabe que todo está a punto de acabar. José Dolores piensa en la posibilidad de que por fin pueda llegar a su casa, la jornada se le había alargado más de lo deseable, la familia estaría muy preocupada y el patrón ya le andaría buscando.

El camión inició su trayecto rumbo a Matachic. En la cabina, solo José Dolores, Matías atrás sintiendo el frío viento de septiembre de la sierra de Chihuahua sobre su cuerpo, además del frío de saber que la acción ha fracasado, que él está vivo de milagro, pero que pronto comenzarán a buscarlo. Luego de un tiempo el conductor escucha que golpean en la ventanilla. Detiene el vehículo, el joven desciende del camión sin mediar palabra; ahora sí, José Dolores se sabe liberado, pero no atina qué hacer con lo que ha presenciado. Piensa en ir primero con su familia, tal vez hasta quiera desearle buena suerte al último de sus captores, quien desaparece por la maleza, esperando que se lo trague la sierra.

Guadalupe Escobel ha presenciado cómo han ido cayendo sus compañeros, se siente atrapado. Los soldados comienzan a ocupar las posiciones de los combatientes, ya no hay fuego que les impida dominar la escena. Siente que su vida ha terminado, se escabulle por entre los pocos escondites que le permiten no ser visto por los militares, logrando llegar hasta una puerta que se le abre sin dudarlo. Apenas tiene tiempo de ganar aire y seguir huyendo. Los habitantes le dan aliento, le ofrecen agua, pero él solo desea atrapar el horror que acaba de vivir para envolverlo en una pesadilla y saber que acaba de despertar con la ilusión de hacer la revolución en México, de volver a escuchar las indicaciones de su tío Salomón, de sonreír con las bromas de Arturo. En cambio, aquello ya no es posible y necesita sacar fuerzas de donde no existen para poder huir. No hay un minuto que no valga todo el oro del mundo por su vida; se siente en el desfiladero, no escucha las recomendaciones de los vecinos, salta por una ventana y, como animal asustado, anhela llegar hasta donde comienza la sierra, en donde se dispersan varias casas en las que sabe que puede ir escondiéndose poco a poco, alcanzando un objetivo por partes, primero aquí, luego allá, sentarse escasos segundos para intentar suponer por dónde no irán los soldados. La gente responde y va zigzagueando entre los rayos del sol que ya lo dejan ver todo aquel 23 de septiembre. Serán ya las doce del día, las tres de la tarde..., y todo el pueblo está convulsionado. Muchos han sido testigos, a todos los despertó el tronar de las armas, no hay quien no sepa lo que acaba de ocurrir. Los aviones ya han hecho acto de presencia y él sabe que pronto todo el ejército mexicano saldrá en su búsqueda. La sierra, la sierra es el paraíso para huir, después ya se verá.

Florencio Lugo recibe un balazo en una pierna. No siente dolor porque la adrenalina lo permite todo, siente cómo su corazón bombea a ritmo acelerado parte de su vida, para que esta no lo abandone todavía. Toma conciencia de que ya no tiene nada más que hacer. No está muy seguro, pero se imagina que la mayor parte de sus compañeros ha caído bajo el fuego de los soldados, sobre todo porque las detonaciones que logra escuchar del lado desde donde se encuentra y que corresponderían a las armas de sus compañeros ya son escasas. Como puede, comienza a arrastrarse, unas manos toman las suyas y le ayudan a salir lo antes posible de la mira de los soldados. Él no sabe de quién se trata pero se aferra con sus dedos a la esperanza que se le presenta de salir de aquel infierno.

Es transportado hasta una casa en la que pretenden curarle la herida en la pierna. Conscientes todos de que no es la mejor de las ayudas, le detienen la hemorragia con hojas y cuidan en todo momento no dejar rastros de sangre por ningún lugar de la casa. Un hombre con sombrero de paja llega con una mula. Florencio descubre la bondad humana y no encuentra palabras para agradecer aquel gesto, que le ofrece un sustituto para la pierna mala y poder internarse en la sierra como los demás compañeros que han logrado salir con vida.

–Váyase por todo el Norte hacia la sierra, hasta pasar un río muy alto. Del otro lado va a encontrar una pequeña vereda, por ella hasta el fondo va a dar con una choza, ahí hay gente amiga que lo puede curar y esconder por un tiempo–. Florencio escucha en silencio las indicaciones, y más o menos hace un trazo imaginario de la ruta que le acaban de sugerir. Con la débil mirada apenas logra agradecer las atenciones recibidas, sabe que no debe desperdiciar un solo segundo; como puede, se echa encima de la mula y emprende el camino hacia la sierra.

Son varias las horas que pasan hasta que comienza a sentir un poco de dolor; le pesa más recordar la acción fracasada que su propia condición. Por momentos cree que ya no puede más y por su mente cruza la idea de dejarse agarrar, total, la muerte sería el único de los actos trágicos que le podrían suceder, siendo además el camino que ya encontraron varios de sus compañeros. ¿Qué más da que a él también le toque aquella suerte?

Al amanecer del día siguiente la mula llega hasta la choza señalada por aquella gente que lo había sacado de las armas de los soldados. Los habitantes lo asisten rápidamente. Ya están enterados de lo que ha sucedido en Madera; sin un radio de por medio, de pronto se percata de que las noticias en la sierra pueden correr más rápido que la propia información electrónica. Por unos instantes se siente a salvo, antes de pensar qué será de su vida en los próximos días, hacia dónde correr, cómo llegar a contactar al resto de los compañeros, cómo huir de la persecución militar y policial, cuánto tiempo tendrá que esperar hasta recuperarse del disparo; de momento disfruta de los alimentos calientes que se le ofrecen, antes de que un anciano le revise la herida.

Los sonidos de los disparos en Madera ya han viajado por todo México. Primero es Chihuahua. La radio suspende las radionovelas de moda para anunciar que una gavilla de asaltantes se enfrentó al Ejército Nacional en la sierra del estado. El estremecimiento es general. En la universidad se congregan varios estudiantes para intercambiar versiones; muchos tenían un ligero conocimiento de que algo estaba a punto de suceder; las rotativas de los diarios locales de inmediato desean ser los primeros en salir a la calle para divulgar los hechos cuanto antes.

El general Giner Durán recibe el informe de lo acontecido. Decide trasladarse de inmediato para conocer la situación personalmente. De momento se toma su tiempo para declarar que todo está bajo control, que no hay por qué tener miedo, que no ha pasado nada. A pesar de su aparente tranquilidad, en todo el estado –incluida la capital– se moviliza la totalidad del ejército.

En el lugar de los hechos yacen los cadáveres de los guerrilleros, solo dos de ellos tienen identificaciones. En la de Pablo Gómez Ramírez, dice que fue doctor y profesor; Rafael Martínez Valdivia tiene una credencial en la que dice haber sido estudiante de Derecho. Del resto no hay forma de saber sus nombres todavía, por lo que los informes sobre los que perdieron la vida comienzan siendo muy confusos. El pueblo de Madera se ha dado cita y observa todo lo que sucede a su alrededor; tal vez por simpatía, por morbo o curiosidad, presencian el ambiente macabro que se da en las afueras del cuartel.

Poco a poco se sabe que el resto de los cuerpos pertenecen a Arturo Gámiz, Óscar Sandoval, Salomón Gaytán, Antonio Escobel, Emilio Gámiz y Miguel Quiñonez, mismos que son trepados a un camión.

Las acciones para detener a los que han logrado huir comienzan inmediatamente. Un contingente militar saquea cada una de las casas de Madera, aquel que parece sospechoso es trasladado de inmediato al cuartel; al poco tiempo ya no cabe nadie más y empiezan a colocar a los detenidos en el campo de aviación de Madera; el número sobrepasa con creces los cien.

En la ciudad de Chihuahua se encuentra Guadalupe Jacott nerviosa en la casa de seguridad por no recibir información alguna sobre la suerte de sus compañeros, hasta que la radio es la portadora de la terrible noticia. Sin saber bien quiénes han muerto y quiénes lograron escapar, Guadalupe siente que se le viene el mundo encima. Por su cabeza cruza la idea de salir de ahí, correr hacia algún lugar, esconderse en el infinito. Hasta ella debería de haber llegado parte del dinero rescatado del banco de Madera luego del asalto al cuartel, pero la frustrada acción hizo que no llegara peso alguno, así como tampoco pudo tomarse la estación de radio para hacer llegar a la población de Madera el mensaje insurgente de la guerrilla popular. En su lugar, caía un informe que no esperaba, no podía imaginar sin vida a sus compañeros.

Honorata Giner Bustamante, hija del gobernador de Chihuahua, acude al llamado del teléfono, descuelga el auricular para escuchar una voz del otro lado de la línea que pregunta:

—¿Ya salió el avión donde va el gobernador? —Ella responde afirmativamente, pero el mensaje siguiente le provoca cierto malestar—: Pues prepárense, porque allá le tenemos lista la recepción. Vamos a hacer que explote el avión—. La comunicación se corta, el anónimo había logrado su cometido: inquietar a la familia de Giner Durán.

La orden llegó fulminante:

–Que los cuerpos de los sediciosos sean exhibidos por todo el pueblo como muestra de escarmiento para quien pretenda enfrentarse al gobierno y su ejército–. Sin más reclamo así se hizo; los ocho cadáveres fueron paseados por el centro y varias calles del poblado de Madera. Los habitantes sentían suya la derrota guerrillera, no solo porque con toda impunidad entraban en cualquier domicilio los soldados sobajando y maltratando a todo el mundo, sino que el macabro espectáculo de llevar por todas partes los cuerpos ensangrentados y enlodados de los guerrilleros los conmovió más que intimidarlos.

–Todo se reduce a una bola de locos que fueron mal aconsejados por Gámiz y Gómez–. Expresa satisfecho el gobernador Giner Durán al saber que por fin ha logrado asestar un duro golpe a los guerrilleros.

Salvador Gaytán se siente derrotado moralmente por no haber logrado cruzar el río, se imagina lo peor aun cuando ningún ruido llega hasta donde se encuentran él y su gente; solo han visto volar algunos aviones y helicópteros pasado el medio día del 23 de septiembre. Al saber que no cuenta ya con ningún rumbo fijo, decide internarse en la sierra para asegurar que no les vayan a caer a ellos. Pretende hacer algún contacto con la gente de Chihuahua y conseguir en alguna población cercana una radio que les permita saber algo de la suerte de sus compañeros. Al poco tiempo le confirman la sospecha: el asalto al cuartel ha fracasado y Salomón, Arturo, Pablo y uno de sus sobrinos han muerto. La culpa puede ser una lápida a cargar peor que la del Pípila, como si él hubiera sido el responsable de que el río subiera su cauce. Salvador se recrimina, insiste en mantener en su boca el «hubiera», como si se pudiera arreglar en algo lo sucedido. No hay quien lo consuele, quien le haga ver que él no tiene culpa alguna, que la naturaleza les jugó una muy mala pasada; pero el consuelo no es uno de los pretextos oportunos en el ánimo de Salvador Gaytán, quien solo repite hasta el cansancio: «¡Cuánta falta hicimos!».

Los cuerpos de los guerrilleros permanecen en pleno centro de Madera. Lo que resta del día 23 de septiembre por la noche la lluvia parece querer limpiarlo todo, incluyendo los rostros de los cuerpos sin vida.

—Mira, el Señor envió la lluvia para limpiarles el rostro—. Asegura una señora a temprana hora del día 24 de septiembre, cuando los cuerpos sin vida continúan en la plaza principal. Y es que, en efecto, durante toda la noche una insistente y fina lluvia estuvo cayendo sobre el pueblo y las manchas de sangre y lodo de aquellos cuerpos se aminoraron.

Los habitantes de Madera están serios. El velorio de los ocho cadáveres fue colectivo, cada quien desde su casa bien pudo haber tenido una oración para los miembros del ataque frustrado. El carpintero del pueblo propone realizar una colecta para fabricar los ataúdes de los guerrilleros; la idea es bien recibida. Por su parte, un grupo de mujeres acude a ver al párroco para que este les ofrezca los Santos Óleos a los cuerpos tirados en la plaza principal; el sacerdote argumenta que no puede.

—Para esos comunistas no puedo llevar a cabo ningún servicio religioso—. Es la postura de la Iglesia. La indignación en Madera crece.

Al saberse en Chihuahua los nombres de algunos de los muertos, los estudiantes comienzan a exigir que les sean entregados los cuerpos a los familiares.

El general Giner Durán recibe la notificación de lo que se está moviendo alrededor de los cuerpos de los que atacaron el cuartel; presiente que el revuelo puede crecer. Sobre los prófugos no hay noticias, la inexactitud se ha convertido en precisión. José Dolores, el conductor, ha acudido para entonces a las autoridades para denunciar los hechos que le acaban de tocar vivir; señala que eran trece los hombres, por lo tanto, faltan cinco. La búsqueda se redobla, las presiones contra la población se acentúan. Llegan a Madera nuevos contingentes militares, cuerpo de paracaidistas, efectivos entrenados para internarse en la sierra; se pide ayuda a otras zonas militares del país. Chihuahua comienza a vivir un estado de sitio, sin que sean declaradas inválidas las garantías individuales.

El gobernador es consciente de la urgencia con la que tiene que actuar para desaparecer los cuerpos y no permitir que la bola de nieve crezca, minimizar las acciones de la población de Madera, así como las expresiones que se han comenzado a dar en la ciudad capital en torno a los cadáveres.

—Entiérrenlos de inmediato en una fosa común—. La orden es tajante.

—Sí, mi general, voy a dar la disposición para que los envuelvan en mantas...

—Nada de mantas, ellos querían tierra, pues tierra les vamos a dar hasta que se harten. Métalos a todos en un solo hoyo, bórrelos del mapa, estos ni siquiera han existido.

Muchos periodistas nacionales e internacionales se han dado cita; la gente desea saber qué ha pasado. Varios se trasladan hasta Madera; al llegar, encuentran un enorme conglomerado militar. Se distribuyen varias fotografías de los cuerpos de los guerrilleros sin vida, tomadas por lo propios soldados.

—Que los presenten así, como están, para que todo México vea la locura que pretendieron.

Samuel Solano, el sepulturero del panteón municipal de Madera, no entiende la orden que acaba de recibir. En poco tiempo tiene que cavar una tumba para ocho cuerpos; se imagina que va a ser para los guerrilleros acribillados. A pesar del poco tiempo que lleva trabajando en el panteón, se sorprende por la indicación; no se imagina lo que será la enorme fosa para resguardar ocho cuerpos. Mientras palea con destreza, recibe la visita de algunos soldados que se disponen a ayudarle en su tarea, no por minimizar su trabajo, sino porque la orden recibida es que todo se realice en el menor tiempo posible.

No ha pasado ni una hora, la fosa lleva un poco más de metro y medio de fondo, cuando arriban al panteón varios soldados con los cuerpos. Un pequeño grupo de civiles protesta, exigiendo que les sea entregado el cuerpo de uno de los guerrilleros; son los familiares de Antonio Escobel. En este punto, las versiones vuelven a ser contradictorias, pero al parecer se les concede y les es entregado el cuerpo para que sea sepultado solo y en ataúd en una fosa.

La sentencia del gobernador retumba entre los presentes en el panteón de Madera: «Puesto que era tierra lo que peleaban, denles tierra hasta que se harten», la consigna traspasa los límites de Madera y se escucha en todo México, quedando grabada como una de las frases clave de la ignominia del poder.

La noticia recorre cada kilómetro del territorio nacional, los diarios comienzan a vertir su versión: «Masacre en ciudad Madera», «Trece muertos y más de quince heridos» «La gavilla de Arturo Gámiz exterminada, en intenso tiroteo murieron cinco soldados y ocho atacantes, tres heridos.»

Judith Reyes y Víctor Rico Galán son dos de los periodistas que acuden al lugar de los hechos con la intención de encontrar una versión diferente a la que se está divulgando. El propio general Lázaro Cárdenas se inquieta ante el anuncio de lo que ha sucedido en Madera. En las universidades de todo el país se comenta la acción, sobre todo en las escuelas Normales hay consternación al saberse la muerte de los profesores Gámiz y Gómez.

La prensa internacional registra también lo sucedido: «Puesto militar en ciudad Madera, Chihuahua, México, a trescientos kilómetros de la frontera con Estados Unidos, asaltado por un grupo de comunistas». La nota deja esa sensación de alarmismo de que el comunismo internacional pueda invadir por la frontera sur de los norteamericanos al mundo capitalista por excelencia.

Los cinco prófugos andan escabulléndose, cada cual con sus propios medios, en completa soledad. Los caminos de la sierra les han permitido rehuir el cerco militar que se extiende cada hora por la zona. Los campesinos de la región son el mejor de los escondites, con quienes permanecen escasos minutos para continuar su huida. Pero para cada uno las respuestas no llegan, lo confuso de sus mentes no les permite pensar en qué hacer los próximos días, las siguientes horas; cómo hacer para que alguien sepa de ellos, cómo recibir la ayuda que la gente de la ciudad les puede brindar. Cada uno se sabe afortunado de haber logrado salir de aquella ratonera, de la trampa impuesta y la traición.

La información policial ha extendido sus tentáculos en la ciudad de Chihuahua. Guadalupe Jacott es localizada en la casa de sus padres. Detecta los autos que se encuentran en las afueras del domicilio paterno y tiene que confesar parte de sus actividades clandestinas a la familia. La noticia de los hechos le ha convocado toda una manifestación de sus nervios a punto de explotar. Decide huir. El cuñado se presta a servir de carnada para los vigilantes que se encuentran en las afueras. Un disfraz de mujer le permite pasar frente a los policías, mientras que Guadalupe se escapa por la parte de atrás de la casa. Corre, se pierde por las calles de la ciudad de Chihuahua, llega hasta el domicilio de uno de los miembros de apoyo del grupo guerrillero, el balance se antoja imposible. ¿Qué falló? ¿Qué pasó? ¿Dónde estarán los compañeros sobrevivientes? ¿Cómo ayudarles? ¿Qué hacer? ¿En dónde esconderse? ¿Habrá traicionado alguien? Son más las dudas y la zozobra que cualquier posibilidad de entender lo que están viviendo; el peligro de ser detenidos de un momento a otro les acecha como una sombra constante.

–Vamos a buscar un refugio seguro para todos y cada uno de los compañeros de los que sabemos tienen ya una orden de aprehensión, para que se pierdan de vista por algún tiempo, luego los sacamos del estado. Una vez que se calmen las cosas intentaremos reunirnos en la Ciudad de México–. Parece ser la propuesta más generosa ante la conjura que provoca la tensión que ha vivido cada uno desde sus diferentes trincheras, después del fracasado intento por tomar el cuartel de Madera.

–La lucha tiene que seguir. Los compañeros caídos deberán ser nuestra luz y fuerza para continuar con la empresa liberadora–. Parece ser la consigna de varios de los estudiantes integrantes del grupo de apoyo en la zona urbana, entre ellos Óscar González Eguiarte, Pedro Uranga y Saúl Ornelas, estos dos últimos todavía con la conciencia de que su presencia pudo haber cambiado el curso de los hechos.

Las sentencias oficiales comienzan a dictarse desde todos los rincones del país. Jesús Reyes Heroles declara que la acción de quienes atacaron en Chihuahua corresponde al comportamiento de unos «drogadictos ideológicos». El periodista Roberto Blanco Moheno, por su parte, no dejó de tachar a los guerrilleros de «agitadores de poca monta.»

Después de este 23 de septiembre, esta fecha y aquel lugar empezó a grabarse de modo definitivo en la conciencia de muchos jóvenes, pues esto suponía el renacer de muchas expectativas revolucionarias futuras. A tal grado que varios años después el entonces presidente de la República, Luis Echeverría –que acudió a principio de la década de los setenta al estado de Chihuahua para inaugurar el ejido El Largo–, tuvo que expresar durante su discurso que venía «a acabar con el mito de Madera». ¿Puede algo o alguien terminar con los mitos?

La ciudad de Chihuahua parece que pueda incendiarse de un momento a otro. El Congreso local solicita la suspensión de garantías para que la fuerza militar asuma el control de la situación y que no se dé ningún hecho de violencia más en el estado. A pesar de que no es aprobada aquella solicitud, los mandos militares son quienes lo deciden todo; la sierra de Chihuahua se convierte en un campo de movilización militar nunca antes visto, mientras que en las ciudades parece que se ha decretado el estado de sitio. Los comandos de soldados patrullan las ciudades y de todas las zonas militares cercanas se han traído tropas para el refuerzo de sus acciones.

El gobernador Giner quiere minimizar la tensión y las repercusiones de lo que ha sucedido en Madera, por lo que declara:

«Los hechos sangrientos no tuvieron ninguna importancia, todo se redujo a una aventura de locos, a las órdenes de un Pablo Gómez Ramírez a quien siempre se ha señalado como envenenador de jóvenes inexpertos. Lo de Madera no es nada, es como si ahora estamos aquí reunidos y nos vamos a nuestra casa y no hay nada.»

Pero lo cierto es que la movilización y la preocupación oficial por lo sucedido se palpan luego de las acciones de vigilancia.

El comandante responsable de la Quinta Zona Militar General de División, Tiburcio Garza Zamora, después de ofrecer un informe detallado al secretario de la Defensa, declaró a *El Heraldo*: «Todo está perfectamente controlado. Estos individuos cometieron una equivocación al tratar de amedrentar a una partida militar compuesta de ciento veinticinco hombres. Se les dio una buena lección, y los principales cabecillas ahí quedaron. Fue un error de los guerrilleros», con el único objeto de reforzar la idea de que todo está bajo control y que no hay la menor duda de que se haya exterminado el foco guerrillero del estado.

Sin embargo, en Madera las cosas no parecen ser igual. La población que ha presenciado casi en su totalidad los hechos, ve con recelo la actuación del ejército: el trato que recibieron los guerrilleros muertos, los actos de prepotencia cometidos en la búsqueda de los fugitivos, las torturas cometidas a varios pobladores acusados de ser cómplices de los guerrilleros –hubo incluso un asesinato, por la espalda; el del anciano Armando Aguilar–. Ante esta situación se toma la decisión de cambiar a todos los soldados que estuvieron el 23 de septiembre en el cuartel de Madera, sustituyéndolos por soldados del 45 batallón de infantería de Nuevo León, a la vez que otros efectivos también son trasladados desde los estados de Sonora y Sinaloa para reforzar las acciones y la búsqueda de los prófugos, de quienes no se sabe nada; al parecer se los ha tragado la sierra.

El mensaje radial que pensaba dar Arturo Gámiz a la población de Madera luego de que el asalto hubiera concluido exitosamente, quedó con él en la tumba colectiva. Pero la noticia de su muerte y el saberse que habían fracasado, sembró otro tipo de consignas y de espíritus dispuestos a la lucha. El grupo de apoyo estudiantil se ha tatuado en la conciencia la idea de que tiene que seguir adelante; no saben todavía muy bien qué hacer, hacia dónde ir, cómo encontrar y ayudar a los sobrevivientes, pero la efervescencia aumenta cada día de septiembre de 1965.

Al calor de la indignación por el futuro de sus máximos líderes, varios estudiantes deciden esconderse mientras la policía afloja el acoso del cual son objeto. Descubren que varios carros les siguen los pasos, que sus domicilios son descubiertos. No se ejerce ninguna acción en su contra, solo se trata de un acto de vigilancia, de saber qué hacen, de medir sus movimientos. Tal vez solo desean saber si los sobrevivientes tienen contacto con ellos, por eso las diferentes órdenes de aprehensión no se ejercen. Sería más importante para la autoridad dar con los sobrevivientes del asalto al cuartel de Madera que aprehender a los grupos estudiantiles de apoyo urbanos de la guerrilla, pues con los primeros tenían cuentas pendientes que cobrar.

Esta acción permite cierta movilidad a los jóvenes chihuahuenses. Logran evadir el cerco policial, se esconden en diversas casas; con la premura de los hechos y el ambiente enturbiado no tienen la cabeza fría para suponer y analizar los porqués de la fracasada acción, simplemente mantienen vivo el coraje y la determinación de hacer algo. Una vez más, la recomendación de esconderse y salir del estado de Chihuahua en cuanto puedan, parece ser la consigna adoptada por todos y cada uno de los guerrilleros. Por ello, no actúan en el movimiento estudiantil del 22 de octubre, cuando un grupo se manifiesta frente al Palacio de Gobierno protestando por las actuaciones del general Giner, acto que es disuelto inmediatamente por la policía y algunos miembros del ejército.

Las dudas de si el grupo de Gámiz y Gómez fue o no traicionado comienzan a circular, y varios son los acusados de haber sido quienes informaron a las autoridades de que los guerrilleros iban a actuar en Madera, empezando por el capitán que los entrenó, Lorenzo Cárdenas Barajas, hasta Vicente Lombardo Toledano, que hasta fue señalado por haber dejado que los preparativos de la acción continuasen, pero preparando las condiciones para que la empresa fracasara.

Hasta el texto de José Santos Valdez –*Madera*, publicado en 1968–, asegura que los líderes fueron guiados hasta una celada preparada por alguien. El libro permitió que la acción guerrillera de Chihuahua se conociera por todo el país, siendo este el primer testimonio de una acción armada desde la izquierda. Más recientemente se publicó la novela de Carlos Montemayor, *Las armas del alba*, en la que se recrea también, de manera novelada, la gesta guerrillera de 1965.

Para el sobreviviente Florencio Lugo no hay duda de la traición y delación de la cual fueron objeto, y así lo dice en su testimonio *El asalto al cuartel de Madera*:

> Creo conveniente hacer una serie de observaciones, ante la profunda convicción de que caímos en una celada, habiendo sido delatados nuestros planes por el ex militar Lorenzo Cárdenas Barajas. A) El velador de la casa redonda no se encontraba en su puesto de trabajo. B) La existencia de fogatas y postas fuera del cuartel. C) La máquina estacionada cerca del cuartel y la permanencia en ella de su tripulación. D) El emplazamiento de ametralladoras de grueso calibre hacia la parte Sur. E) La acción suicida de los soldados cuando se lanzaron a la toma de nuestra posición demuestra un conocimiento preciso de nuestra debilidad en armamento y elementos humanos, dado que no son estas las características que distinguen la moral y el comportamiento del ejército opresor.

Los acontecimientos de Madera han sacudido tanto la estructura del poder, que incluso el general Lázaro Cárdenas viaja hasta el estado de Chihuahua para conocer de primera mano los hechos. Se entrevista con varios familiares de los guerrilleros, tiene oportunidad incluso de estar con uno de los supervivientes, valora la situación, se percata de los actos previos al ataque que constituyeron las acciones de los terratenientes en la zona, escuchó los testimonios de los cauces legales que se emprendieron varios años atrás. Una vez más, al igual que cuando Xochicalco, Morelos, Cárdenas se indigna por la situación de la que ha sido objeto el pueblo de México, incluso llega a justificar la acción armada; sabe que en ocasiones se tienen que llevar a cabo algunas acciones de autodefensa por parte de los campesinos ante las desigualdades que otorgan las leyes, compradas por el mejor postor.

El propio presidente de la República sabe que aquellos acontecimientos en el norte del país no tienen desperdicio, no pueden dejar de estar preparados, y es por ello que le encarga al agente de la DFS, Miguel Nazar Haro, la organización de un grupo de investigaciones especiales, que a partir de noviembre de 1965 se va a denominar el C-047, el cual tendrá que especializarse en la lucha anti guerrillera y subversiva en nuestro país. Los integrantes que lo componen viajan a distintas partes del mundo para entrenarse en estos temas, tal como destaca al respecto, el testimonio de uno de estos agentes en su libro *La Charola*, de Sergio Aguayo: «En un principio éramos seis agentes y Miguel. No dependíamos operativamente de Control de Agentes. Teníamos una relación directa con el director. Éramos chaparritos y pasábamos desapercibidos porque nuestra función era investigar y juntar información. Teníamos infiltrados en muchos grupos subversivos». Dicho grupo sería el antecedente de lo que para la década de los años setenta se va a conocer como la Brigada Blanca.

La izquierda se encuentra conmocionada también por los acontecimientos de Chihuahua. La sorpresa les ha caído como balde de agua fría. No se sabe cómo actuar, qué opinar, desde qué óptica sugerir algún comentario sobre aquellos arrojados combatientes; las opiniones se dividen, para no variar, en los distintos grupos de la izquierda nacional. Así, el PCM opta por emitir un comunicado, el cual es rescatado de la ponencia de Víctor Orozco:

> El PCM estima que los ideales democráticos que sostuvieron y por los cuales ofrendaron su vida los jóvenes masacrados

en Madera, son ideales justos. Y que se impondrá. Lo erróneo y lo que lleva inevitablemente al fracaso son los métodos, es la línea táctica, una concepción de la lucha basada en la falsa idea de que la revolución no la hacen las masas sino los pequeños grupos de revolucionarios que se lanzan solos al ataque. De lo anterior se deduce la inmensa responsabilidad moral en que incurren los que ideológicamente alientan la línea táctica por la que se han guiado Gámiz y sus compañeros […] Llama a los obreros, a los campesinos, a los estudiantes de Chihuahua a reforzar las filas del partido, a cohesionarse en las organizaciones que ofrecen una salida revolucionaria a los graves problemas por que atraviesan las masas del estado, como la Central Campesina Independiente y la Central Nacional de Estudiantes Democráticos.

Como se puede observar, la actitud del PCM es más bien cauta. Reconoce el valor, pero critica el método. Su lógica de continuar siendo el núcleo con bandera roja, pero que actúa desde la legalidad, siendo que ni siquiera es reconocida como institución política por el estado mexicano, permite más bien suponer esa constante subordinación a la institucionalidad. El deslinde del PCM con las acciones armadas, será la constante durante las décadas de los años sesenta y setenta.

Se desea minimizar Madera y su 23 de septiembre. Sin embargo, un grupo de jóvenes en activo parece no querer olvidar lo que acaba de suceder. Por el contrario, se preparan y se disponen de diversas maneras a perpetuar en la historia reciente de México el lugar y la fecha.

2
FECHA DE TODOS: 23 DE SEPTIEMBRE

No hay duda: los integrantes del grupo de apoyo en la ciudad de Chihuahua, estudiantes en su mayoría, están dispuestos a seguir luchando. La consigna tatuada en su mente, espíritu y alma, sus principios y conciencia, aun ante el sabor del fracaso, del trauma de haber recibido la noticia de la fallida acción en Madera, es una sola: hay que seguir en esto.

El acoso policial se hace obvio. Los jóvenes saben que están siendo vigilados por la policía. Cuando no se trata de un automóvil frente a su casa, son varios los hombres que están atentos a sus movimientos. Se preguntan por qué las fuerzas del orden no actúan y los detienen, pues incluso saben que hay varias órdenes de aprehensión giradas en contra de varios de ellos. Definitivamente, están identificados, ubicados; la Dirección Federal de Seguridad conoce sus movimientos, las palpitaciones de sus corazones, lo agitado de su ritmo sanguíneo, el color de su frustración, así como sus ganas de seguir empuñando las armas... ¿Y? ¿Por qué no hacen nada? ¿Por qué dejarlos actuar? ¿Qué quieren?

La frustración ha inmovilizado por su parte a los campesinos, no desean reorganizar la lucha; el golpe moral en su contra ha sido definitivo, hay desilusión, desánimo y amenazas que menguan las pretensiones revolucionarias de estos miembros del grupo guerrillero. Cada quien regresa en secreto a sus respectivas comunidades, a sus casas, a su cotidianidad de carencias, de sueños sin fruto.

La clandestinidad se hace obligada para más de uno de los estudiantes, la capacidad de análisis de lo que ha sucedido no es posible cuando la policía va descubriendo sus sombras en cualquier calle; los nervios se han convertido en una bomba de tiempo que puede explotar de un momento a otro.

La capital del país se vislumbra como una de las salvaciones posibles; ahí hay contactos, casas de seguridad, amigos, líderes sociales que pueden auxiliar, permitir que la cabeza se enfríe, que el coraje descienda, que el análisis pueda descubrir hacia dónde caminar.

Poco a poco abandonan Chihuahua por diferentes puntos del estado. Despistan a los policías, se esconden de los posibles soplones; la meta es llegar a la Ciudad de México, olvidarse del horror vivido, dejar que la tensión retome su nivel, permitir que la indignación sobreviva para que la lucha continúe, valorar los hechos, descubrir errores, detectar fallas que le han costado la vida a los dirigentes del núcleo guerrillero, Madera se ha convertido ya en la referencia irrenunciable. Cada uno se apropia de lo sucedido a su manera, a su gusto, a su forma de ser; la memoria de los caídos es también una referencia más, una luz, el camino.

Son los últimos días del año 1965. Por todo el Distrito Federal los focos de colores invitan a festejar la Navidad y el año que viene. Como lentas gotas dispuestas a llenar un vaso, van concurriendo los jóvenes chihuahuenses a las casas de seguridad de la capital del país; la emoción y la sorpresa se desborda al encontrarse con algunos de los sobrevivientes del cuartel Madera.

Desfilan las narraciones sobre lo sucedido: las anécdotas, vivencias, lágrimas, tiempos, posturas, dudas. Las reuniones de trabajo se suscitan una detrás de otra; el objetivo es el mismo, pero, ¿por dónde empezar ahora? La principal pregunta, que fecunda rápidamente, es: ¿quién había traicionado a los compañeros que atacaron Madera?, ¿cómo había sido posible que hubiese fracasado la acción? Los estudiantes miembros del apoyo urbano cuentan con su visión propia de lo acontecido; el testimonio de los que lograron salir con vida no termina por convencer el posible análisis que permita saber qué ha pasado. La desconfianza ocupa un lugar más en la reunión de trabajo para analizar hacia dónde caminar.

Varios son los nombres que asoman como probables traidores: Vicente Lombardo Toledano, el capitán Lorenzo Cárdenas Barajas, los que acudieron del gobierno local de Chihuahua a las reuniones previas al asalto. De la sorpresa por las historias que cada quien ha experimentado, se pasa al debate político sobre un futuro inmediato que se vislumbra incierto. No está presente un Gámiz para poner orden, no hay un Gómez que centre las prioridades del grupo, un Salomón con la sensibilidad de la lucha. A falta de liderazgo, cada cual se queda con sus propias dudas, cada uno hace suya la herencia del asalto a Madera. Se dibujan dos posturas: los que insisten en ver la traición de parte de alguno de los que conocían la acción a realizarse y los que deliberan sobre los errores de la operación.

Se antoja imposible querer conciliar ambas posturas; cada uno cree que tiene la razón. Las sombras sobre lo acontecido son demasiadas para descubrir lo que realmente sucedió. Eso sí, todos tienen claro en continuar con la lucha.

Los casi quince miembros de la desmembrada guerrilla de Chihuahua, entre jóvenes, sobrevivientes y simpatizantes, optan por el divorcio en dos grupos; no hay reproches entre sí, aun cuando la suspicacia esté latente.

Óscar González Eguiarte se erige como líder del grupo que decide volver a intentar las acciones en el estado de Chihuahua: continuar con los contactos abandonados allá, preparar a los campesinos, regresar a la sierra, buscar a quienes no llegaron a Madera, resistir desde las bases del movimiento popular. A su lado quedan Guadalupe Escobel, Jaime García Chávez, José Luis Guzmán y Carlos Armendáriz.

En cambio, para Pedro Uranga, el dirigente del otro grupo, Chihuahua es un infierno. La lucha está en otra parte del territorio nacional. Por ello, deciden desarrollar su proyecto revolucionario en la capital del país, contactarse con los que apoyaron en su momento a Gámiz y Gómez desde el Distrito Federal. De su lado están: Juan Fernández, Saúl Ornelas Gómez y Guadalupe Jacott.

Cada uno de los dos grupos quiere autodenominarse Movimiento Guerrillero 23 de Septiembre. Pero después, González Eguiarte pensó en bautizar a su grupo con el nombre de Arturo Gámiz, para diferenciarse de quienes se quedaran en el Distrito Federal.

A fines de 1965 son dos los nuevos contingentes que piensan en la lucha guerrillera para cambiar las cosas en México, cada cual con su propia historia, estrategia; ambos son semilla del ya desarticulado Grupo Popular Guerrillero, que lideraban Gámiz, Gómez y Gaytán; grupos ambos que, sobre todo, heredaban una fecha, un ancla, un símbolo: 23 de septiembre.

IV

Las escenas de la historia

1
PENSAR EN LAS ARMAS. VARIAS ESCENAS

1966 despierta como un cuerpo histórico con varias decenas de arterias, por cuyos conductos puede pasar cualquier cosa. El país ha comenzado a cambiar; en el campo se mueven ciertas conciencias, en los centros de estudio hay efervescencia, crítica, movilidad, protesta; los movimientos gremiales han sido socavados, pero a pesar de ello sigue latente la inconformidad, la semilla detrás de la búsqueda de la libertad sindical.

Son los primeros días del año cuando la Cuba revolucionaria convoca la realización de la I Conferencia Tricontinental –América, Europa, Asia–, en donde se acuerda luchar contra el imperialismo, el colonialismo, así como defender la Revolución Cubana y reivindicar Latinoamérica. De aquí surge la Organización Latinoamericana de Solidaridad, que será la comisión encargada de vigilar y echar a andar los resultados de la Conferencia.

De México acuden, entre otras expresiones de la izquierda, grupos del ya para entonces debilitado Movimiento de Liberación Nacional, personajes del Partido Comunista Mexicano, incluso algunos miembros del oficialista Partido Popular Socialista. El objetivo de los revolucionarios cubanos parece claro: extender la acción liberadora hacia otros pueblos, llevar a la práctica las tesis del comandante Guevara, que ya han sido muy difundidas, leídas y aprendidas en México:

> Consideramos que tres aportaciones fundamentales hizo la Revolución Cubana a la mecánica de los movimientos revolu-

cionarios en América, son ellas: 1- Las fuerzas populares pueden ganar una guerra contra el ejército. 2- No siempre hay que esperar a que se den todas las condiciones para la revolución; el foco insurreccional puede crearlas. 3- En la América subdesarrollada, el terreno de la lucha armada debe ser fundamentalmente el campo.

El planteamiento divulgado en los textos del Che –*La guerra de guerrillas*– es una invitación para que se abandone la tradicional idea del ejército de autodefensa campesina para pasar a la ofensiva, a la preparación de las condiciones que provoquen los cambios históricos requeridos.

El apoyo cubano a las semillas armadas comienza a fluir por gran parte de América Latina, Asia y África. México es el país excepción, ya que el país del águila que devora una serpiente es considerado como parte de la estabilidad del proceso revolucionario cubano; imposible pensar en apoyar a alguno de los mexicanos locos que pretenden derrocar al sistema revolucionario de 1910, que nunca le ha dado la espalda a Fidel; los policías mexicanos que tan bien les trataron en su tierra y que permitieron que el Granma encendiese motores unos años atrás. Desquiciado aquel que pretendiera enemistarse con el gobierno de México, con los representantes aztecas que repudiaron el cerco comercial y militar de los Estados Unidos a la isla. Para los únicos que existía un enemigo a escasos kilómetros de Tuxpan, Veracruz, era para los agentes de la Dirección Federal de Seguridad, quienes ven en cada acto de protesta estudiantil, campesino, sindical o de lucha ciudadana por la democracia, la mano del comunismo cubano

La policía política en México está atenta a todo lo que sucede desde La Habana, pues a pesar de todo Cuba es acusada de ser la promotora –junto con los rusos–, de las acciones de desestabilización en territorio tricolor. De ahí que a partir de enero de 1966 se tenga muy en cuenta lo que se ha decidido en la Organización Latinoamericana de Solidaridad (OLAS) desde la isla y su supuesta repercusión en nuestro país, aunque esto no sea más que una muestra de la falta de sensibilidad sobre lo que está sucediendo en el terreno social, además la falta de atención a las demandas populares en nuestro país, ya que los cubanos lo que menos desean es enemistarse con el PRI, sus representantes, Relaciones Exteriores de México y el presidente en turno; las instituciones de la primera revolución del siglo XX.

Para el resto de América Latina, como asegura Jorge Castañeda en su *Utopía Desarmada*, la Revolución Cubana marca y define el rumbo a seguir en tres aspectos. Primero, se consolida un régimen revolucionario que persigue reformas sociales y económicas; segundo, este régimen se proclama abiertamente marxista-leninista y se enemista con Estados Unidos, y por último, considera obligatoria la reproducción de su propia experiencia en otras partes. Sobre este punto pronto los jóvenes mexicanos descubrirían que para ellos no habría cauces en esta estrategia.

A partir de septiembre de 1965, los movimientos armados en México van a dejar de funcionar como simples expresiones de autodefensa campesina, para convertirse en grupos de reacción a las injusticias cometidas para con los trabajadores del campo. Es posible que no mantengan un programa definido, sino que actúan con la capacidad de respuesta espontánea que valora la necesidad de calentar el arma en la mano para salvar la vida —como hubiese sido el caso de Rubén Jaramillo en Morelos, o del propio Salomón Gaytán en Chihuahua y que meses más adelante lo sería también para el caso de Guerrero–, revalorando la lucha armada para alcanzar cambios estructurales en México y no limitándose a la solicitud de un terreno, a la promesa incumplida; ahora contrariamente, se empieza a pensar en la ideología como fundamento de lucha, con la teoría exportada de Cuba y de otras expresiones guerrilleras de América Latina, siendo así como se decide ingresar en la clandestinidad con el consecuente aroma de riesgo, de muerte, de enfrentamiento, de liberación, de acciones contra el gobierno y la llamada burguesía.

La película de la historia parece que se comienza a proyectar en cámara rápida, las secuencias se van atropellando una tras otra, y su final aún no permite que las luces de la sala cinematográfica se enciendan para que podamos salir.

1966. *Primera Escena*

Óscar González Eguiarte es el líder indiscutible de uno de los dos grupos en los que se ha dividido el núcleo de los que han participado, de una u otra forma, en el Grupo Popular Guerrillero de Gámiz y Gómez. Su objetivo sigue siendo la sierra del estado de Chihuahua, desde donde supone que podrán activar la revolución para todo México. Lleva consigo las armas que le fueron entregadas tras el reparto, una vez que se fraccionó el grupo original. Él cree en el capitán Lorenzo Cárdenas Barajas, a pesar de que las dudas sobre su persona han venido creciendo, y de que ha surgido la posibilidad de que sea agente del gobierno embozado para dejarlos hacer y actuar teniendo todo preparado para detenerlos en plena acción.

Óscar González y Ramón Mendoza abordan un autobús en la Ciudad de México de la línea Estrella Blanca, con rumbo a la ciudad de Pancho Villa, Chihuahua; es el 7 de marzo de 1966. Van preparados, saben que les esperan varias horas de viaje, han depositado sus bultos en el portamaletas del autobús, sin permitir que nadie los tocara. Los kilómetros se van consumiendo. Están nerviosos, sienten sobre sus espaldas la responsabilidad histórica de continuar la empresa de los caídos unos meses atrás en Madera. De vez en cuando, la escuadra calibre .22 se le entierra en las costillas a Ramón, evitando que consiga lograr un sueño profundo durante la larga travesía, ya que ha decidido viajar con ella a la mano por cualquier situación que se pueda presentar.

Está por nacer el día 9 de marzo, cuando el autobús comienza a recorrer las primeras calles de Chihuahua. El cansancio del viaje se refleja en la cara de todos los pasajeros, han sido demasiadas las horas de estar sentados dentro del autobús;

las articulaciones parecen no querer responder luego de tantas horas de estar sin movimiento, el sueño atrasado e incómodo se mezcla con los cabellos tiesos.

Óscar y Ramón descienden rápido del autobús, a pesar del cansancio; una vez más no pueden permitir que nadie toque su equipaje. Poco a poco los pasajeros encuentran a los familiares que han ido por ellos; para los guerrilleros es mejor que ningún conocido los descubra.

El escaso dinero que traen consigo les lleva a intentar alcanzar la casa de los padres de Óscar a pie, total, ¿qué les puede pasar? Ambos inician el recorrido, la noche provoca que la soledad sea absoluta en la ciudad de Chihuahua: ni un alma se ve a su alrededor. Su paso es lento, cansado, y el equipaje les pesa diez veces más de lo que realmente parece.

Una luz se acerca; es un auto, que sigue el paso de los dos viajeros recién llegados.

—¡Párense ahí!— Escuchan la orden. Al voltear descubren que se trata de una patrulla de la policía estatal. La adrenalina comienza a circular sin control; el cansancio ayuda a que los nervios no estén en su mejor momento.

—¿Quiénes son? ¿Qué hacen caminando a estas horas?

—Somos estudiantes. Acabamos de llegar de la Ciudad de México y vamos a mi casa—. Interviene Óscar, mientras busca más argumentos para espantar el alto policial.

—¿Qué traen ahí? —dice uno de los policías señalando la maleta.

—Nuestra ropa, libros y varias cosas más—. Enumera no muy convencido Ramón, con gesto un poco retador.

—Identifíquense—. Terció una vez más el primer policía.

—En este momento no tenemos con qué, pero somos estudiantes y vivimos aquí en Chihuahua—. Se adelantó Óscar al saber que su compañero estaba un poco más nervioso que él.

—¿En dónde viven tus padres? —Insistió uno de los agentes, ya con más ganas de amedrentar a los jóvenes, tal vez con la ilusión de encontrar una pequeña remuneración a su labor nocturna.

—En Carlos Fuero 603 —contestó seguro Óscar.

—Queda cerca de la comandancia pareja, ¿por qué no les damos un aventón?

—Súbanse, nosotros los llevamos—. Propuso el policía al volante.

La duda, los nervios, la adrenalina, el miedo de saberse descubiertos, las manos de ambos comenzaron a sudar, ¿qué hacer?, ¿cómo responder?, ¿para qué negarse? Óscar alcanza a sobreponerse y acepta la supuesta benevolencia de los guardianes del orden, antes de que su compañero pretenda hacer alguna locura.

Una vez dentro del auto, los policías continúan con sus preguntas incómodas.

—¿Cómo te llamas?

—Óscar González.

—¿Y tú?

Ramón no encuentra un nombre que dar, sabe que su verdadera identidad podría estar presente en la memoria de los policías; no en balde había estado disparándole a los soldados en Madera hacía pocos meses y había visto cómo caían Salomón y Arturo bajo el fuego enemigo. Los dientes se le cerraron de coraje al recordar aquellas imágenes, sin permitir articular palabra alguna seña, nombre, apellido.

Los policías presienten que algo no anda bien, un intercambio de miradas les hace ponerse de acuerdo, faltando un par de cuadras para llegar a la casa de los padres de Óscar, la patrulla se desvía rumbo a la comandancia.

—¿Qué desean de nosotros? Ya les dije que somos estudiantes, ¿acaso por eso nos llevan a la cárcel?— Protesta de inmediato Óscar, pretendiendo que su cabeza le arroje rápido una salida, algo que convenza a los policías de que son buenos muchachos.

—Solo quiero que el comandante tenga conocimiento de ustedes, no vaya a ser...—, dijo uno de los policías como respuesta ante el argumento de Óscar, mientras que la patrulla ya se estacionaba frente a la central.

La inquietud y la parálisis fueron en aumento en el interior de ambos jóvenes. En la cabeza de cada uno la clave del ¿qué hacer? no encuentra salida; miles de opciones se atropellan entre sí, provocando la inercia fácil de seguir con la actuación.

—Oficial, esto es una arbitrariedad. Somos estudiantes y acabamos de llegar de la Ciudad de México, caminábamos rumbo a la casa de mis padres, cuando estos oficiales nos detienen y no creen en nada de lo que les decimos. Nos quieren hacer pasar por rateros o delincuentes, mientras que nosotros tan solo íbamos pacíficamente a mi casa. Luego nos mintieron, argumentando que nos darían un aventón y nos han traído hasta acá sin cargo alguno—. Vomitó Óscar al encontrarse con el oficial de guardia en la comisaría, quien sin entender qué sucedía, volteó a ver a los dos policías que los escoltaban para salir de dudas.

—Disculpe señor, lo que pasa es que usted sabe que por el rumbo de la terminal de autobuses hay muchos delincuentes y cuando vimos a estos dos jóvenes caminar solos con esa maletota, solo les pedimos que nos dijeran qué estaban haciendo tan tarde y luego, luego, se pusieron altaneros diciéndonos que eran estudiantes. Todavía nos ofrecimos a llevarlos hasta su casa, pero cuando mi colega les pidió sus nombres, uno de ellos ni siquiera quiso dárnoslo. Entonces, la verdad decidimos traerlos para que mejor usted decida—. Se justificó sumiso el policía conductor.

—¿Qué traen ahí?— Inquirió el oficial de guardia, un poco por decir algo, tal vez por dudar de la actitud de los jóvenes cuyo nerviosismo era evidente.

—Nuestra ropa y algunos libros, qué más va a ser—. Atajó rápido Óscar, sabedor de que aquella maleta comprometía toda su versión.

—¿Ya ve, comandante? Así nos respondieron a nosotros también—. Se justificó uno de los agentes.

—A ver, abra la maleta—. Ordenó el comandante de guardia al descubrir que parte del nerviosismo tenía que ver con el equipaje que cargaban los jóvenes.

Ante la parálisis de ambos, uno de los policías que los había llevado a la comandancia se sintió con el consentimiento de su superior para arrebatarle la maleta a Ramón, cuya mano derecha se cerraba sobre el asa de aquel objeto. La sorpresa que recibió este por la acción rápida del policía, quien animado se hincó para revisar en el interior, hizo que la misma mano que antes se amarrara a la maleta, viajara hasta la pistola calibre .22 enfundada en su cintura.

La acción fue rápida. Ramón deja asomar su arma y sin pensarlo, tal vez ante el inminente descubrimiento de lo que llevaban consigo, descarga un par de detonaciones sobre el cuerpo del policía, mientras que Óscar le vuelve a arrebatar a aquel cuerpo ya sin vida la maleta para salir corriendo. Ahora la sorpresa invade a los demás policías, quienes han visto caer a uno de los suyos; nadie se atreve a desenfundar para hacer frente al que acaba de ajusticiar a su compañero. Ramón abanica la mano que ostenta el arma como para que de todos modos a nadie se le ocurra cometer aquella imprudencia, y salen corriendo ambos de la comandancia.

La carrera sin rumbo se hizo desesperada, la única guarida que creyeron oportuna estaba a unas cuantas cuadras y sin pensarlo se dirigen hacia allá. Los padres de Óscar son arrancados del sueño aquella madrugada del 9 de marzo. La madre se inquieta al ver a su hijo jadeante, nervioso, casi histérico. De inmediato se escuchan varias sirenas acercarse.

La señora Eguiarte presencia cómo su hijo comienza a discutir con su compañero. No entiende qué pasa. Una voz enardecida se escucha desde afuera: «Ríndanse, están rodeados.»

El patio trasero le cruza como opción a Óscar, quien rápido va a abrir la puerta, encontrándose el acceso cerrado bajo llave.

«Yo estoy más comprometido, voy a salir a enfrentarlos». Propone Ramón.

Los ruidos, gritos, luces y golpes en la puerta, arman un escenario que el matrimonio González Eguiarte no logra descifrar; solo sienten angustia al ver que su hijo anda metido en algo y que corre peligro.

Una granada de gas lacrimógeno entra por una de las ventanas de la casa para descontrolar aún más los nervios de los ahí reunidos. Una vez más, el qué hacer no encuentra respuesta. La madre de Óscar es testigo de cómo su hijo y su amigo se gritan cosas entre sí; no los escucha. Hay demasiada confusión para poder descifrar lo que se dicen entre ellos, para saber qué es lo que está pasando, qué pesadilla les ha tocado vivir. Sin articular palabra ve cómo su hijo decide salir de la casa con las manos en alto, detrás de él ve a su amigo con un arma en la mano.

Ramón pretende romper el cerco policial a balazo limpio, correr, huir de ahí. Los policías, preparados para no dejarse sorprender, están atentos a sus movimientos, desde que se escucha la primera detonación, cae una lluvia de balas sobre él; una le roza el pecho y otra se le incrusta en el brazo izquierdo. Óscar se ha tirado al suelo para cubrirse de las balas, la madre ha explotado en llanto. Apenas alcanza a ver cómo es detenido su hijo, desarmado su amigo y ambos trasladados en una patrulla.

1966. Segunda escena

Por todo México se dan a conocer los acontecimientos que han tenido lugar en un barrio de la ciudad de Chihuahua. Los titulares de la prensa nacional varían según la pretensión amarillista: «Investigador muerto en una refriega de rojillos y policías en Chihuahua». «Complot en Chihuahua, planeaban subvertir el orden. Dos detenidos». «Plan subversivo es descubierto. La PGR reveló la existencia de una conspiración comunista, cuyo propósito era crear nuevos levantamientos en el estado de Chihuahua.»

Pedro Uranga y su grupo tienen conocimiento de lo que le ha pasado a Óscar. Ellos, por su parte, habían decidido cambiar de casa de seguridad, contactarse con otros líderes afines a su principio revolucionario y emprender acciones de convencimiento para preparar a las masas para la revolución armada.

Varios han viajado a otros estados de la República: Durango, Puebla, Guerrero, Hidalgo...

Sus jornadas son largas. Estudian tácticas de guerra de guerrillas, se entrenan, leen sobre marxismo, analizan la situación de México, conversan entre ellos, se entrevistan con mucha gente.

También se han nombrado Movimiento 23 de Septiembre. Planean la dirección de su grupo sembrando células en las ciudades, a pesar de que siguen la consigna guevarista de que la revolución tiene que nacer en el campo, en la guerrilla rural, más que urbana. Por eso pretenden ligarse al campesinado de los diferentes estados que visitan.

—Cayó Óscar–. Es la noticia que todos comparten. Hay tristeza por el futuro de su antiguo compañero, porque a pesar de las diferencias que existen entre ambos grupos, se saben de un origen común.

—Tenemos que hacer algo, demostrarle que estamos con él–. Propone uno de los miembros del grupo.

—Que la acción se lleve a cabo en Chihuahua–. Señala Pedro, consciente de que su lucha es la misma que la de Óscar.

Los planes para llevar a cabo algunas acciones en las vías del Ferrocarril Chihuahua-Pacífico comienzan a delinearse con cuidado. Habían sido ya varios los golpes frustrados, las acciones innecesarias, por lo que de inmediato se comienzan los trabajos para trazar un plan que no pueda fallar.

Por su lado Giner Durán sabe que está acorralado. Se autoproclama como el gobernador más anti comunista de todo México; además de estar orgulloso de que cualquier acto del gobierno federal en su contra sería considerado un atentado contra la Revolución Mexicana, por ser el único sobreviviente de aquellas gestas históricas al frente de un estado de la República. Se ufana de que solo manteniendo vivos los problemas en su estado, la federación no pretenderá quitarle el poder local. Declara que siempre estuvo enterado de lo que pasaría en septiembre de 1965 y que logró contener el problema, según transcripción de un documento escrito por él mismo el 22 de marzo de 1966, dado a conocer por la revista *Nexos* en junio de 1998, en el que declara:

«Por eso creo que mi defensa y mi conservación en el poder está en los comunistas. Mientras ellos me ataquen, el gobierno federal me sostendrá. Por eso mismo, me conviene que haya problemas [...] ¡algunos hasta he debido crearlos yo mismo!»

—Aunque la presente acción nos toma de sorpresa y un poco improvisados, recuerden que la formación de nuestro grupo tiene como objeto la creación de focos guerrilleros por todo el país, de ahí que, luego de habernos puesto de acuerdo sobre el nombre de nuestro movimiento, en el que la mayoría aceptó la adopción de 23 de Septiembre durante la reunión que sostuvimos en el estado de Hidalgo, quiero proponerles que sean los compañeros de Chihuahua quienes se encarguen de planear, llevar a cabo y pronunciarse del acto que pretendemos realizar como protesta por la detención de los compañeros Óscar y Ramón. Grupo al cual propongo que denominemos como Número Uno, para que la gente que ha comenzado a trabajar en Guerrero sea identificada por el de Número Dos, mientras que el resto del Estado Mayor continúa organizando la preparación de los llamados Grupos Populares Guerrilleros en las zonas rurales y las Unidades Urbanas de Vigilancia Revolucionaria que, como todos saben, deberán ser los grupos de apoyo, logística, contacto, finanzas y seguridad para quienes nos internemos en la sierra tarde o temprano. ¿Están de acuerdo?— Terminó su exposición Pedro Uranga, ante el pleno de lo que ya para ese entonces ellos mismos consideraban el Estado Mayor de su grupo armado, conformado además por Saúl Ornelas y Juan Fernández. El Frente Uno —o Número Uno— comenzó de inmediato la localización del mejor acto de sabotaje. Así, las vías del Ferrocarril Chihuahua al Pacífico resultó ser el objetivo deseable, ya que contaba con todas las características que la teoría aprendida hasta entonces les había aconsejado, asegurándose de que, a la hora de realizarlo, el centro cuente con poca vigilancia, tener en cuenta las vías de salida y escape a la mano y que la acción sea importante, con el fin de asegurar su difusión.

Dos de los miembros del Estado Mayor decidieron viajar a Chihuahua para entrar en contacto con los pocos grupos de apoyo que simpatizaban con ellos, ya que la mayoría de la gente se había decidido por el liderazgo de Óscar González. A pesar de ello, la propuesta encontró de manera expedita el consentimiento y la determinación de varios compañeros del estado norteño.

—El puente del Ferrocarril Ojinaga-Presidio es mejor como objeto de sabotaje, que las propias vías del tren Chihuahua-Pacífico—, contrapropuso uno de los jóvenes recién incorporados a la lucha del Frente Uno—. Además es de madera y con poco combustible podremos lograr nuestra misión. Al afectar la frontera con Estados Unidos, estamos asegurando la difusión de nuestra lucha.

La idea no parecía mala. Los dos miembros del Estado Mayor se tomaron unos minutos para valorar aquella nueva propuesta. No tenían tiempo que perder; estaban a mediados de marzo y la acción tendría que llevarse a cabo durante la primera semana de abril. La posibilidad de huir a los Estados Unidos si se veían acorralados fue un punto que inclinó la balanza en favor de aquel objetivo.

El grupo viajó con todas las precauciones necesarias a la zona. Se montó guardia para conocer con precisión de cronómetro los posibles movimientos de los guardias, el tránsito de los trenes, las posibles variantes para efectuar el acto de sabotaje. Una vez que se tuvo toda la información necesaria, antes de que terminase de ocultarse el sol, el viernes uno de abril de 1966, los guerrilleros terminaban de rociar con gasolina gran parte de la extensión del puente, además de haber terminado de colocar los explosivos en los puntos de apoyo.

Minutos previos a que dieran las siete de la noche, una pequeña llama comenzó a recorrer la mecha para llegar puntual a su cita con el combustible, mientras que desde la oscuridad de la vegetación que rodea el lugar, un guerrillero activa los explosivos. Las llamas destrozaron cuatrocientos ochenta metros en el lado mexicano y cuarenta más de la parte gringa, en un lapso de treinta minutos, antes de que llegaran los servicios de apoyo y bomberos.

La acción había sido un éxito, pero los nervios habían traicionado la principal meta del sabotaje: hacerse presentes como el Movimiento Guerrillero 23 de Septiembre. Al día siguiente quisieron atribuirse la acción pero se dieron cuenta de que no habían dado su nombre el día anterior; por ello, se determinó llevar a cabo la acción en las vías del Ferrocarril Chihuahua-Pacífico, como se había acordado desde el principio.

El incendio del puente no le causó mayor expectación a las autoridades, de ninguno de los dos lados de la frontera. Ya existían incluso consideraciones de que al estar construido de madera, en cualquier momento se podría ocasionar una desgracia como la que se les habría presentado, por lo que no hicieron despliegue militar, ni policial por la zona.

De la estación de Nuevas Casas Grandes se dispuso el tren de carga 525, como cada semana, para realizar su trayecto por la sierra Tarahumara. Antes de que dieran las cuatro de la mañana del día 3 de abril, después de una curva y preparado para entrar en uno de los tantos túneles que cruza el tren por la sierra de Chihuahua, se dejó oír un rechinar estruendoso, como un grito de animal herido; las ruedas del ferrocarril dejaron de sentir la vía que les permitía deslizarse libre y silenciosamente. Los vagones se juntaron unos con otros y la carga salió disparada por todas partes. Como si se tratase de un juguete, el pesado y famoso tren Chihuahua-Pacífico zigzagueaba por el monte.

Los autores habían contado con poco tiempo para poder desarrollar la acción, pero a lo lejos tuvieron tiempo de observar su obra. Varios de los rieles descansaban escondidos entre la maleza, haciendo de su acto de sabotaje todo un éxito. A un costado del punto en el que se había descarrilado la locomotora, fue colocada una manta escrita en la que se hacían responsables del hecho:

Al Pueblo de México: DEFIENDE TUS DERECHOS, ya no soportes más injusticias, como son los asesinatos cometidos por órdenes de caciques y latifundistas y explotaciones por las grandes empresas que sirven al imperialismo. ¡ABAJO EL CACICAZGO! ¡VIVA LA LIBERTAD!
MOVIMIENTO 23 DE SEPTIEMBRE

A seis meses y once días de haber caído los líderes del Grupo Popular Guerrillero, los descendientes directos actuaban para perpetuar la fecha y hacerse presentes para sus compañeros caídos en prisión seiscientas horas antes.

El trabajo de presentación del recién nacido Movimiento 23 de Septiembre ante la opinión pública no descansó un solo minuto. Los miembros del Estado Mayor entraron en contacto aquel año con dos grupos más, cuyas pretensiones también eran las de actuar dentro de la lucha armada: el naciente Movimiento Revolucionario del Pueblo, liderado por el periodista Víctor Rico Galán, y otro grupo de tendencia pro-China, cuya cabeza visible era el ingeniero Javier Fuentes; a fines de año, también contactaron con el profesor Lucio Cabañas, cuya determinación por la vía armada aún no estaba del todo clara.

1966. Tercera escena

Desde su llegada al estado de Durango, los profesores Lucio Cabañas y Serafín Núñez –quienes a fines del año anterior han recibido la orden de cambiar sus servicios dentro del magisterio de Atoyac de Álvarez hasta el norte del país–, descubren que las condiciones de la población que han llegado a atender son igual de difíciles que las que padecen sus coterráneos en la costa guerrerense.

«[...] nosotros reunimos a los pobres y pedimos alimentación gratis, almacenes de alimentación para regalar a la gente porque, como les digo, cuando llegamos allá, los niños tenían solo nopales.»

La inmediata intervención de los profesores por inmiscuirse en la problemática local fuera de su labor del aula, les lleva de inmediato a ganarse la simpatía de los duranguenses.

Lucio organiza, como ha sido su costumbre, asambleas populares en las que se exponen las necesidades más urgentes de la población, se habla mal de los patrones, de los dueños de las tierras, en las que la constante viene a ser, una vez más, las promesas incumplidas. La acción inmediata que se acuerda después de varias reuniones con la gente de Tuitán, Durango: la invasión de los terrenos del cerro del Mercado, cuya clásica historia de retraso sobre la posibilidad de entrega de aquellas tierras a los campesinos de la zona, ha estado durmiendo el sueño de los justos en las oficinas agrarias.

Cabañas extraña el calor acariciante del inicio de cada año de la sierra guerrerense. De pronto tiene que saber cómo relacionarse con la nueva población que le corresponde ayudar. Los modismos son diferentes a los que acostumbra utilizar en su tierra, la forma de ser del norteño: franco, directo, hasta confianzudo, obliga al maestro a realizar cierto ejercicio de ubicación; su tono al hablar lo diferencia de inmediato del resto de los maestros del estado de Durango.

La idea de su labor no tiene vuelta de hoja: Lucio es un maestro del pueblo, no solo un profesor de pizarrón y gis: «[...] donde quiera que estemos, siempre estamos con el pueblo y el pueblo está con nosotros, es una cosa natural que encontramos el método desde antes [...]» Por lo que, de manera natural, se integra en los trabajos de organización, asesora a los ejidatarios de la zona, les aconseja sobre las formas de insistir en sus demandas; se preocupa por la situación económica de las familias de los alumnos que llegan a su salón de clase, pregunta por los salarios, por la alimentación. Para el joven Cabañas su trabajo tiene que ver con un apostolado, algo casi religioso que ejerce gracias a su vocación de maestro, lo cual le permite cobrar un sueldo.

Desde su partida de Atoyac de Álvarez, los padres de familia han tomado las instalaciones de la escuela Modesto Alarcón. La injusticia con la que han sido trasladados los maestros es abrazada por el pueblo, y Genarita, la directora, no cuenta con la fuerza suficiente para contrarrestar todos aquellos actos de protesta, por más que hace llamados a la cordura, incluso creyendo que ha ganado la batalla contra Cabañas y Núñez. La presión local encuentra eco en el magisterio de todo el estado de Guerrero, quienes empiezan a manifestar su inconformidad por el trato del que han sido objeto sus compañeros por parte del gobernador Abarca Alarcón.

No se encuentra la forma para que los padres de familia de Atoyac desistan en su demanda por destituir a Genarita de la Dirección de la escuela Modesto Alarcón, y que los profesores Cabañas y Núñez regresen a su plaza en Guerrero. Transcurren las semanas y ellos continúan ahí, firmes, seguros de que se ha cometido una injusticia contra la población, que no solo afecta a la enseñanza de sus hijos. El conflicto comienza a tener tintes que podrían derramar las pasiones; ni las amenazas, ni la posibilidad de negociación, ni la aceptación parcial de sus peticiones hacen que la gente salga de las instalaciones del colegio, incluso cuando se obligó a la profesora Genara Reséndiz a renunciar al cargo de directora.

El conflicto llega hasta el escritorio del licenciado Agustín Yáñez, secretario de Educación Pública, haciendo que el mismo gobernador Raymundo Abarca Alarcón tenga que trasladarse hasta Atoyac para resolver el conflicto y, tras mantener algunos encuentros con los padres de familia, regresa a la capital del estado, habiendo empeñado su palabra en que ambos maestros van a regresar cuanto antes a la población.

Del mismo modo que les había sido notificado su cambio hasta el municipio de Nombre de Dios, Durango, Cabañas y Núñez reciben de un día para otro, a mediados de año, la notificación de regreso a Atoyac, en Guerrero.

Los maestros, que ya cuentan con la simpatía, el apoyo y la aprobación de la gente de Tuitán, por un lado, aceptan gustosos la noticia pero por el otro sienten tristeza de dejar a la gente de Durango. No tienen tiempo de despedidas y de la noche a la mañana inician el camino de regreso; recorrer los cientos de kilómetros que los separan de su antigua plaza es una empresa cansada.

Son ahora los vecinos de aquella pequeña población de Durango, alejada de la mano de Dios —aun cuando el municipio lleva su nombre— los que se quejan ante las autoridades por el cambio de los profesores. Incluso se forma una delegación que viaja hasta la Ciudad de México para entrevistarse con las autoridades de la SEP, para que no sean transferidos Cabañas y Núñez. ¿Qué más hubiera deseado la burocracia que dejarlos a ambos en el norte del país? Pero las presiones del lado guerrerense mostraban mayor determinación y fuerza que las del lado duranguense.

Una vez más, Lucio Cabañas logra un punto a su favor gracias al apoyo de la población: Atoyac se siente de fiesta por el regreso de los profesores. El retraso de las clases obliga a que se pongan a trabajar cuanto antes; también se enteran de todo lo que ha sucedido en su ausencia y de cómo parte de las inconformidades han sido canalizadas a través de los Cívicos de la zona, con los que Lucio ha coincidido, pero con quienes también se han marcado ciertas diferencias.

1966. Cuarta escena

Los miembros del Partido Obrero Revolucionario se citan en la casa ubicada en Miguel Ángel de Quevedo 1154, departamento 202, en la Ciudad de México, para llevar a cabo una reunión sobre las actuaciones y trabajo de la organización, y cómo construir la conciencia entre el proletariado y el análisis de lo que sucede en el país y el mundo.

Uno de los asistentes pertenece a la policía dependiente de la Dirección Federal de Seguridad, como lo da a conocer la revista *Nexos* en 1998, según un informe firmado por el entonces director de aquella corporación, Fernando Gutiérrez Barrios, con varios documentos más sobre la actividad de los trotskistas.

Bajo el argumento de que se ha estado hablando mal del gobierno, del presidente de la República, del orden establecido y bajo el supuesto de que pretenden revertir el orden establecido, los miembros del Partido Obrero Revolucionario son detenidos y llevados a Lecumberri, bajo los cargos de conspiración. ¿Cuándo iban a imaginar que sus pretensiones de sembrar entre los obreros la conciencia de izquierda por la vía sindical les llevaría a la cárcel?

La paranoia y esquizofrenia están instaladas en las altas esferas del sistema, del gobierno, del control político. La lucha entre las dos potencias mundiales del momento —Estados Unidos y la Unión de Repúblicas Socialistas Soviéticas—, y sobre todo la cercanía con Cuba, a pesar de que el gobierno sigue ofreciendo su apoyo al proyecto revolucionario de la isla, no deja de ser visto como una posible amenaza que pudiera desestabilizar el sistema político, económico y social de México.

¿Las Olimpiadas? ¿Quién podría estar pensando en las Olimpiadas en 1966? ¿Si para que estas se llevaran a cabo en México faltaban dos años? ¿Atentar en contra de ellas para llamar la atención? ¿Sabotearlas? ¿Conspirar?

Los informes van y vienen. El gran ejército de orejas desplegado por todo lo ancho y largo del país comienza a crear un escenario de conspiración e insurgencia que, aun cuando existe en varios centros de educación, en el campo y en las fábricas, es exagerado por las versiones oficiales; se ven enemigos comunistas donde no existen, se detiene a quien se supone que puede ser potencialmente un desestabilizador profesional, pagado desde Rusia, China o Cuba.

Los trotskistas, en efecto, apoyaban la insurgencia guatemalteca, el movimiento guerrillero de Yon Sosa, pero, ¿en México? Ellos mismos afirmaban que la insurgencia en este país se veía lejana; criticaban a Víctor Rico Galán y su intención de escuela de cuadros; el fracaso de las acciones en Chihuahua les otorgaba la razón, que las armas no serían la vía para alcanzar los cambios deseados. Además, la variante de que en México se habría llevado a cabo el reparto agrario y se jugara a la democracia cada sexenio, limitaba la posibilidad de la rebelión armada, tal como pasaba en Bolivia.

Los nombres de varios representantes de la izquierda coinciden en algunos puntos en un reporte de la DFS, aun cuando estos se encuentren divididos en cuanto a las diferentes concepciones teóricas acerca de la conducción de las masas para que alcancen su liberación: Ramón Danzós Palomino, Víctor Rico Galán, Judith Reyes, Manuel Marcué Pardiñas, Heberto Castillo, Pablo Gómez, Arturo Gámiz, Lorenzo Cárdenas Barajas y otros elementos del Ejército Nacional, miembros de otros partidos, del MLN, del movimiento campesino, de universidades; todos son lo mismo: agitadores dispuestos a subvertir el orden, a atacar al gobierno revolucionariamente impuesto por el pueblo de México.

La conspiración que los agentes de la DFS buscaba por todas partes y que, efectivamente, existía en el ánimo de algunos jóvenes, campesinos, líderes, de pronto sirve de pretexto para encarcelar a los que juegan a la clandestinidad.

1966. Quinta escena

La insurgencia se respira ya en los vientos del territorio mexicano. Los centros de enseñanza superior comienzan a tener una movilización nunca antes vista. En la Universidad Nacional Autónoma de México se organizan diferentes grupos, cuya principal actividad está relacionada con expresiones de tipo cultural: cine clubes, talleres de narrativa, ediciones de revistas y suplementos culturales; la discusión en los cafés obliga la presencia del tema de los cambios en el mundo, en América Latina, en México. Cuba sigue siendo una referencia del campo socialista que parece estar a la mano y no tan alejado como se podría pensar cuando se hablaba de la Unión Soviética o de China; incluso el tema de la guerra en Vietnam indigna a la juventud mexicana, aunque parece de otro planeta por tan lejos y distante que se siente aquel país intervenido por los gringos.

El fracasado intento de asalto al cuartel Madera en Chihuahua es un tema que manejan, conocen y discuten varios jóvenes estudiantes en la UNAM. Las lecturas de Marx, Engels, los discursos de Fidel y los escritos del Che Guevara son casi obligatorios. Muchos estudiantes se reúnen alrededor de una radio para escuchar en vivo las transmisiones de Radio Habana; la utopía de la ideología es ya una cotidianidad en el estudiantado universitario.

El grupo Miguel Hernández que había nacido un año antes en el seno de la Facultad de Filosofía de la UNAM reúne a varios jóvenes inquietos, cuya indignación por lo que sucede con la juventud española bajo el yugo dictatorial de Franco les lleva a solidarizarse con ellos y con todas las causas habidas y por haber.

Las manifestaciones en apoyo a Vietnam son reprimidas. Los jóvenes de mediados de los sesenta saben a qué se enfrentan cuando deciden participar y acudir a un acto de estos: piensan qué ropa van a llevar puesta, qué tipo de zapatos se van a poner, a quién tienen que hablarle si es que no aparecen, una pequeña red de comunicación y semi clandestinidad se desarrolla para responder a la posible agresión del Estado, el cual ve con buenos ojos en ocasiones las expresiones en la calle, y en otras decide echar a los granaderos para disuadir los ánimos.

La pregunta que se harían a diario los estudiantes era: ¿cómo medir las chances de protesta?, ¿cuándo sí se puede salir a la calle y cuándo no?, ¿en qué fecha nos madrearán?, ¿no habrá otra alternativa que la clandestinidad?

Sin poder descifrar del todo los mensajes del estado mexicano, los jóvenes se arriesgan, convocan, tienen el espíritu de hacer algo, descubren que la lucha política ni siquiera tiene que ver con ciertos derechos civiles o ciudadanos, sino que su lucha es, en principio, para conseguir las condiciones elementales que permitan desarrollar su función de estudiar. Al no contar con una respuesta favorable por parte de las autoridades, la radicalización parece evidente, la única salida es guardar en el estómago el momento de la revancha luego de tanta madriza y encarcelamientos injustos. Los partidos políticos de izquierda coquetean pero no logran mayor ascendencia sobre los estudiantes ni los obreros, así como tampoco sobre los campesinos; su disciplina y las distintas posturas ante lo que está sucediendo no terminan por convencer, guardando ciertas excepciones.

Los universitarios de la Ciudad de México han decidido extender su idea de la izquierda por toda la ciudad. Cuentan con el ejemplo del recién derrotado movimiento de los médicos, quienes a pesar de haberse negado a aceptar cualquier tipo de apoyo que no viniera de su propio gremio, impactan a la sociedad en general, durante las movilizaciones que protagonizan a fines de 1964 y los primeros meses de 1965. Así, para 1966 ya son una referencia obligada, un motor generador de conciencia social, como lo sucedido en Guerrero y Chihuahua, las batallas de Morelos y el asesinato del líder campesino Rubén Jaramillo. *Política* y *Sucesos* se convierten en lecturas imprescindibles entre el universitario con tendencias de izquierda. Para esta generación sesentera, la llevada y traída Revolución Mexicana no les dice ya absolutamente nada fuera de la referencia histórica decisiva para la radicalización del presente.

Ignacio Chávez, rector de la Universidad Nacional Autónoma de México desde 1961, comienza a ver cómo se está conformando un movimiento de oposición, cuyo origen tiene que ver con las esferas del poder gubernamental. Los estudiantes ávidos de movilidad, expresión, libertad, causas, utopías y democracia se suman al camión de la coyuntura en contra de su rector. La huelga universitaria de 1966 contra la autoridad universitaria dura un par de meses y concluye con la renuncia del rector el 26 de abril de aquel año. La canalización de las inquietudes ha tenido un buen final para ciertos intereses oscuros.

¿Quién podría dejar en pie para ese entonces la estatua de Miguel Alemán en Ciudad Universitaria? Una detonación fue suficiente para hacer volar en cientos de pequeñas piedras la efigie del que se había declarado promotor del Milagro Mexicano, el presidente que había inaugurado Ciudad Universitaria un 4 de junio. En poco tiempo se habían logrado sucesos antes poco imaginables: el movimiento que logra la renuncia del rector y la desaparición de la estatua de Alemán del recinto universitario.

El grupo espartaquista se reproduce en el ambiente universitario, la discusión de la izquierda mexicana se siente en cada aula, café, pasillo, jardín de la universidad, varias son las facultades cuyo despertar vendrá a contagiar al resto de las academias como preámbulo de lo que sucederá dos años después.

La noticia de la fundación de la Organización Latinoamericana de Solidaridad como grupo que nace de la I Conferencia Tricontinental en la Habana, Cuba, cuya misión y objetivo será sembrar la lucha armada para la liberación de los pueblos, anima a los jóvenes de la UNAM, y los lleva hasta la embajada de Cuba para solicitar entrevistas, apoyo y exposición de proyectos. Los cubanos no ocultan que México es un país amigo, que lo ha apoyado y que se ha mantenido como el único puente con el mundo latinoamericano. ¿Cómo atentar contra quien permitió la partida del *Granma* y se negó a romper relaciones con la isla?

Los escenarios de conspiración se respiran en la UNAM. La reflexión lleva a los jóvenes a la conclusión de que no hay más camino que la lucha armada para poder cambiar las cosas en tierra azteca, y quien no opine de manera parecida no es un revolucionario, incluyendo a los militantes de los partidos de izquierda. Hay en el ambiente un rechazo a la política como trabajo de convencimiento; se tacha de reformista a quien llegue con aquellas tesis. ¿Cómo creer en la participación política fuera del PRI, si cualquiera otra expresión terminaba siendo reprimida? ¿Para qué votar? ¿Qué opción seguir? El convencimiento de que el ciclo había terminado estaba sembrado en la conciencia de muchos jóvenes estudiantes; a la revolución socialista sólo se podría llegar por el camino de las armas, a tiros, como en Cuba, China o Rusia.

La revista *Hora Cero*, órgano de difusión del grupo Miguel Hernández, manifiesta claramente en el editorial de su primer número que el único camino es la lucha armada. La publicación es tan bien recibida que varios de los integrantes de la redacción son invitados a la OLAS en Cuba, en donde una vez más se solicita el apoyo de los cubanos para crear las condiciones del cambio en México. De nueva cuenta la respuesta es contundente: para la publicación de la revista, material de difusión y todo lo demás, sí; pero entrenamiento militar y apoyo logístico para crear la guerrilla en México, nunca. Incluso se prohíbe a cualquiera de los grupos armados que está apoyando Cuba en el resto de América Latina que ayude a la empresa armada de México. Más allá del compromiso ético, histórico, de la conveniencia cubana por mantener buenas relaciones con el gobierno mexicano, ¿habrá existido un acuerdo tácito, una promesa arrancada del sistema mexicano a los cubanos en el sentido de no apoyar posibles brotes en el país?

El aire está lleno de voluntarismo revolucionario en México, por la mente de varios jóvenes aparecen las imágenes de Guevara, Castro, Mao, Lenin, Camilo, la liberación de los pueblos no puede postergarse para mejores tiempos, pero, ¿qué hacer si el paraíso de la guerrilla no quiere apoyar? La inquietud queda para algunos por ahí truncada, para otros es una idea que se va acariciando poco a poco, luchando incluso contra los que se supone debieran ser los aliados naturales.

En provincia, los aires no corren de manera diferente a la capital, cualquier protesta, por elemental que sea, es reprimida; se golpea y se encarcela, ya sea por protestar por el alza al pasaje, por solicitar mejores maestros, por exigir mejores condiciones académicas o por las libertades universitarias.

En Morelia la historia comienza a escribirse con sangre, cuando es asesinado un joven estudiante el 2 de octubre de 1966. Ante las insistentes protestas, varios de los líderes son encarcelados, hasta llegar al extremo de ordenar que el ejército incursionara en las instalaciones universitarias seis días después del asesinato.

La Dirección Federal de Seguridad despliega un aparato de control político por todas las universidades y sindicatos; la infiltración parece ser la varita mágica para localizar a quienes desean desestabilizar México. El fantasma del comunismo ronda por la paranoia del Estado mexicano y se apremia a calificar de rojo cualquier acto de inconformidad, así sea de lo más sencillo la solución al conflicto, y cuando los cauces parecen poder desbordarse, el ejército es la Aspirina para aliviar el dolor de cabeza.

1966. Sexta escena

El café La Habana es el centro de reunión obligado de los periodistas, agentes de gobernación, vendedores cuya actividad bien puede cerrarse entre las tazas de café y tragos, viejos jubilados para quienes la cotidianidad paralizante les lleva la mañana entera a las mesas del café a leer el periódico y conversar para pasar el rato...

Víctor Rico Galán pocas ocasiones tuvo falta en la lista de los asiduos asistentes. El periodista de origen español gustaba de la tertulia cafetera. Era viejo seguidor de los movimientos sociales en México, estudioso en extremo del *Capital* de Marx, amigo de comunistas, de articulistas de las revistas *Política* y *Siempre* y otros medios más. Sin presumirlo, estuvo con Ernesto Guevara en La Habana para entrevistarlo para un medio nacional, cuando era ya ministro de Industria del gobierno cubano; estuvo en Madera, Chihuahua, un mes después de los acontecimientos de aquel 23 de septiembre, para poder narrar de primera mano los hechos.

Guevarista convencido, sabe que la única vía para modificar las cosas en el país que le había dado asilo, es mediante las armas; el foco guerrillero, como lo expone el Che en sus escritos, sobre todo después de haber estado muy cerca de los movimientos magisterial, ferrocarrilero, telegrafista y médico.

Cuidadoso al hablar, nunca expuso entre los asistentes al café La Habana sus propósitos guerrilleros, sobre todo cuando al lado estaba la mesa de los policías y de los agentes de gobernación, cuya oficina —a una cuadra escasa— les quedaba muy bien para airearse de los bajos mundos del sistema político mexicano con un oloroso café. Los periodistas, en cambio, compartían anécdotas, ideas, versos, proyectos..., la tertulia en definitiva, antes de acudir al olor de la tinta en sus respectivas redacciones, a pocos pasos también.

La mañana del 13 de agosto, en la mesa de los periodistas, entre cajetillas de cigarros, tazas de café y vasos con agua, colillas y olor a ceniza, una ausencia se hacía presente: Víctor Rico Galán está en la cárcel.

—Dicen que es el líder de un grupo guerrillero de nombre Movimiento Revolucionario del Pueblo—, anuncia asustado uno de los periodistas clásicos asistentes a la tertulia.

—A mí me lo dijeron ayer en la redacción y pensé que se trataba de una locura, de una equivocación, ¿quién iba a pensar?

—Que tenía varias casas en las que entrenaba guerrilleros para que combatieran contra el presidente de la República.

—Siempre pensé que su tendencia y veneración por el argentino ese de Cuba lo llevaría a terminar mal...

Los juicios se entremezclan con el azúcar para el líquido aromático y negro que se posa en todas y cada una de las mesas. Los periodistas están asustados y sorprendidos. Aquella mañana, uno de los suyos en la cárcel, detenido, acusado de organizar la guerrilla en México.

—Si Víctor es tan tranquilo, inocente, calmado, callado... ¿Cómo imaginarlo con un arma en la mano?

El Movimiento Revolucionario del Pueblo había nacido y abortado en poco tiempo. Las orejas del gobierno lograron frustrar las pretensiones del periodista de origen español. El Che Guevara, tiempo atrás, había intentado convencerlo de que no incursionara en una aventura de tal magnitud en México, que las condiciones en nuestro país no permitirían la posibilidad de una lucha armada; que la tierra había sido repartida, que los actos de protesta no permitirían las condiciones de una insurgencia. Posiblemente el argentino le hubiera hablado hasta bien del régimen de la Revolución Mexicana.

El periodista regordete, de bigote delgado y anteojos, con cara bonachona y más bien tímido, pasó a ser uno de los principales enemigos de las instituciones del país. Sus antiguos encuentros con supervivientes del asalto al cuartel Madera, los viajes por América Latina, su experiencia como testigo de los movimientos populares reprimidos en México y su reflexión sobre la realidad, le otorgaban el bagaje para iniciar un centro de adiestramiento político, ideológico y teórico de la táctica de guerra de guerrillas con el fin de que fuera implementada en México. Consciente de la preparación de varios objetivos por alcanzar desde su centro de adiestramiento armado, se pretendía, en primer lugar, ofrecer a las masas una conciencia popular mediante la preparación teórica, histórica e ideológica; para cuando llegara el momento adecuado, estar preparados física, teórica y militarmente para sostener las armas para liberar al pueblo, y finalmente, el objetivo principal del grupo pretendía instalar un nuevo sistema de gobierno para México, que atendiera las necesidades de la mayoría de la población.

Varios son los errores cometidos por Rico Galán y su grupo. Tal vez haya tenido algo que ver la ingenuidad, la aventura desmedida del auge ideológico o aquel exceso de confianza en que la experiencia revolucionaria podría ser un paso simple de conseguir en México. Lo cierto es que aquel grupo nace infiltrado desde el principio; los simpatizantes circularon por la escuela libremente y su adiestramiento se llevaba a cabo sin considerar medidas de seguridad que evitaran esta infiltración. Dato que también recoge Sergio Aguayo en su libro *La Charola*, donde plantea que a partir del 29 de noviembre de 1965 existen documentos del agente Z, que no deja de informar todos y cada uno de los movimientos del supuesto grupo clandestino; el cerco de la DFS concluye cuando el 14 de marzo de 1966 se incorpora un agente de la organización –Luis Ramírez López–, bajo el nombre de Filiberto Vázquez Mota. Por lo que cada paso que Víctor Rico Galán y su Movimiento Revolucionario del Pueblo daban, era seguido centímetro a centímetro.

«Aprehensión de un grupo que hacía prácticas subversivas». Es el encabezado con el que se encontraron los amigos del café La Habana, en el que se anunciaba el encierro también de la hermana de Víctor, Ana María Rico Galán y Raúl Ugalde, que habían llevado a cabo varias reuniones en la casa de la primera, en las que se hablaba de la necesidad de levantar las armas contra el régimen.

«Aceptaron los cargos los complotistas». Siguió la prensa dando los pormenores sobre el caso del descubierto plan para sembrar escuelas de guerrillas en México el 19 de agosto, quienes ya para entonces eran considerados complotistas contra del gobierno de Gustavo Díaz Ordaz. Decía la prensa que, a su regreso de Cuba, Víctor Rico Galán había cambiado por completo, enajenado por la ideología armada, y que en alguna ocasión se le había escuchado decir en alguna cantina que sería «el Lenin de este pueblo de cobardes.»

El mismo 13 de agosto, día de ausencia del periodista al café, Judith Reyes aborda muy temprano el autobús que la lleva de la ciudad de Querétaro a México; viene desde Chihuahua pero decidió descansar un día en la ciudad de «la conspiración de la Independencia». En cuanto se sienta en su lugar escucha la conversación de los pasajeros que van delante de ella:

—¿Ya viste que fue aplastada por el gobierno una conjura? —Refería el pasajero a su acompañante mientras le mostraba el periódico del día.

Judith se inquietó y se inclinó desde su asiento para observar el diario del pasajero, descubriendo en la primera plana el nombre de Víctor Rico Galán, junto a varios amigos suyos más; la imagen del arsenal descubierto por la policía en manos de los complotistas incluía un gran número de discos de la cantante.

Judith sintió cómo el miedo comenzaba a invadir sus terminaciones nerviosas, sabía que pronto la iban a implicar en aquel asunto; la cacería de brujas la incluiría a ella como la *Madame Mim* de los cuentos de monitos. Tenía que hacer algo. La carretera no había sido un punto de salvación para nadie... Controló sus alocados pensamientos y decidió abandonar el autobús cuando entrase en la Ciudad de México, no llegar hasta la terminal, la cual suponía estaría llena de orejas, policías y personal dispuesto a detenerla.

¿Exageración? ¿Demasiada precaución? ¿Miedo? ¿Convencimiento? ¿Implicación verdadera en el complot?

En la periferia de la ciudad, Judith descendió del autobús, comenzó a vagar por entre basureros, casuchas y ciudades abandonadas del desarrollo estabilizador del momento. No sabía a dónde ir ni a quién acudir; qué hacer para salvarse de ser implicada en la «escuela de cuadros» del amigo periodista, sobre todo cuando una cantidad suficiente de su música había sido encontrada en la casa donde supuestamente se entrenaban los guerrilleros.

Los documentos con los que viajaba, incluyendo el directorio de las personas que le ayudaban a imprimir y distribuir en varios estados de la República, su periódico *Acción*, el cual escribía desde Chihuahua, era su mayor preocupación; sabía de antemano que de caer aquel material en manos de la policía los implicaría de manera inmediata, sin que tuvieran nada que ver con Rico Galán y sus historias.

Cerca de la madrugada del día siguiente, Judith logró alcanzar la casa de un amigo, a pesar de los miedos de ser rechazada. La solidaridad se impuso y pudo esconderse para no ser aprehendida como cómplice de la conjura. Durante varios días permaneció fuera de circulación mientras la cacería bajaba de intensidad y su nombre –y su posible implicación– desapareciera. Llegó a enterarse días después de que ya iban veintisiete detenidos a los que se les había dictado auto de formal prisión, de los cuarenta y siete que la policía había aprehendido inmediatamente después de la caída de Víctor y Raúl. En un momento dado la información llegó a manejar hasta sesenta y dos personas implicadas.

Judith tuvo tiempo de recordar a sus amigos Víctor y Raúl en su escondite, las largas conversaciones que había tenido con ambos. Desconocía aquella actividad, pero lo trágico había sido que ella no sabía lo que la policía sí, y con aquella pequeña diferencia se escribían nuevas páginas en los diarios.

Víctor Rico Galán, Raúl Ugalde y Rolf Mainers Huebner decidieron fundar centros de adiestramiento para preparar a las masas en la lucha armada revolucionaria, para que una vez llegado el momento, se llevara a cabo la insurgencia popular que modificara la estructura político-económico-social hacia el socialismo.

Desde fines de 1965 entablaron contacto con algunos conocidos del interior de la República mexicana; la idea era sembrar en todo el país la conciencia y la preparación teórico-militar mediante ciertos núcleos que luego fueran derramando su acción en un efecto tipo dominó.

Las reuniones clandestinas no contaron con una preparación para captar simpatizantes, las conferencias se realizaban casi a puerta abierta, y en ellas se hablaba de la historia de los movimientos armados en otros países, de economía política, de la historia de México, de la práctica en el uso de armas y explosivos, de marxismo, de la guerra de guerrillas... Y se discutía también sobre la situación en México y las condiciones con poca posibilidad de democracia.

Campesinos, estudiantes e intelectuales decididos por la lucha armada transitaron por la casa ubicada en Golfo de Tehuantepec 3, en Tacuba, para recibir adiestramiento, teoría, elucubraciones, sueños, ideas y utopías.

La policía llegó la tarde del 12 de agosto a la casa alquilada por Ana María Rico Galán para detener a todos y cada uno de los integrantes del naciente Movimiento Revolucionario del Pueblo. Las cifras sobre el número de los integrantes del MRP varían. Algunos suponen que llegaron a ser veintitrés miembros los que se capacitaban. El relato de la prensa de aquellos días destaca la participación de tan solo diez activistas y el rumor de que el treinta por ciento de los integrantes eran policías disfrazados parece ser una verdad poco refutable, sin importar mucho cuántos miembros llegó a tener el naciente grupo guerrillero.

¿Qué nos falló? Pudo haberse preguntado en más de una ocasión Rico Galán desde Lecumberri, sin poder presenciar que varios meses más adelante, precisamente setecientos cuarenta y seis días después, en el Zócalo de la Ciudad de México, su amigo Carlos Monsiváis estaría frente a uno de los miembros de su grupo armado. Pero ahora este –con los apellidos Cruz Paredes–, participaba como orador durante el acto organizado por el gobierno de Díaz Ordaz, en desagravio a la bandera por la falta de respeto que los estudiantes habían tenido con el lábaro patrio unos días antes al izar una bandera rojinegra en pleno corazón de la República mexicana. Puede que Carlos Monsiváis no haya comentado el caso con Rico Galán, pero la lógica se impone ante lo que presenció el primero al momento en el que el segundo continuara en prisión.

La columna de Roberto Blanco Moheno se apresuró a divulgar varias elucubraciones, destacando la paranoia oficial en contra del comunismo internacional, al plantear que la revista *Política* se financiaba desde Cuba, así como afirmar que de la isla provenía el dinero para mantener la escuela de guerrillas de Víctor Rico Galán.

Una idea, las ganas, el proyecto, la teoría, la posibilidad por alcanzar, conjuraron dentro de las cabezas de los líderes del MRP, cuya escuela de cuadros fue descubierta a escasos meses de haber iniciado actividades. El régimen de Gustavo Díaz Ordaz no estaba dispuesto a permitir cualquier expresión que oliera a socialismo, comunismo o insurrección; ya tenía bastante con los informes propios de la Dirección Federal de Seguridad –al mando del entonces secretario de Gobernación, Luis Echeverría–, para inventarse confabulaciones, complots, espionaje y pretensiones de subvertir el orden.

Estos documentos oficiales mezclan nombres, describen historias que pueden servir para la literatura de la época. Así, Víctor Rico Galán es ligado con Lorenzo Cárdenas Barajas, los cuales supuestamente habían fundado una escuela de guerra de guerrillas en Zacatecas, según el reporte del general Arturo Acosta Chaparro; imprecisión y discurso oficial crean otra historia, otra verdad, que liga y reúne a activistas, a posibles traidores, a luchadores sociales. ¿Por qué no? A final de cuentas todos podrían conspirar contra México.

La DFS tenía la información exacta y precisa de las actividades del MRP desde el principio; la pregunta que surge entonces es por qué se esperó tiempo para actuar y no lo hicieron de momento. Una razón posible podría ser el informe del agente infiltrado de la DFS que cita Aguayo en su libro ya mencionado:

«Indicado sería esperar una junta próxima, a la que concurra un buen número de los que se han estado reuniendo; una junta a la cual, como en ocasiones lo han hecho, lleven sus pistolas y otras armas, a fin de detenerlos y, en un careo adecuado, desentrañar toda la realidad y poder castigar, proporcionalmente, a todos los participantes.»

Otras ideas, suposiciones o elucubraciones hacen referencia a que Rico Galán y su MRP fueron utilizados, precisamente, para justificar la existencia del grupo de élite de la DFS y lograr así, paulatinamente, mayor poder y peso político y económico. A pesar de que los incipientes guerrilleros realmente no representarían ningún peligro para la estabilidad del país, la hipótesis se descolora, ya que aún cuando la ingenuidad fue la tónica de varios de los elementos que conformaron –y conformarían– los grupos armados de México en diversos momentos históricos –de las décadas de los sesenta, setenta, ochenta e incluso noventa del siglo pasado– , tampoco deben minimizarse los riesgos que trae consigo convocar las distintas manifestaciones de in-conformidad y conseguir el asalto al cielo. Ya que de todos modos, la DFS mantenía el poder que deseaba, porque era la principal vigilante de los políticos del sistema, de los líderes charros y de los empresarios, beneficiándose con esta información de mejor manera y oportunidad, más que potenciando a los subversivos.

La polémica sobre las causas por las que se encarcela a una persona en México comienza a desatarse en algunas páginas de los diarios de aquella época. Hay quienes aseguran que en México a nadie se le ha coartado la libertad por sus ideas, mientras que sí se ha llevado a prisión a aquellos que pretendían llevar a cabo actos contra la sociedad. Sin embargo, desde Lecumberri se sabe que existen hombres en la cárcel como consecuencia de su forma de pensar.

1966. *Séptima escena*

Genaro Vázquez conversa caminando junto a Heberto Castillo; son varias las andanzas que ambos han compartido; han viajado por todo el país intentando despertar el interés de la izquierda para darle vida al agonizante Movimiento de Liberación Nacional.

Es una tarde de noviembre, la luminosidad que se presenta en los días cercanos al fin de año provoca un cielo singular. Los tonos pastel que se dibujan entrelazados en el horizonte invitan a la tranquilidad, a la reflexión. Heberto insiste en cuestionar la idea que desde hace varios meses ha venido acariciando el viejo líder de la Asociación Cívica Guerrerense, acerca de la posibilidad de que las comunidades campesinas se armen, que estén dispuestas a defenderse con las armas de los atropellos de autoridades locales y los terratenientes.

Desde hace algún tiempo algunos ojos no pierden detalle de la caminata de los dos miembros del MLN; su objetivo está ahí, han viajado desde el estado de Guerrero para dar con él: es el momento de asestar el golpe necesario para calmar los ánimos en aquel estado. El gobernador Abarca Alarcón tiene un especial interés en resolver la actividad subversiva de Genaro Vázquez.

—No hay más camino, Heberto. Tú sabes que he estado en todo tipo de actividades, en todas las protestas por la vía legal, participando incluso desde los organismos oficiales, ¿pero qué pasa cuando te sales tantito de sus límites? ¿cuándo consideran que ya te les estás subiendo a las barbas? No hay forma–. Seguro, manoteaba el hombre de menor estatura, moreno, bailándole en la mano izquierda el maletín que cargaba, recordando tal vez que desde abril de aquel año ha invitado a varias personas en Guerrero para la formación del Consejo de Autodefensa del Pueblo. Este se basaría en un sencillo programa de siete puntos: buscar un régimen popular compuesto por: obreros, campesinos, intelectuales y estudiantes; luchar por la planificación científica de la economía; rescatar para el pueblo la riqueza minera de México; que se respete la vida política en los sindicatos; que se repartan los latifundios; que se amplíe la reforma agraria y se otorgue servicio social a toda la población; que el pueblo tenga posibilidad de un desarrollo cultural.

–Tienes que pensarlo muy bien, volver ahora a Guerrero es de lo más riesgoso y tú lo sabes mejor que nadie–. No contaba con tantos argumentos de apoyo el hombre alto, de anteojos, para convencer al costeño de que sería un error ir en días próximos a alguna ciudad guerrerense. –A pesar de las pruebas con las que cuentas a tu favor, para demostrar que tú nunca mataste a nadie durante las refriegas de 1962, te aseguro que un juez de por allá sí lo va a creer.

–Hay Inge, la cosa se está poniendo de lo más divertida... Varios chamacos de la uni me han estado buscando, yo creo que se puede hacer algo importante para acabar de una vez por todas con lo que estamos viviendo, –asegura altivo el costeño ante Heberto.

De lejos, se les veía como dos amigos discutiendo airadamente de algún tema en común, el cual podría ser el fútbol, un próximo negocio entre ambos, algún pleito de faldas... Iban paseando, sin prisa, sin nervios de que los observaran, sin saber que había ocho agentes vigilando cada paso, cada movimiento; varias habían sido ya las ocasiones en las que se les había escapado la presa.

–¿Cuántas veces no hemos estado tú y yo en Iguala, en Chilpancingo y qué ha pasado? Nada Heberto, nada. Yo creo que ya hasta traspapelaron las órdenes de aprehensión en mi contra.

–«La confianza mató al gato», Genaro. Considero que aún no es tiempo para volver. El gobierno del estado ve con malos ojos que andes por ahí libre, las acusaciones en tu contra son muy fuertes. Para mí que te prefieren tras las rejas y si vas para allá les estás poniendo en bandeja de plata la posibilidad.

Las céntricas calles de la Ciudad de México llevan a decenas de personas con las que se cruzan ambos amigos; es la calle República del Salvador por la que caminan, cerca, muy cerca de Palacio Nacional. Han dejado atrás el número treinta, donde están las oficinas del MLN. Al llegar a una esquina se despiden, cada cual tiene cosas por hacer.

Son escasos los segundos en los que Heberto medita acerca de que no ha conseguido hacer desistir al costeño de baja estatura y bigote delgado para que deje de pensar en la posibilidad de usar las armas para cambiar las cosas en México. Mientras se despiden con un apretón de manos, el ingeniero se preocupa por el amigo. Los ojos que vigilan están en alerta, saben que ha llegado el momento de actuar.

Luego de desearse suerte, Castillo y Vázquez se dan la espalda, cada uno lleva rumbo diferente, así como cada cual desde su perspectiva de la izquierda quiere afrontar la lucha; los pasos de ambos hacen una distancia poco reconocible en aquellos pequeños instantes.

No hay seña de por medio. Al ver solo al guerrerense de baja estatura, se le pegan tres de los ocho cazadores con identificación de la policía judicial.

Varias ocasiones habría imaginado aquella escena Genaro y siempre practicaba mentalmente la agilidad con la que debería contar para poder sacar su arma de donde la llevara; en aquella ocasión la cargaba en el portafolios, ¿cómo podía haberlo hecho?

—Si haces algún ruido, te carga la chingada, cabrón—. Fue el susurro en la oreja de Genaro, precedido por algo que se clavaba en ambos costados.

No se asustó, llevaba muchos meses pensando en la posibilidad de aquello. ¿Cómo decirle a Heberto que lo acababan de agarrar? ¿Podría llamar la atención de cualquiera de las personas con las que se cruzaba? ¿Habría sido un error guardar su pistola en el maletín? ¿Se atreverían a disparar si se le ocurría correr? Genaro solo barajó las opciones en silencio y siguió caminando como si nada.

Un automóvil los esperaba en la esquina contraria; a él fue empujado el cuerpo de Vázquez luego de arrebatarle el portafolio. Quienes lo acompañaron hasta la unidad se quedaron parados en la calle. Otro vehículo los recogió. Genaro fue arrojado en el piso mientras que los nuevos judiciales iniciaron las amenazas para que se portara bien y no los obligara a matarlo ahí mismo.

Es el día 7 de noviembre por la tarde y los dos vehículos comienzan la trayectoria para regresar al estado de Guerrero con su presa. Son casi doscientos kilómetros los que tienen que recorrer. Si no sucede ningún contratiempo, entrada la noche darán las buenas noticias a sus superiores; cada uno de los ocho judiciales del estado saborean las palabras de «misión cumplida» y la espera de la gratificación, además que han logrado el hecho limpiamente, sin escándalo, sin resistencia y sin posibilidad de reclamo.

Los ojos chispeantes de Genaro están apagados. Han sido tres años y once meses de saberse buscado, de huir, de ser un personaje que vive en la clandestinidad, que ha logrado burlar las trampas puestas en su contra, y ahora, sin más ni más, en las puertas del mismísimo MLN, a unos cuantos pasos del ingeniero Heberto Castillo, lo detienen sin chistar, sin resistencia. Su ilusión de organizar a las masas campesinas con el arma para luchar por sus derechos parecen aplazarse por tiempo indefinido. De momento no sabe qué pueda pasar con su futuro; un candado mental le evita siquiera preguntar a dónde van, qué le espera, ante quién lo llevan.

La versión oficial anuncia que, por fin, ha sido detenido el delincuente Genaro Vázquez Rojas en la ciudad de Chilpancingo, Guerrero. El gobernador Raymundo Abarca Alarcón tiene varias cuentas pendientes que cobrarle al líder de la ACG. Se difunde que está acusado de haber asesinado a un policía durante los disturbios de diciembre de 1962 en Iguala, además de otros delitos que se han ido acumulando.

Heberto Castillo es notificado de lo que sucedió a sus espaldas veinticuatro horas después. Protesta, llama a la dirección nacional del MLN para brindarle el apoyo necesario a uno de los suyos. Se argumenta la violación de los policías judiciales a la soberanía del Distrito Federal, el secuestro del que ha sido objeto Genaro, así como todas las irregularidades en el caso.

–Nada de eso, lo aprehendieron en Guerrero. Si usted dice que no, demuestre lo contrario–. Recibe como respuesta Heberto Castillo ante la insistencia de que se ha cometido una arbitrariedad y la exigencia de que sea puesto en libertad de inmediato.

Para llevar a cabo el juicio, Genaro Vázquez es trasladado a Iguala, lugar en donde supuestamente realizó su crimen; es ingresado en la prisión de aquella ciudad, y allí recibe la visita de Heberto un domingo.

–Ya ve, Inge, aquí estudiándole harto. –Recibe de buen humor Genaro a Heberto.

–El general Cárdenas se está moviendo para ver qué se puede hacer sobre tu caso–. Pretende animar Castillo al líder de la ACG.

–Los abogados hacen lo que pueden, pero no pueden hacer nada...– Dice Vázquez sin perder el sentido del humor. –No hay más que esos tres soldados allá, arriba–. Deja su mensaje Genaro, para que Heberto lo entienda entre líneas, para hacerle saber que no piensa estar por mucho tiempo en prisión, para darle alguna pista de que no se preocupe por él, ya que por los métodos legales nadie encontrará forma de ayudarle.

Heberto sabe que corre el rumor de que el gobierno del estado ha contratado a gente para que asesine a Genaro en la cárcel, pero el costeño se siente seguro en la prisión; los reos lo protegen, lo ayudan; la ACG se ha organizado y cada día alguien le lleva comida, están atentos a todo lo que se le ofrece, hasta le hacen llegar libros. Genaro de momento desea estudiar, capacitarse, para que una vez llegado el momento...

–Si salgo me voy para el monte. No hay de otra. Por la buena nada se puede hacer ya. De todos modos para que se sienta más tranquilo y vea que no me va a pasar nada aquí adentro, voy a pedir el amparo y la protección de la justicia federal, para que no vaya yo a amanecer uno de estos días todo tieso–. Pretendió bromear Genaro. El ingeniero no sabe qué decir, cómo argumentar. No está del todo convencido de lo que propone Genaro, pero qué consideración puede hacer para intentar que desista de aquella idea de remontarse a la sierra de salir de la cárcel. Solo los lugares comunes encuentran espacio en la mente de Heberto y bajo aquella posibilidad el MLN decide ayudar a Genaro, pagando parte de los gastos de los abogados, pretendiendo que el movimiento crezca en el estado de Guerrero, auxiliándoles en la impresión de carteles y propaganda; aunque sospechan que los guerrerenses están conformado un organismo diferente al que él pertenece.

Heberto observó atento la barda que desearía saltar próximamente Genaro. Pensó en los riesgos: imaginó la corta estatura de este, la consigna oficial de desaparecerlo, la incapacidad del MLN para defender su causa. El ingeniero regresó a México, tal vez escéptico por las ganas de su antiguo compañero. ¿Cuántos imaginarían un México diferente? ¿Bajo qué costos y a qué precios? El MLN pronto se diluyó ente la espesura de un proyecto que no alcanzó a diferenciarse de los postulados revolucionarios que también había defendido el propio presidente Gustavo Díaz Ordaz.

1966. Octava escena

Guadalupe Jacott se acordó del compañero aquel que había sido líder de los estudiantes normalistas, a principios de la década de los sesenta, con quien había conversado largas horas durante el congreso de normalistas en el estado de Hidalgo. Su presencia y capacidad servían de recomendación para que se convirtiera en un miembro más del Movimiento 23 de Septiembre.

–Saúl y Juan, que están en Tecpan pretendiendo armar el Segundo Frente, no podrían relacionarse con el compañero que dices. ¿Por qué no mejor te desplazas hasta Guerrero a ver qué puedes sacarle?– Propuso Pedro Uranga.

–Sé que es de fiar, es un compa bien entrón. Estuvo muy activo cuando la bronca aquella contra Caballero Aburto–. Reforzó Guadalupe sus argumentos, como si hiciera falta.

–Pues qué esperas. Mañana te lanzas para allá. Tú sabes que el trabajo en aquel estado se nos ha complicado un poco y las condiciones son muy buenas como para desaprovecharlas–. Insistió Uranga.

–¿Qué noticias tenemos de los compañeros de Durango y Veracruz?– Quiso saber Guadalupe.

–Todavía nada. Por eso es muy importante que crezcamos en alguno de los estados en donde nos hemos propuesto actuar, sobre todo con la caída del periodista Víctor Rico Galán. Urge que aumentemos nuestra capacidad de movimiento y los planes que tenemos trazados. Recuerda que nuestro plan es más ambicioso del que escogió Óscar, aun cuando nos llamara sectarios, señoritos y guerrilleros de escritorio–. Ahondó Uranga al momento de trazar la ruta que debería llevar Guadalupe para llegar hasta Atoyac de Álvarez en Guerrero.

–Nosotros sí entendemos los resultados de los Encuentros de la Sierra que llevó a cabo el compañero Gámiz, nuestra lucha sí va a ser la avanzada de las fuerzas revolucionarias para liberar al pueblo de la opresión–. Soltó por último, como para quererse convencer Pedro Uranga.

El viaje fue largo. Guadalupe Jacott debió haber estado sentada más tiempo del que hubiera deseado en el autobús; la mirada puesta en cualquier punto desconocido le ayudaba a evitar que los nervios salieran a flote, sobre la posibilidad de que fuera reconocida por algún policía o por cualquier agente de la DFS. Vagamente pretendió acordarse de la figura del líder de la Federación de Estudiantes Normalistas y algunas imágenes le vinieron a la mente. No sabía cómo debía comenzar a platicar una vez que estuviera frente a él. ¿Qué decirle?

–Necesito que nos ayudes, Lucio–. Ensayó una y otra vez.

A lo mejor debería comenzar por recordar viejos momentos,

ponerle al corriente sobre el tiempo transcurrido, sobre lo que hubiera hecho Lucio desde que se dejaron de ver; que le contara, con todo tipo de detalles sus últimas andanzas asesorando campesinos en Guerrero y en Durango, actividades de las que tenía cierta referencia Guadalupe. Para luego hacerle ver que las cosas no habían cambiado, que solo quedaba el camino que ya había elegido ella, que la lucha estaba en otra parte.

Los pensamientos dejaron de viajar cuando Guadalupe descubrió la plaza principal de Atoyac. No necesitaba preguntar a nadie si había terminado el largo recorrido, estaba segura; por fin arribaba a su destino. No tuvo mayor problema para dar con Lucio, el maestro era por demás conocido entre toda la población y de inmediato fue llevada por un niño hasta él.

El profesor se asombró al verla. Eran cientos de amistades las que había dejado en todo México cuando había sido presidente de los estudiantes normalistas; su actividad presente le evitaba entrar en recuerdos de otros tiempos.

La plática fluyó; Lucio con su cantar costeño, Guadalupe con su tono franco del norte del país. El tiempo se fue consumiendo en las historias de cada cual hasta que por fin Guadalupe encontró la certeza de que estaba ante la persona correcta.

–Necesito que nos ayudes Lucio–. Expresó la frase tantas veces ensayada durante el trayecto. –Nuestro movimiento es el que viene directamente de la lucha de Arturo, somos los verdaderos herederos, solo que ahora deseamos que la lucha se desarrolle por todo el país, no solo en Chihuahua. Allí hay un grupo pretendiendo reorganizar lo que dejaron los mártires de Madera, pero para cambiar las cosas en este país se necesitan varios estados en la lucha–. Soltó Guadalupe ante el silencio de su antiguo amigo, quien no expresaba ni un movimiento en su gesto adusto.

–Solo te pido que te entrevistes con nuestro compañero que está trabajando aquí en Guerrero, que le apoyes, que le presentes gente, campesinos dispuestos a seguir nuestra causa; tú sabes que la gente de por acá es muy reacia, muy seria, a pesar de tantas penurias no es fácil convencerlas de que la mejor opción es esta–. Insistió Guadalupe, ametrallando con sus palabras los pensamientos del maestro más conocido de Atoyac.

–Tengo mis dudas sobre esa forma de lucha Lupita, no te vayas a ofender pero creo que no es el momento. Tú sabes que he militado en el Partido Comunista, que siempre he estado al lado del pueblo, en su lucha, en sus demandas, en sus sueños, peleando porque se terminen las injusticias, pero las armas no son juguetes–. Dejó en claro Lucio.

La conversación se interrumpió en varias ocasiones ante la presencia de algunos alumnos, padres de familia, campesinos que acudían a la casa del maestro por algún consejo, una explicación, para dar un aviso. Guadalupe se inquietó, creyó que su argumentación era débil. Estaba segura que si lograba que Lucio aceptara entrevistarse con Saúl o con Juan las cosas serían diferentes; aquel fue el único objetivo que se propuso conseguir para entonces.

Sabía que no era miedo o falta de compromiso por parte del profesor guerrerense, simplemente no había transitado la experiencia que le obligara a tomar conciencia de lo importante que ya para entonces era la lucha armada.

Lucio aceptó reunirse con los compañeros de Guadalupe; ella se sintió feliz porque su esfuerzo no había sido en balde: el cansancio, el viaje... La ilusión porque el Frente en Guerrero creciera parecía ser una posibilidad.

El encuentro entre Lucio y los miembros del Movimiento 23 de Septiembre sería recordado tiempo después por el propio maestro: «[...] compañeros de Chihuahua que quedaron del compañero Arturo Gámiz, que también vinieron por acá a ayudarnos y que desde antes, ellos vinieron por acá. Después de la muerte de Arturo Gámiz, ellos vinieron a visitarnos. Por aquí anduvieron ellos conociendo los montes antes que nosotros.»

Aunque al parecer por aquellos días de noviembre de 1966 Lucio todavía no le apostaría a las armas, tuvo conocimiento de la actividad de uno de los grupos herederos de Madera en su propio estado. La idea le pareció poco probable en aquella ocasión, tal vez hasta les ayudó en lo que pudo, pero no se comprometió a más. Tenía dudas de cómo se habría llevado a cabo la acción en Chihuahua, de la conformación del grupo, de sus planteamientos, aun cuando la idea ya le hubiera rondado como palomilla por la mente, revoloteándole, inquietando su actividad en la escuela Modesto Alarcón y el apoyo que le brindaba a la comunidad con lo que tuviera a la mano.

2
TIEMPO PARA ACTUAR. OTRAS ESCENAS

La conspiración ya no es una palabra en frío, los temores del propio sistema van teniendo poco a poco relación con la expectativa que varios sectores de la población configuran como la vía para alcanzar ciertos cambios. La satisfacción de sus demandas ya no es una lucha aislada por parte de algunos campesinos en un estado de la República, ya no son los estudiantes solicitando más bancas, como tampoco los obreros o los maestros exigiendo mayores espacios democráticos. La asfixia del sistema está llegando a los niveles de convivencia más inmediata; las acciones del gobierno ya convencen a pocos, a pesar de que el consenso popular sigue estando del lado del sistema: la economía camina aparentemente con paso firme, pero sin resolver la inmediatez del consumo cotidiano en una casa de origen popular.

Cuba, Madera, China, Rusia, Vietnam, Imperialismo, Liberación, Armas, Lenin, Conspiración, Insurgencia, Socialismo, Banderas, Utopías, El Che, Conferencias, Capitalismo, Comunismo, Lucha, Tierra, Libertad, Democracia, Fidel, Proletariado, Plusvalía, Pueblo, Masas, Revolución... Son conceptos, palabras, ideas y argumentos que ya se escuchan con mayor frecuencia, que parecen estar a la mano en cualquier momento. Represión, Golpes, Espionaje, Sociedad, Estabilidad, Instituciones, Revolución Mexicana, Desestabilizadores, Locos, Incongruentes, Asaltantes, Asesinos, Delincuentes, Complotistas, Subversivos... Son la otra cara de la moneda, los términos que la oficialidad utiliza para preparar los días siguientes, los meses, los años de una efervescencia poco imaginable.

La pantalla del cine histórico parece querer resquebrajarse. México está cambiando y pocos se atreven a suponerlo, hay muy poco monto en las apuestas. Ya no se trata solo de lo acelerado del proyector que está transmitiendo la película por el calentamiento de los bulbos que producen la imagen; ya no son solo un puñado de maestros, o de ferrocarrileros inconformes, de idealistas comunistas, de campesinos hambrientos; ahora están también los estudiantes, varias expresiones populares en diferentes ciudades del país, nuevas consignas y banderas son izadas y nadie parece querer verlas.

1967. Primera escena

La actividad del grupo armado Movimiento 23 de Septiembre se había reducido a su mínima expresión. Consideraban que la preparación, el estudio, el acondicionamiento físico serían las actividades a realizar mientras se encontraba el mejor momento para entrar en acción. La quema del puente fronterizo y el descarrilamiento del ferrocarril en Chihuahua varios meses atrás como protesta por la detención de su antiguo compañero Óscar González Eguiarte, había salido bien, aun cuando la repercusión propagandística se redujo al plano local y no al nacional, como deseaban.

La caída del grupo de Rico Galán los había obligado a replegarse al estado de Hidalgo, en donde suponían que existía menor vigilancia. Los Frentes Uno de Chihuahua y Dos de Guerrero caminaban con paso lento. Habían tenido algunas reuniones con el diputado por el Partido Popular Socialista, el doctor Rafael Estrada Villa, quien desde su nueva organización parecía seguir la misma línea armada, como ellos. La constitución de la Organización Nacional Revolucionaria contaba con la simpatía de varios jóvenes ligados al PPS y estudiantes de varias universidades del país. Los trabajos de reclutamiento para la causa habían sido muy limitados, sobre todo por la sospecha de que en cualquier momento podían ser descubiertos por una indiscreción, detenidos y aprehendidos, como ya había pasado con otros grupos guerrilleros.

La reunión del Estado Mayor del Movimiento 23 de Septiembre, programada para valorar las acciones realizadas hasta la fecha, la coyuntura en México, el trabajo de captación de nuevos militantes, así como la definición del plan de actividades para todo el año de 1967, citada para desarrollarse durante los primeros días del mes de enero en la casa de seguridad, ubicada en la colonia Nápoles, resultó ser la trampa perfecta para detener a la mayoría de sus integrantes.

Casi a las siete de la noche, cuando los elementos de la Dirección Federal de Seguridad comprobaron que todos los líderes del Movimiento se encontraban en la casa, dieron el golpe perfecto. Sin un acto de violencia y de la manera más limpia, los agentes de la policía política mexicana lograron la detención de un grupo guerrillero más en ciernes.

¿Delación? ¿Imprudencia? ¿Infiltración?

Los tres jóvenes sobrevivientes del cuartel Madera —cuya cita no pudo realizarse por la furia de los ríos de la sierra de Chihuahua y cuyo peregrinaje, discusiones y divorcio con el otro grupo, zozobra sobre la honorabilidad del famoso capitán Cárdenas Barajas—, los que habían entrado en contacto con Rico Galán y con Estrada Villa, los que supuestamente tenían más claro el trabajo que había que desarrollar para alcanzar la liberación de los oprimidos en México, aquellos que habían desarrollado toda una serie de estrategias y disertaciones teóricas basadas en las lecturas de la experiencia del Che Guevara y de Mao, pero adaptándolas a la realidad de su campo de acción en tierra azteca; los que habían logrado descarrilar un tren sin que fueran descubiertos, los jóvenes que conformaban la vanguardia de la lucha por el socialismo: Pedro, Saúl y Juan, todos del estado de Chihuahua, herederos de Gámiz y Gómez, caían en prisión, sin saber cómo, ni por qué. Sin poder descifrar la forma y el mecanismo con el que las fuerzas de seguridad habían dado con ellos. Simplemente se resignaron a lo que desde hacía tiempo sabían que podía suceder: ser capturados.

La noticia se divulgó con poco entusiasmo; casi no hubo notas referentes a la detención y la caída del grupo Movimiento 23 de Septiembre. ¿Qué esperaba el gobierno? ¿Por qué no cantar con bombo y platillo la caída de otro grupo subversivo? ¿No estaban los tiempos para regocijarse de ello? Si incluso parecía que era más importante y más peligroso que el grupo de Rico.

Cuando eran trasladados hasta las oficinas de la DFS, los agentes iban recitando toda la información que tenían; no parecía haber necesidad de sacarles más datos: planes, documentos, nombres, direcciones, contactos, rutas..., estaban en manos de la DFS. La caída era inminente.

Los actos de tortura a los que se ven sometidos los elementos del Movimiento 23 de Septiembre parecen ser parte de una estrategia de escarmiento por parte del sistema más que para obtener alguna información extra; el expediente se encontraba completo. Por lo tanto: pósito, fajina, una que otra madriza y demás artes servirían nada más que para ablandar, para demostrar dónde estaba la fuerza.

Los integrantes no descubiertos en Chihuahua, Guerrero e Hidalgo se esfumaron. Puede que nunca más desearan escuchar sobre la guerrilla; al no llegar el contacto, al no saber de los compañeros el mensaje parecía claro: algo había sucedido que nadie hablaba del tema. Desaparecer parecía ser lo más sensato.

1967. Segunda escena

A mediados de año, Óscar González Eguiarte obtiene la libertad. El Ministerio Público no puede comprobar su responsabilidad en la muerte del policía un año atrás. No corre la misma suerte Ramón Mendoza, quien luego de ser sentenciado es enviado a las Islas Marías a purgar su condena.

Óscar camina por las calles de Chihuahua libre al fin. Alguien le ha platicado sobre lo que ha sucedido durante su cautiverio: los procesos que se están gestando en Chihuahua, la suerte de sus antiguos compañeros divididos –autodenominados Movimiento 23 de Septiembre–; el gesto de inconformidad, no tanto por su aprehensión como por sentirse único heredero de Madera, se dibujó en su rostro.

Sobre la historia de su también conocido Víctor Rico Galán, se enteró estando preso, debido al escándalo y la divulgación que había estado haciendo la prensa del famoso complot.

Óscar vagó un buen tiempo. Deseaba sentirse libre para pensar mejor mientras caminaba; permitir la caricia del aire cálido de su ciudad en la cara, ver de nuevo los viejos edificios, el paisaje desértico de sus calles; quince meses tras las rejas valían la pena para dedicárselos a la ciudad con todos sus recovecos.

La lucha seguía siendo su obsesión, aunque ahora con más intensidad. La cárcel le había enseñado varias lecciones que no contaba en su bagaje cultural y existencial. Pensó en contactar de nuevo al doctor Rafael Estrada Villa en la Ciudad de México, aun cuando sabía de antemano que la actividad subversiva debía iniciarse en su estado natal, tal como lo habían pretendido Gámiz y Gómez, más por una necesidad de finiquitar el trabajo frustrado de ellos, que por la estrategia militar para alcanzar la liberación de todo el país.

Sus largas caminatas por la ciudad eran seguidas de cerca por alguno que otro agente de la judicial del estado y lo sabía, por lo que se dedicó, en más de una ocasión, a jugar con ellos: subir y bajar de autobuses urbanos, dar vueltas a la misma calle, entrar y salir rápido de algún comercio o café... La dureza aprendida por las diversas luchas y el tiempo en prisión no habían minado su posibilidad de desmadre, como joven que todavía era aquel año.

Consideró y valoró los momentos de la expresión social local y sus diversas fuerzas, con las cuales podía volver a entrar en contacto para restablecer la lucha armada. Pensó en la creación del Frente Revolucionario de Estudiantes Populares como una posibilidad para adquirir nuevos cuadros jóvenes, imagino también que la lucha inquilinaria era un gran acontecimiento de emergencia social, sobre el cual se podría tejer una gran red urbana para sus ganas armadas, combinándola con la acción desde la sierra de Dolores, en donde deberían de encontrarse sus antiguos compañeros, Guadalupe Escobel y José Antonio Gaytán, por cuyas venas —como las de Óscar— circulaba la herencia de los caídos el 23 de septiembre de 1965.

Óscar planeó estratégicamente su nuevo núcleo guerrillero: el levantamiento campesino en la sierra de Chihuahua, cuya vieja tradición y contactos sabía que le responderían de inmediato. Debía contactar a la recién creada agrupación de estudiantes FREP para retroalimentar las bases armadas, aprovechar la insurgencia popular en el estado y el descontento urbano ante las irregularidades gubernamentales —los bajos salarios, la depauperación de los niveles de vida—, para lograr así el sustento y apoyo logístico de sus viejos conocidos desde la Ciudad de México, incluyendo tal vez al viejo capitán Lorenzo Cárdenas Barajas, cuya honorabilidad tantas veces había sido puesta en duda por más de uno de sus antiguos compañeros.

«Tiempo de acumular fuerzas», es lo que se le graba en la mente a Óscar. Decide dar por terminada la vigilancia con que la judicial lo tiene cercado y logra deshacerse de ellos, para pasar completamente a la vida clandestina. Se contacta con alguno de los viejos combatientes y va a la sierra a medir los ánimos, el terreno y las posibilidades de lucha. Sintiéndose como real, único y moralmente heredero de los caídos en Madera, Óscar decide bautizar a su nuevo grupo guerrillero con el nombre de Grupo Popular Guerrillero Arturo Gámiz, retomando así el nombre original con el que se había llamado la guerrilla unos años atrás, pero rescatando la imagen y la memoria de uno de sus líderes más representativos.

Óscar González Eguiarte ha aprendido a calmar las ansias. Sabe que el momento de la preparación para la lucha es lento. Tiene en mente a cada momento el error de un año atrás, pues sabe en carne propia que no debe minimizar al enemigo. Por eso viaja con cautela a la sierra, contacta a Escobel y a Gaytán, conversa con ellos, constata sus intenciones de seguir en la raya, regresa a la ciudad de Chihuahua en completo secreto. Nunca duerme más de dos noches seguidas en una misma casa. Traza la manera de viajar hasta la Ciudad de México, yendo de una ciudad a otra para no ser detectado por la policía local. Ha oído hablar de los agentes de la DFS, por lo que está muy atento a todo lo que ocurre a su alrededor.

Al llegar a la Ciudad de México quiere contactar a Pablo Alvarado, con quien había tenido alguna relación cuando se llevó a cabo la invasión de tierras en Chihuahua con la UGOCM, a principio de la década. Sabe que él también anda metido en lo mismo, según le había dicho el doctor Rafael Estrada Villa, a quien ya ve con desconfianza y al que no le comunicó sus pretensiones, luego de que incubara la duda acerca del futuro que le iba a dar a su Organización Nacional de Acción Revolucionaria, según una plática secreta que habían mantenido en la ciudad de Chihuahua, en la que las diferencias afloraron. Óscar consideró que el doctor proponía un retroceso en los caminos históricos de la revolución socialista, ya que había dejado de hablar del camino de las armas como meses atrás decía, animado por el proceso cubano.

También tiene el nombre de un tal Javier Fuentes Gutiérrez, pero la tendencia maoísta con la que sus acciones lo habían dibujado, le llevan a posponer el encuentro. Caminando un día de julio por la avenida del Paseo de la Reforma, Óscar lee el encabezado de un diario. La noticia le lleva a esconderse durante un tiempo en la Ciudad de México, mientras logra comunicarse con algunos estudiantes de la UNAM, cuyos contactos le había ofrecido uno de los fundadores de la FREP; algunos de los que pensaba contactar para organizar el grupo armado habían caído en prisión.

1967. Tercera escena

Sonora se había mantenido como una imagen regada con pólvora a punto de estallar. Por fin hubo quien encendiera el cerillo, a partir del tronar del descontento en la universidad estatal: había llegado la hora para aquel estado de la República.

Los estudiantes se organizan, la inconformidad crece más allá del ámbito universitario, la política del partido de estado no convence y enfrenta a la sociedad con las autoridades locales. La huelga estalla en todas las instalaciones de educación superior. La respuesta siempre es la misma: represión, ejército, policías, golpes, macanas, disparos, muertos y perseguidos.

Parte del comercio establecido se suma a aquella efervescencia social, poniéndose también en huelga. Las manifestaciones crecen y no existe posibilidad de diálogo entre las pasiones ya desbordadas.

Durante el primer semestre del año se van a dar una serie de conflictos e irregularidades que llevan a la consecuente radicalización de las posiciones.

El candidato a gobernador del PRI gana las elecciones, y solo hasta cuando es declarado electo, el ejército abandona las instalaciones universitarias.

Una estampa más; la represión al alcance de la mano; la furia contenida de quienes han sido ignorados en sus demandas. Sonora se suma a Guerrero, Morelos, Michoacán, Puebla, Chihuahua y la Ciudad de México. Son varios los focos rojos encendidos pero nadie quiere ponerles atención, pues total, son unos cuantos «rojillos desestabilizadores»; es la visión estrecha desde las altas esferas del poder.

1967. Cuarta escena

La efervescencia sigue siendo la constante en el poblado de Atoyac. Lucio continúa apoyando las demandas y protestas de una escuela, del presidente municipal, de los terratenientes, de los talamontes, del gobernador del estado. Es un símbolo y una referencia, así como un problema irresoluble para la autoridad. Una vez en prisión Genaro, Lucio es ahora la principal preocupación para el poder de Guerrero.

La llamada Escuela Real de Atoyac –cuyo nombre original era Juan N. Álvarez– es ahora el centro de discusión, rebeldía y conflictos internos. La directora, Julia Paco Pizá, fundadora, lleva ya varios años en el cargo y ha convertido su puesto en una mina de oro. Para cualquier cosa se les solicita a los padres de familia una cuota extra, una ayuda económica; todo con el beneplácito de la sociedad de padres de familia, quienes llevan ya –como la directora– varios años controlando el colegio.

La inconformidad crece. Uno de los maestros que había criticado la actuación negociante de la directora es expulsado de su plaza; un grupo de padres de familia se organiza contra la Sociedad de Padres de Familia y de la propia directora. Las demandas son sencillas, locales, y no van más allá de un pequeño conflicto escolar: restitución del maestro expulsado, renovación democráticamente electa de la mesa directiva de la sociedad de padres de familia, alto a la exigencia de cuotas y renuncia de la directora.

Poco a poco la población de Atoyac se va sumando a las demandas de la escuela Juan N. Álvarez; varios miembros de la ACG y algunos pobladores de la colonia Mártires de Chilpancingo se hacen presentes. Lucio comienza a ser el abanderado de la causa del colegio vecino.

Las instalaciones de la Escuela Real son tomadas por los protestantes el día 22 de abril. Llegan varios funcionarios estatales a la población para arreglar el problema. Las peticiones son sencillas.

El encuentro entre autoridades y manifestantes se lleva a cabo en la Presidencia Municipal. Julia Paco Pizá encabeza una parte y Lucio Cabañas se ha convertido en el portavoz de los inconformes. La discusión, acusaciones mutuas, propuestas, solicitudes y demandas se ventilan en el viejo edificio del Ayuntamiento; las autoridades estatales prometen que todo se va a arreglar. Se conforma un grupo de padres de familia y maestros alrededor de la directora acusada, mientras que, por otro lado, son ya varios cientos los que deciden estar con los «quejosos.»

El activismo político está en su punto durante los días finales de abril y primeros de mayo.

A las demandas educativas locales de la escuela Juan N. Álvarez se ha comenzado a sumar la solicitud de liberación de Genaro Vázquez; aparecen voces que exigen la caída del gobernador Abarca Alarcón.

El Día de la Madre, los manifestantes reciben la buena noticia de que, por órdenes del gobernador del estado, se decreta la salida de la directora de la escuela Juan N. Álvarez, Julia Paco Pizá, así como la reinstalación del maestro despedido. El júbilo invade a parte de la población, mientras que aquellos cuya apuesta estaba del lado de la ex directora sienten la decisión como una afrenta personal.

Durante la asamblea del 12 de mayo se expone que también deben de salir de la escuela aquellos maestros que apoyaran a Julia Paco Pizá; la limpia se antoja completa, pues si han conseguido la caída de la directora, ahora desean terminar la tarea. La autoridad se niega a considerar siquiera aquella nueva solicitud y con el fin de vigilar el buen desempeño en la escuela, es enviado un grupo de policías judiciales de la motorizada.

–No van a pasar–. La consigna era definitiva. Durante la asamblea popular de la noche del 17 de mayo, Lucio tiene problemas para controlar los ánimos exaltados de los asistentes mientras preparaban las acciones del día siguiente; la presencia de la policía motorizada no disminuye las ganas de lograr que la nueva solicitud se cumpla.

–Compañeros, dicen que mañana la policía nos va a matar–. Suelta uno de los asistentes. Sus palabras no provocan miedo, no hay desconcierto.

–Si matan a uno de nosotros, nos vamos los que quedemos pa' la sierra. No les vamos a jugar otra vez pacíficamente–. Todos asienten ante aquella propuesta. La noche abraza las opciones a realizarse posteriormente. Los rumores parecen ser solo eso; nadie cree a ciencia cierta que al día siguiente se pueda llevar a cabo una matanza, un disparo, aun cuando la fama de aventados de los guerrerenses sea común.

Los maestros rechazados por la población, antiguos aliados de la directora depuesta, se saben protegidos por la policía, por lo que están dispuestos a entrar en las instalaciones del colegio al día siguiente con su apoyo. Ante tal escenario, se propone una manifestación de protesta contra los maestros del grupo de Julia Paco Pizá y de la presencia de las fuerzas de seguridad estatal.

«Llego a las diez y media, que es cuando mis muchachos están en el recreo», propone Lucio.

Desde temprano la movilización es evidente, la policía motorizada pretende crear una valla que permita el acceso de los maestros impugnados a las instalaciones de la escuela Juan N. Álvarez. A la vez, una gran cantidad de gente se ha congregado a la entrada para impedir su paso. Comienzan a llevarse vigas y un equipo de sonido, para que se monte el templete desde el cual se pueda realizar el mitin.

–¡¿Qué está pasando?!– Entró indignado el capitán responsable de los policías motorizados a la oficina del presidente municipal de Atoyac.

–Sal y dile a tu primo que detenga el mitin–. Sentenció el capitán a Manuel Cabañas, presidente municipal de Atoyac y pariente de Lucio.

–Comandante, no está dentro de mis facultades evitarlo–. Suspiró temeroso el alcalde.

–Pues si tú no puedes, yo sí–. Dejó el dictamen el capitán al momento de abandonar la oficina de la Alcaldía.

En la plaza todo está dispuesto. A pesar de que ha habido algunos momentos de tensión con varios de los policías del estado, se ha logrado colocar el templete y el sonido. Aun así, el ambiente es tenso, se respira; hay inquietud entre quienes se encuentran sobre la tarima, observando desde las alturas las caras de los manifestantes.

Es el 18 de mayo de 1967. De pronto se escucha un disparo. Algunos dicen que se escapó del rifle del capitán de la policía motorizada sin querer, al intentar arrebatarle el micrófono a Lucio Cabañas. Otros aseguran que el capitán salió hecho una furia de la Presidencia Municipal, que se abrió paso entre la multitud, que se trepó al templete y que, muy valiente, se le enfrentó a Lucio con las manos por delante para hacerse del micrófono, y que, al no lograr su objetivo, su única salida fue echar mano de su arma. Una joven pudo desviar la bala cuyo objetivo era el cuerpo de Lucio. Hay quien asegura haber escuchado el grito de «fuego» antes de que el capitán intentara hacerse con el micrófono y que la lluvia de balas cayera sobre la multitud.

Parte del objetivo del capitán, además de evitar la manifestación, parecía ser la vida de Lucio Cabañas; pero varios cuerpos de padres de familia, maestros y simpatizantes lo cubren. Se forma a su alrededor una burbuja humana que le ayuda a escapar de los tiros. Los gritos de terror de la multitud se escuchan por todas partes. Hay quienes se enfrentan a los policías, la desbandada, la confusión, la sorpresa de ver varios cuerpos tendidos en el piso, gritos de dolor, angustia y el impacto de la muerte desintegran la manifestación.

¿Quién puede disparar su arma contra una multitud anónima? Son cinco los manifestantes asesinados, dos los policías ajusticiados por el propio pueblo durante la revuelta. Un número indefinido de heridos pretende encontrar un lugar seguro ante el terror.

Lucio es protegido, logra salir de la confusión, corre, le dicen que no se quede ahí. Él no sabe qué hacer, cómo defender a su pueblo, un remolino se ha instalado en su mente; el coraje predomina en sus sentimientos. Huir es la única salida, al menos la más segura.

«Te van a hacer el responsable de lo que ha sucedido, nadie va a decir que ellos comenzaron a disparar. Vámonos, rápido.»

Lucio todavía duda un poco. ¿Cómo dejar ahí a su gente?

Corre los doce kilómetros que separan Atoyac del ejido de San Martín. Entre la indignación, el miedo y el coraje, le viene la idea expuesta la noche anterior: «[...] que maten uno aunque sea, o que nos dejen herido aunque sea uno, y vamos a acabar a todos los ricos [...]» Sabe que ha llegado al límite dentro de la lucha pacífica, que no existe salida alguna. ¿A quién acudir ahora? ¿Ante quién protestar? ¿Cómo hacer valer la verdad de lo que ha sucedido? ¿Quién deberá pagar las muertes del 18 de mayo? ¿En qué río lavar el coraje y la impotencia?

> Ya estábamos acostumbrados a luchar, así que abordamos todos los problemas que teníamos. No era un problemita allí de escuela [...] lo que sí es cierto, es que con una matanza nos decidimos a no esperar otra. Y hemos dicho aquí: para que un movimiento armado empiece, necesita varias condiciones: que haya pobreza, que haya orientación revolucionaria, que haya un mal gobierno, que haya un maltrato directo de los funcionarios. Todas esas cosas se pueden aguantar, pero lo que no se aguanta es que se haga una matanza, eso sí no se puede aguantar.

Lucio invita ese mismo día 18 en el ejido San Martín a que se suban al cerro a echar tiros. Sus dudas sobre aquella posibilidad apenas unos meses antes cuando se había entrevistado con Guadalupe Jacott se disipan con el coraje, de la impotencia que siente en esos minutos. ¿Cómo perdonar? ¿A quién otorgarle el beneficio de la duda? ¿Se merecían ese trato? ¿Cuánto cala en las decisiones la imagen del compañero tirado en el piso con su cuerpo ensangrentado y sin vida?

«Cuando vimos a los compañeros tirados, es natural que nosotros no necesitamos ningún examen.»

Lucio ve el camino hasta la sierra, son escasos los minutos con los que cuenta para seguir tomando las decisiones. Le llegan nuevas noticias, testimonios de la tragedia; la capacidad de indignación parece no tener límite, en ese instante se pregunta: «¿No hay condiciones para hacer la revolución? Qué me importa que no haya condiciones [...] cuando matan al pueblo, hay que matar (a los) enemigos del pueblo. Y de ahí parte la revolución, de ahí parte toda revolución.»

–La Chabela se le fue al policía que mató a su esposo con unas tijeras en la mano, con ellas logró hacerle pagar al tira la osadía de matar a su hombre, pero luego la agarraron por la espalda, otro policía que se dio cuenta, la *venadió* y no pudo salvarse; su hijo que traía en la panza también murió.

Los minutos parecen tener prisa, la vida se está yendo, no solo para los que acaban de caer en la plaza de Atoyac, porque se sabe que pronto llegará la policía, el ejército; el camino a la sierra es lógico, obvio, único.

—La gente está *retencorajinada*, quieren echar machete a todo.

Llega la noche del 18 y Lucio decide volver a Atoyac, porque quiere saber por sí mismo cómo ha quedado el escenario, escuchar más testimonios. Es su pueblo y no se resuelve a abandonarlo.

La decisión de convocar a la gente para que se haga justicia en ese mismo instante, antes de que la sangre se enfríe, es una de las propuestas que afloran entre los escondidos. Lucio aprieta los dientes para no aceptar aquella posibilidad, pues es consciente de la desventaja de aquella acción, aun cuando le han llegado a decir que los de la policía municipal se van del lado del pueblo en cuanto se les diga.

—La forma nuestra de lucha, es la guerra de guerrillas, nuestra manera de enfrentar a los caciques será «venadeándolos», cayéndoles de repente; también para los guachos, los tiras, los traidores. Nunca presentarnos en combate frontal—. Expone Lucio para detener la posibilidad de que la sangre continúe corriendo aquel día; ya han sido muchos los mártires, los caídos, los muertos y no puede arriesgar a nadie más. A pesar de que la tentación es grande, la idea del monte no le gusta a la policía municipal. Las decisiones toman su tiempo para madurarse; la reflexión sobre lo que acaba de suceder y el futuro que parece no existir, es parte de la serenidad que ha invadido al maestro.

Se juntan unas cuantas armas, «siempre que tengamos pueblo, nunca nos harán nada»; con ese convencimiento no son localizados Lucio y sus seguidores. Sin problemas, alcanzan la sierra el día 19 de mayo y comienza su peregrinar. Las brechas son parte de la vida cotidiana. Vegetación, caminos, gente, armas, alimentos…, son las ideas para organizar la naciente lucha en el estado de Guerrero, son la base. Por eso, de inmediato, se sabe lo que ha ocurrido en Atoyac en todas las poblaciones que se van encontrando. Las asambleas son la manera aprendida por Lucio para divulgar la lucha, para hacer política, para comunicarse con la gente, para convencerla de su causa. «Junten gente que quiera venirse al grupo y junten armas», son los primeros avisos que se le ocurren al naciente grupo guerrillero cuando se van reuniendo con habitantes de otros poblados, con personas de la sierra.

El lunes 18 de mayo marca a una población, a una zona; la rabia corre por todos los rincones de la sierra. La lucha ha iniciado. Lucio comienza a convertirse en un fantasma que recorre los cerros, que se esconde debajo de las piedras, entre los matorrales, entre su gente. Su lucha se conoce por todo México, y los deseos de muchos estudiantes por seguirlo va a ser una constante; allí está la nueva revolución y así comienza la utopía.

1967. Quinta escena

El gobierno quiere finiquitar a parte de los grupos que pretenden usar las armas en su contra, pero es él quien realmente arma la conjura internacional. Leyendo la prensa de la época podría suponerse que se trató de una verdadera conjura contra las fuerzas del bien nacidas de la Revolución Mexicana; se aprovecha la ocasión para inculpar y aprehender a varios líderes sociales, ya que el momento es propicio y único para implicar a quien ha estorbado, protestado, defendido ciertas causas, con la subversión comunista internacional y sus nexos en México.

17 de julio de 1967. Judith Reyes recibe la fatal noticia de que hasta la oficina de su esposo, Adán Nieto, han llegado varios agentes de la Dirección Federal de Seguridad y se lo han llevado. José Rojo Coronado e Ignacio González Ramírez son los portadores de la noticia de lo que acaba de ocurrir.

Adán, quien hasta entonces había fungido como asesor de la huelga de chóferes de la línea Peralvillo-Cozumel, representaba un problema para la autoridad de la Ciudad de México. El movimiento llevaba hasta aquel día bastante tiempo en pie de lucha y no se veía una solución próxima; el problema cada vez tenía más características para que contagiara a otros sectores sindicales.

Al mismo tiempo que se asestaba el golpe para detener a Adán, la policía hace acto de presencia en la bodega ubicada en Enrico Martínez 14, en Ixtapalapa, en la que el simpatizante chino, el ingeniero Javier Fuentes Gutiérrez, tiene varios miles de ejemplares de revistas chinas, afiches de Mao, Lenin, Engels, Stalin, Marx, y propaganda diversa de izquierda que se distribuía por medio de la librería llamada El Primer Paso.

De igual forma, el gobierno le tiende el cerco al famoso diputado del Partido Popular Socialista, el doctor homeópata Rafael Estrada Villa, quien había obtenido cierta fama con su Organización Nacional de Acción Revolucionaria, la cual pretende transformar mediante las armas la estructura de gobierno en México.

Por último, el grupo armado llamado Che, el cual ha trabajado para conformar un núcleo guerrillero alimentado por jóvenes estudiantes y algunos cuantos campesinos, cuya primera acción armada fue exitosa, al dinamitar un transporte militar del 32 batallón de infantería el 3 de julio, cerca del poblado La Unión, en el municipio de Zihuatanejo, Guerrero.

Son cuatro líneas de acción diferentes, cada una con su propia visión para alcanzar el socialismo en México. Así, Adán Nieto Castillo, inmerso en el movimiento sindical, tal vez con alguna relación con los otros personajes aprehendidos, pero sin arengar por la lucha armada; después, Javier Fuentes Gutiérrez, simpatizante de la República Popular China, distribuidor de sus publicaciones en México, quien contactaba de vez en cuando a los diferentes grupos decididos a la acción armada, pero cuya participación no fue demostrada; en tercer lugar, el diputado Rafael Estrada Villa, cuya distancia con Lombardo Toledano y la creación de su ONAR expresó en varias ocasiones su disposición y convencimiento de que la lucha armada era la única vía posible, aunque –ni él ni su grupo– tampoco intervino en ningún enfrentamiento armado; por último, el Grupo Che, cuyo ideólogo y líder principal, Pablo Alvarado, había tenido contacto con Óscar González Eguiarte y había participado en la toma de tierras que tuvo lugar a principios de la década de los sesenta en el estado de Chihuahua; su activismo político y el deseo de sembrar la guerra de guerrillas en todo el país estaba comprobado, a pesar de que su acción, en realidad, solo tendría lugar en Zihuatanejo, Guerrero, contra el Ejército Federal.

A pesar de las diferencias entre los personajes presentados por la prensa y el testimonio oficial como los grandes conspiradores comunistas, su detención sirve de pretexto para llevar a cabo una cacería de brujas, para montar un espectáculo y aprehender a muchos de una buena vez, que podían haber escapado al montaje de once meses antes cuando había caído Víctor Rico Galán, a quien también se había vinculado con todos los anteriores, aunque la información no apareció hasta el día 20 y ellos habían sido detenidos entre el 14 y el 17 de junio: «Intentaban hacer de México una República socialista», adornada la nota con las fotografías de grandes paquetes amarrados que muestran los carteles de Lenin y Mao; en las páginas interiores, en el cuerpo de la nota, aparecen las fotos de varios documentos, revistas y libros, como muestra de la injerencia ideológico-militar contra las buenas costumbres mexicanas. Son varios los hilos que bien encajan en un solo nudo, un rompecabezas mandado a hacer a la medida.

El origen norteño de Pablo Alvarado le hace aparecer como sobreviviente del asalto al cuartel Madera, sin que en verdad tuviera participación en el grupo de Gámiz y Gómez; sí participó, en cambio, en las movilizaciones populares organizadas por la UGOCM. De ahí su contacto y relación con Óscar González, el doctor Estrada Villa y posteriormente con Fuentes Gutiérrez.

Pablo crea un grupo por su propia cuenta, no se liga a los sobrevivientes de Madera, aunque en ocasiones da a entender en su discurso que es sobreviviente y heredero de Gámiz y Gómez. Viaja por todo el país entre 1966 y 1967. Es visto entrevistándose con jóvenes universitarios de Chihuahua, Michoacán, Puebla, Guerrero, Sonora. En la Ciudad de México es en donde centra su núcleo principal; una docena de estudiantes que han decidido sumarse a su causa y que planean su primera y única acción: atentar contra un transporte militar para llamar la atención y obtener más armas.

En la acción actúa un grupo reducido de tres guerrilleros, entre ellos Pablo Alvarado, un campesino de la zona, Adrián Campos Díaz, y otro militante más. Luego de haber llevado a cabo el atentado se resguardan en la población de Petatlán. Eduardo Fuentes de la Fuente, quien mantiene contacto con el ingeniero Javier Fuentes Gutiérrez, con el fin de llevar a cabo acciones conjuntas en un futuro, es comisionado para viajar hasta el puerto de Acapulco y desde ahí enterarse del impacto que tuvo la acción. Se pasea por el malecón y se entrevista con uno de los líderes estudiantiles de Guerrero; Eduardo ya había estado contactado con la gente de Genaro Vázquez, porque desde hacía tiempo deseaba entrar en la acción revolucionaria. Compra los periódicos, sondea por acá y por allá, cree que ha cumplido cabalmente su misión, y decide regresar a la Ciudad de México. Sabe que tiene que entrevistarse con el núcleo del grupo guerrillero en la casa de seguridad en la Ciudad de México, ubicada en Mitla 531, departamento 9. Llega despreocupado a la cita, ignorante de que en su interior no están los compañeros, sino que, por el contrario, los agentes de la Dirección Federal de Seguridad lo están esperando. El reporte no se entrega; Lecumberri se convierte en su destino.

Carlos Martín del Campo en la ciudad de Puebla ha estado manteniendo contacto constantemente con Pablo, quien ha viajado regularmente a la Angelópolis. La idea de crear un grupo guerrillero es mutuamente compartida, por lo que Martín del Campo lleva a una docena de sus compañeros universitarios a entrenarse en los bosques de Manzanillo, a las afueras de la ciudad. Ya había aportado una pistola para la causa, que se la había dado a Pablo, mientras se configurase bien el núcleo en aquella ciudad. Fueron tres meses de soñar con la guerrilla, con el cambio en México. El jueves 20 de julio se despierta con la noticia de que su nombre aparece en los periódicos como miembro del grupo conspirador que ha caído en manos de la policía. Carlos no espera a que lleguen por él y se esfuma, se esconde en varias casas de conocidos; hay quien le propone que vaya a la embajada cubana a pedir ayuda, que lo envíen a aquel país. Ilusionado, se presenta ante la puerta de la representación diplomática de Cuba en México, le recibe un burócrata; la negativa es rotunda, la isla no se puede comprometer con la conspiración en México.

Martín del Campo viaja algunas horas en la cajuela de un automóvil; la DFS le sigue los pasos o por lo menos él cree que así es. Decide perderse entre la inmensidad de la Ciudad de México, para luego inscribirse en la facultad de Letras de la UNAM.

José Luis Calva Téllez logra deshacerse de los contactos en Guadalajara minutos antes de ser aprehendido. No puede avisarle a nadie que ha caído, que su casa está ocupada por los agentes de la Dirección Federal de Seguridad, quienes le han colocado un par de cachetadas para que delate de momento a algunos de los integrantes. Los agentes saben que pronto llegarán algunos miembros más del Grupo Che y su paciencia es recompensada: dos compañeros más arriban y son detenidos. Pronto el núcleo básico del grupo de Pablo Alvarado está en prisión.

El que tiene la experiencia, quien ha estado viajando por todo el territorio nacional buscando seguidores de la causa, es Pablo; él sabe todos los nombres, todas las relaciones. Él es la pieza clave para desarticular el complot, así como para acusar a Adán Nieto, a Javier Fuentes y al diputado Rafael Estrada Villa. Los agentes de la DFS ejercen sobre Pablo una dura tortura; no es difícil imaginarse las mil y un maneras de hacer sufrir un cuerpo humano para que se le reblandezca la memoria, para que salgan a relucir los nombres deseados, las direcciones y las demás acciones planeadas o incluso inventadas. Las sesiones llegan a tal grado que le destrozan un riñón a patadas; solo entonces lo dejan descansar. La falta de instrucción para la tortura de los agentes de la DFS no escapa al sentido común de la orden, y Pablo ingresa en la enfermería de Lecumberri para rehabilitarse.

Sin mayor preparación, con poca experiencia, guiado más bien por la aventura y el ideal del triunfo cubano, sobrecargado de ideología y de lecturas marxistas, Pablo Alvarado tejió su endeble estructura guerrillera en varias partes del país, sin contacto alguno entre sí, sin un plan determinado, sin mantener objetivos concretos, sin contar con un método de acción; simplemente basándose en la experiencia obtenida del día a día: viajando, sembrando, sosteniendo encuentros casuales con algunos líderes estudiantiles de la provincia, repartiendo material de lectura, aportando más ganas que estrategias. Estaba claro que parte de la acción consistiría en sembrar una gran fuerza rural armada, alimentada y sostenida por una estructura urbana. Pablo Alvarado construyó su propia imagen, su leyenda, su carrera.

Las historias confluían en un punto determinado de ganas de entrarle a las armas como ya había empezado a suceder en el resto de América Latina desde hacía varios años, mientras que en México no pasaba nada, solo eso, todo dejado a la espontaneidad de la acción misma, sin articulación específica, sin meta y sin un objetivo común.

Nada difícil imaginar las grandes posibilidades de infiltración de la policía en el Grupo Che, el cual, sin mantener un organigrama, un plan específico, reclutaba sin medir consecuencias, sin asegurar la clandestinidad. De este modo, el proselitismo en favor de la lucha armada se llevaba a cabo sin discreción alguna, mientras que la paranoia oficial iba encontrando el pretexto perfecto para divulgar «la gran conjura», el complot refrendado que había sido descubierto once meses antes tras la detención del cabecilla, Víctor Rico Galán. Casi un año después se le vuelve a presentar la ocasión y ejerce así un *collage* de personas, acciones, grupos, ideas, para que todos tengan como residencia próxima la cárcel de Lecumberri.

La referencia periodística llega al extremo de hablar de la utilización de un automóvil ruso, en el cual los conspiradores se movían para llevar a cabo sus actos de terrorismo. Todo, para justificar su actuación contra las «fuerzas malévolas» del comunismo internacional, cuyos agentes ya estaban en México dispuestos a atentar contra la estabilidad.

Trece son los detenidos en julio de 1967 metidos todos en un mismo costal, aun cuando no estuvieran relacionados entre sí. El Grupo Che, con Pablo Alvarado y José Luis Calva Téllez a la cabeza, otros miembros de este incipiente núcleo armado, además del licenciado Adán Nieto. Según la información periodística, los verdaderos líderes eran el ingeniero Javier Fuentes Gutiérrez, el cual se encontraba en Pekín para ese entonces, y el diputado Rafael Estrada Villa, que estaba escondido en La Habana.

Esta información periodística anota el estado de Chiapas como uno de los lugares en los que se habían desarrollado las acciones de entrenamiento militar para los guerrilleros, un estado de la República que hasta entonces no había presentado mayor conflicto político, a diferencia de Chihuahua, Guerrero o Morelos.

La difusión de los hechos se lleva a cabo desde el punto de vista de la nota roja, exagerando la anotación ideológica del origen rojo, comunista, ruso, cubano o chino, considerados los grandes enemigos de la humanidad. Sin tener en cuenta, como ha sido el trato al caso de Jaramillo o de Gámiz y Gómez, la posibilidad de que las causas enarboladas fueran justas o que tuvieran que ver con solicitudes no resueltas por el sistema; por el contrario, la luna de miel continúa para la Revolución Mexicana y sus instituciones.

La idea de la guerrilla ha prendido en México, un poco subsidiada por las propias elucubraciones entre elementos de la Secretaría de Gobernación, quienes ven cara de comunista y subversivo a cualquier cosa que se mueva fuera de la razón de los principios de la Revolución Mexicana. Además de por lo que ha venido sucediendo en muchas zonas de México y por la falta de un verdadero reparto agrario que solucione las demandas campesinas latentes y olvidadas para esas fechas.

Las universidades son cada vez más hervideros de ideas. Lucio es ya una referencia en Guerrero; Madera ha quedado como un símbolo al cual se puede uno agarrar. Las cárceles se van nutriendo no solo de los viejos líderes sindicales, gremiales y movimientos sociales delimitados, sino por gente dispuesta a la participación violenta, armada, para subsanar las injusticias existentes.

1967. Sexta escena

La idea puede ocurrírsele a varias personas a la vez, todo tiene que ver con la precipitación del reloj humano con el que se está dispuesto a actuar, a llevar a la práctica la idea sembrada que ha venido circulando entre los jóvenes becarios desde 1964, la ocurrencia inmediata. De ahí que un grupo numeroso de jóvenes mexicanos estudiantes de la Universidad Patricio Lumumba, en la Unión Soviética, lleven tiempo reuniéndose para analizar la situación de su país. Los encuentros son más bien de tipo académico; la pretensión de hacer coincidir la teoría recibida en las aulas con la realidad nacional es una de sus obsesiones.

Las influencias, el estudio, la realidad que le ha tocado vivir a cada uno de los becarios, los lleva a pensar en la posibilidad de organizar un núcleo guerrillero armado, que pueda entrenarse en el extranjero para luego irse a México, con el fin de sembrar lo que podría llegar a ser el gran ejército insurgente, liberador de su pueblo.

Están llenos de teoría marxista, dominan el conocimiento científico de la ciencia social, cuentan con las herramientas de análisis de la realidad. Deducen que la acción es lo que hace falta en su país, por lo que las reuniones van cambiando de tono, y en lugar de continuar con las disertaciones teóricas, se pasa a la elucubración de un plan que les permita hacer realidad aquella idea de actuar en serio, con las armas en la mano y transformar la realidad que se vive en México.

A escondidas de las propias autoridades de la Universidad de la Amistad de los Pueblos Patricio Lumumba, quienes mantienen como principio que sus estudiantes no realicen ningún tipo de actividad política, los corredores de la universidad, el comedor, los dormitorios, la casa de un amigo..., comienzan a formar parte de una clandestinidad obligada para conspirar a varios kilómetros de la tierra de Juárez, de Zapata y de Villa.

Se cuenta con la referencia de lo que ha sucedido en el país: el frustrado asalto al cuartel Madera, la lucha y el asesinato de Rubén Jaramillo, los antecedentes de los diversos movimientos sociales y sindicales de la década de los años cincuenta. Son jóvenes que provienen de diferentes organizaciones de izquierda de México.

El análisis que se hace de la realidad del país llega a una conclusión específica, única, a partir de las herramientas de la disertación social, para aquellos jóvenes becarios no hay de otra: «[...] existían en México condiciones objetivas para una nueva revolución, por ello debían darse pasos para la creación de una organización político-militar de nuevo tipo.»

El colectivo coincide en un objetivo más allá de su propio deseo de hacer la Revolución en su país; necesitan el entrenamiento militar, la experiencia en tácticas de guerra de guerrillas, en el manejo de armas y la fabricación de explosivos, en defensa personal, en estrategias para sabotear, para comunicarse con la sociedad y el pueblo que pretenden incendiar. La necesidad de apoyo extranjero se hace evidente, la necesidad de recibir entrenamiento de un país cuya experiencia les sirva para alcanzar su utopía en México, es evidente; de ahí que comience el peregrinaje entre diferentes representantes de los países de Argelia, China, Vietnam y Cuba. Nadie les hace caso, su propuesta parece aventurera, la imagen del sistema político mexicano está por demás construida y sin resquebrajamientos que puedan suponer el apoyo para una empresa como la propuesta de los estudiantes de la Patricio Lumumba. El caso de Cuba es clásico y obvio, no será esta una ocasión diferente a las anteriores, en que los mexicanos se acerquen a los cubanos en busca de apoyo, entrenamiento y consejos sobre la guerrilla y el gobierno cubano se niegue, alegando que el gobierno mexicano es amigo.

Por su parte, Vietnam responde que si algo les sobra son elementos, gente con el deseo de participar; no hay armas, ni medicinas, ni balas; ¿para qué irían unos mexicanos entonces a luchar por Vietnam?

La negativa de los primeros encuentros con representantes de países cuya ayuda imaginaban que caería pronto, no desinfla las ganas, los ánimos. Son conscientes de la asfixia que se vive en su país, vuelven a insistir, se replantea la discusión, se revalora su papel histórico y pronto reciben la buena noticia de que un país socialista está dispuesto a apoyar su empresa, su idea, su lucha, su utopía; se envían algunos elementos a México para contactar a otros que ya han participado en las reuniones; las posibilidades de que se incorporen a la lucha, a los anhelados viajes de entrenamiento, de acción, van tomando forma. Hay mucha emoción, por las ganas de conseguir el cambio... Mas el futuro parece presentarse del color con el que se desea ver.

1967. Séptima escena

Se tiene que protestar de alguna forma, la noticia de la muerte del Che Guevara en Bolivia cae como bomba que desilusiona a todo joven en México con ganas de hacer realidad la transformación de las estructuras, del régimen.

Cualquier esquina de la capital sirve para conspirar. Se elige una embajada, obvio, la de Bolivia, el país en donde la esperanza de la lucha guerrillera para liberar a toda América ha fracasado. Un pequeño grupo de jóvenes estudiantes deciden no dejar su enojo en la conversación del café y se disponen a actuar.

La preparación del acto no representa mayor problema. Se tiene la conciencia de la lucha por América, por México, de ahí que pronto se diseñe el plan de acción elemental y se fabrica el explosivo. Los jóvenes se hacen pasar por turistas para llegar a tocar la puerta de la embajada de Bolivia en México, el país del entierro del mayor de los ídolos, para poder colocar el explosivo y demostrar así que las fuerzas vivas están en acción.

En un descuido elemental por parte de una secretaria de la embajada se deja la bomba, contenida en un aerosol, debajo de un escritorio. La secretaria regresa con folletos, publicidad del país. Los jóvenes sonríen y se van con la información para fines ficticios; creen que están haciendo la revolución que tanta falta hace, y no han tenido mayor problema. Saben que en unos cuantos minutos su acción se verá recompensada como el acto de protesta ante el cual desean manifestarse.

Pronto se llama por teléfono para hacer más evidente la acción, se pone en sobre aviso a las personas que laboran en la embajada, porque no desean lastimar a nadie, sino solo destruir la oficina. La secretaria que recibe el mensaje se pone histérica. De inmediato llaman a la policía. Al poco tiempo detectan el artefacto extraño; son enviados los peritos en explosivos, quienes sin el menor recato cargan con la posible bomba.

Otra versión dice que el explosivo es abandonado y que lo descubre una persona del servicio de aseo de la embajada, la cual da aviso para que se llame a los guardias y a los peritos de la Procuraduría General de Justicia.

Una vez en el laboratorio de la policía, el *spray* es agitado, accionando la formula que termina por explotar en las manos del supuesto especialista en explosivos, dejándolo sin una de las manos e hiriéndole la cara.

La aventura convertida en protesta es un éxito, aunque sea dicho que más por la incapacidad policíaca que por el contenido ideológico del acto. No hay publicidad que relacione la acción como un acto de protesta por la muerte de Ernesto Guevara en Bolivia. A los pocos días llegan a Lecumberri parte de los ideólogos de aquella acción: Antonio Gershenson, Juan

Ortega Arenas, Mario Rechy, Francisco Luna, Enrique Condés Lara, Fabio Eroza Barbosa, Gerardo Peláez, Salvador Lozano García, Miguel Alberto Reyna, Vicente Ortiz y Justino Martínez, entre otros. No todos son del núcleo conspirador, pero como es práctica común, cualquiera podría ser contacto, autor intelectual o conspirador al lado de quienes en realidad llevaron a cabo la acción, y mejor que sobren presos y no que falten. Todos ellos pertenecían al Partido Mexicano de los Trabajadores, y «luchaban por una nueva forma de vida». Pero, según el reporte de la fuente oficial, fueron los responsables del atentado terrorista de la embajada de Bolivia en México.

Como testimonio de algunos de los participantes, desde siempre habrían militado en las filas del llamado Movimiento de Izquierda Revolucionaria Estudiantil, cuya presencia se siente por varios centros educativos en 1967, y del cual algunos de sus miembros próximamente van a abrazar la causa radical.

Una imagen final

El carro de la historia de los movimientos armados en México no se desplaza de forma lineal, sino que su velocidad varía. En ocasiones se da un acelerón que deja el impulso de la sorpresa con los cuerpos pegados al asiento, y en otras ocasiones mete reversa, mientras que de vez en cuando y por mucho tiempo se detecta al auto estacionado, como si no pasara nada.

La tierra está abonada, el camino allanado, han terminado los movimientos cuyo origen tiene que ver con una relación umbilical con el problema del reparto agrario. Una nueva generación ha comenzado a actuar en busca de la nueva revolución, con todo el bagaje ideológico por delante. Mientras que en el resto de América Latina la llama ya se encendió, en el caso de México se están dando apenas los primeros pasos de esa historia oculta, soterrada, ignorada.

El sistema no ha dejado pasar ninguna de las experiencias anteriores. La policía política ya está preparada para enfrentar los futuros brotes de violencia, de ideologización, de guerrillas urbanas y rurales. La Dirección Federal de Seguridad no ha tenido necesidad de ser acusada de haber sido adiestrada por las escuelas antiterroristas de Estados Unidos o de algún otro lugar del mundo, aun cuando varios de sus miembros y próximos directivos hayan estudiado incluso en Israel y con los servicios de inteligencia estadounidenses; y es que el sadismo propio desplegado para «salvar» a México del comunismo internacional, es brutal.

Mientras que muchos creen que las condiciones de México son propicias para la implementación de la guerra de guerrillas y la construcción de una nueva revolución de tipo socialista, para el sistema –en voz del secretario de Gobernación, Luis Echeverría–, parece ser lo contrario; se muestra seguro de las fuerzas represivas, de vigilancia, de infiltración y de la postura democrática que maneja, al declarar: «[...] en México no hay circunstancias económicas o sociales que favorezcan la subversión.»

El que parece estar atento a los posibles brotes de inconformidad, de protesta o de enfrentamiento con el régimen revolucionario, es el mismísimo presidente de la República, quien durante su informe de este año amenazaba diciendo:

«El régimen tiene la obligación de velar por que ni las personas ni sus bienes sean atacados con motivo de alteraciones del orden público. Aseguramos que el gobierno de la República cumplirá esta obligación y en caso de que llegue a presentarse, sabrá dar la respuesta adecuada.»

La lectura entre líneas deja mucho que pensar. Al no existir destinatario específico, podría imaginarse que la sentencia tiene que ver con los acontecimientos de este año, o que por el contrario simplemente es un mensaje más que reafirma el autoritarismo con el que se ha ido manifestando el sistema en los últimos años; podría también ser una forma de tranquilizar a la iniciativa privada, para que se sienta segura en México, pero la amenaza velada se dejó escuchar en el Congreso de la Unión.

Por otra parte, en las cárceles ya se comienza a hablar de presos de conciencia. Ya no son solo los ignorados líderes de los movimientos sindicales, gremiales o sociales, sino que también han llegado como huéspedes al Castillo Negro de Lecumberri, hombres cuya acción, ideología y actos tienen que ver con una apuesta abierta por el socialismo.

El término «preso político» comienza a acuñarse, aun cuando el Estado niegue su existencia, los presos políticos comienzan a ser una piedra en el zapato para el buen desempeño de las actividades gubernamentales. No es solo el discurso; por el contrario, ya hay voces, símbolos encarcelados, que se están saliendo del control oficial y que atentan al discurso revolucionario de las instituciones y de la libertad y democracia a la mexicana.

Los elementos con los que todavía cuenta el sistema, le permiten difundir una estabilidad que no se comparte ni en las aulas, ni el campo, ni los sindicatos, y que la clase media que ha estado emergiendo desde hace ya varias décadas comprueba.

Las contradicciones del sistema apenas se sienten, todavía se pueden ocultar, enterrar. La economía marcha sobre ruedas y crisis es una palabra alejada del diccionario popular, aun cuando los gases hayan estado compactándose para lo que vendrá en el futuro inmediato de la vida nacional. El tren de la Revolución Mexicana como discurso tiene combustible para rato. La imagen del país está cimentada, los conflictos sociales que han existido parecen ser parte de una cuota de desarraigados a quienes la famosa revolución no les ha hecho justicia. Y todo lo demás bien puede reducirse a una página de periódico, justificando que hay un complot comunista en México y que por eso se utilizó la fuerza, el exceso, la muerte, con el fin de preservar instituciones, buenas conciencias, tranquilidad y estabilidad.

El cielo aparece cargado, aquel que se está por tomar por asalto, aquel que Marx presagia para ser alcanzado por el proletariado. La tormenta se anuncia y va a estallar por donde menos se espera. Vienen nuevos tiempos; otra década y otra política.

V

Las consignas vivas

Radicalismo: movimiento popular
y estudiantil de 1968

1
ESTUDIANTES DE MÉXICO EN MARCHA

Los vientos siguen soplando. Todos desean todo. Faltan pocos meses para que se termine la década de los sesenta. Es el año de las Olimpiadas en México. La fiesta es eminente, la sociedad se apresta a recibir al mundo. Al parecer se ha dejado atrás el complejo de inferioridad, los reflectores internacionales nos pertenecen hoy más que nunca.

Con la llegada del año olímpico no hay vuelta atrás: la expresión de la posibilidad de la lucha armada ha dejado de ser esa ventana por la cual algunos se han asomado a veces para dilucidar el paisaje; en México se puede, se debe, se tiene.

La efervescencia llegó sola a las ciudades. El tránsito del mundo rural con sus conflictos y sus problemas parece estar muy alejado de la conciencia urbana. Las ciudades son el ente por excelencia, donde las contradicciones propias han ocupado parte de la conciencia nacional, cuya expresión se da en los medios de comunicación, en los centros de enseñanza, en las fábricas, en las colonias, en los parques, en las esferas mismas del poder.

México es otro y muy pocos se han dado cuenta de ello. Cada conciencia ha asimilado de manera diferente lo que les está tocando vivir, experimentar, respirar, ver, oír, comer. Las lecturas son otras, los monitos también. El Che es un mito que se acrecienta a cada instante con la fotografía de Korda; Cuba la referencia innegable; China, con su revolución cultural, aunque lejana, se venera; Vietnam es una causa que se abraza sin el sentido teórico de lo que está en juego: el imperialismo es el enemigo de cientos de cabezas contra el cual hay que luchar;

Marx, no es un venerable anciano, por el contrario, parece estar sentado en la banca al lado de cada estudiante, hombro con hombro en el aula, discutiendo la distribución de la riqueza.

¿Quién podría decir en el grito de «¡Feliz Año Nuevo 1968!» que tiene prisa por morir? Música, moda, mota, indigenismo, canto, grito, cultura, pelo largo, mezclilla, Che, mucho Che, los suplementos culturales de Fernando Benítez, morral, libro, cine, café, Rius y sus Supermachos, rock, que viva el rock, solidaridad, ¡Cuba sí, Yanquis no!, Althusser y sus ideas, el pueblo unido, siempre unido, esa imaginación al poder que tanto se desea, se anhela, Amor y Paz, los hongos y la Sabina, los sindicatos cuyo proletariado asoma ligeramente la cabeza —decretada acéfala por José Revueltas—, ¡Libertad! ¡Presos Políticos Libertad!

La juventud ha decidido respirar a pulmón abierto; todo, todo el aire le pertenece. La historia se escribe a partir de ellos mismos, el único ombligo del mundo lo permiten los límites de experiencias que nadie ha ejercitado por las calles; ¿Qué más se podría esperar del 68?

A principios de año los estudiantes experimentan una multiplicación de la formación de diversos grupos, clubes, organismos, algunos con tintes políticos, otros sólo para la práctica de alguna actividad cultural —sea esta literaria, teatral u organizar un cine club—. Lo cierto es que el estudiantado ya no se deja tan fácil de la manipulación oficial, de la simulación de organizaciones creadas y controladas desde el poder mismo, con el fin de corporativizar veladamente la actividad de los jóvenes. En cambio, el control sobre los sindicatos, partidos políticos de oposición —ya sean de izquierda, derecha, centro o revolucionarios—, está en su máximo momento. Los jóvenes han logrado sin proponérselo la ruptura de aquellas organizaciones, federaciones, confederaciones y demás membretes de supuestos estudiantes organizados.

Las juventudes del Partido Comunista Mexicano es uno de los bastiones de mayor actividad dentro del apacible instituto que representa a las masas oprimidas. Su injerencia en varios centros de educación superior ha desembocado en la realización de una gran marcha nacional por la liberación de los presos políticos; la Central Nacional de Estudiantes Democráticos abandera la idea, instancia creada por la JC desde 1963, durante el Congreso del mismo nombre que se llevó a cabo en la ciudad de Morelia aquel año, y cuyas acciones no han logrado mayor movilidad hasta entonces, a pesar de haber sido el motor de diversos movimientos universitarios en provincia.

La ruta de la independencia es la elegida como símbolo del nacionalismo del movimiento estudiantil, denominada ahora como la Ruta por la Libertad. Cientos de contingentes arriban desde las primeras horas del día 2 de febrero de 1968 a la ciudad de Dolores Hidalgo, en el estado de Guanajuato, para participar en la marcha pacífica en la cual se solicitará la liberación de varios presos políticos. Son Rafael Aguilar Talamantes, Efrén Cápiz y Dimas Quiroz; además se habían sumado las peticiones de libertad para otros presos ya legendarios pertenecientes al movimiento ferrocarrilero, de los maestros y médicos, así como los compañeros de la bomba frustrada en la embajada de Bolivia.

Las amenazas de la autoridad para evitar la realización de la misma han sido constantes, de ahí que se haya desplegado todo un contingente policial para entrar en acción a la orden y detener la llegada de los estudiantes a Morelia. Están también los clásicos orejas infiltrados de la Secretaría de Gobernación, queriéndose hacer pasar como estudiantes.

El rumor de que en cada pueblo por donde pasara la marcha se encontrarían con elementos de la DFS y obreros de la CTM organizados para manifestar su rechazo a los estudiantes, ponía los pelos de punta a los organizadores, quienes a pesar de las advertencias deciden dar el paso.

A tres días de iniciada la marcha, los organizadores no soportan más las presiones con las que se encuentran en cada pueblo. La tensión crece cuando los contingentes dispuestos por el gobierno impiden el libre tránsito de los marchistas hacia las comunidades; policías y miembros del ejército están atentos a lo que pueda ocurrir, con la orden de intervenir para detener a los jóvenes. El destino quedó marcado simplemente en el proyecto; Morelia parecía un objetivo inalcanzable, por el cual, si insistían, se abriría la puerta de la represión; los ánimos estudiantiles no estaban para ello.

El ejército logra la disolución de la marcha y detiene a varios de los líderes estudiantiles; organiza redadas en la Ciudad de México para capturar a los militantes del Partido Comunista, instituto que de inmediato protesta por la acción:

«Existe el claro intento, pues, de desatar una oleada de represión reaccionaria, de coacción y terror policiaco anticomunista que amenaza con extenderse a todo el país y que de no ser detenida, y rectificadas las manifestaciones con que ahora se pretende, abarcarán a todos los sectores y tendencias democráticas, progresistas y revolucionarias.»

La protesta queda en eso: un simple llamado más para que el gobierno entre en cordura y deje de buscar a conspiradores que no hay en el país, a pesar de que varios de los ánimos estén para ello.

La consigna de «¡Libertad Presos Políticos!» y la búsqueda de una reforma universitaria nacional quedaron sembradas en la mente de los jóvenes asistentes, quienes se sintieron disueltos por las armas de los soldados y la provocación del pueblo al cual pretendía representar el Partido Comunista. El acto quedaría como una muestra del rompimiento con los membretes oficialistas diseñados para la juventud mexicana que se había encargado de mantenerlos a raya bajo el corporativismo oficial. De ahí la saña con la que el secretario de Gobernación, Luis Echeverría, actuara para evitar que la marcha se llevara a cabo. ¿Cómo podía permitirles protestar por los presos políticos? Si en México no existen. ¿Reforma universitaria? Esa, solo a la medida.

En el sentido de la búsqueda de una reforma universitaria, los estudiantes comprenden que su petición va encaminada hacia el enfrentamiento obvio con el Estado, con el sistema y todas sus formas de expresión, desde los clásicos «porros», hasta la intervención de posibles actos de violencia en contra de policías y el sugestivo método de la coerción.

A pesar de lo que podría hoy reportarse como un México en calma, despolitizado, tranquilo, apático, inamovible, las expresiones y las burbujas de algunas conciencias han comenzado desde hace tiempo a conformarse. En la capital del país algo se está cocinando; a algunos kilómetros, en el estado de Guerrero, se lleva a cabo una de las diversas historias paralelas que van a conformar a este año.

2
HISTORIAS PARALELAS

Genaro Vázquez lleva ya diecisiete meses en prisión. Las constantes amenazas de asesinato lo han mantenido a la expectativa. El apoyo que ha recibido por parte de los miembros de la ACG se palpa a diario. Los abogados no han logrado hacer que la justicia desestime su acusación, a pesar de las pruebas presentadas, por lo que la respuesta del gobierno del estado es atemorizar a los abogados defensores de Vázquez Rojas, amenazándolos de muerte. El apoyo del general Cárdenas parece poco; la justicia no camina.

Desde su cautiverio, ha dado los lineamientos para la conformación más concreta de un grupo armado, dejando la vaguedad de la idea del llamado Consejo de Autodefensa del Pueblo. La primera acción diseñada por este nuevo núcleo armado ha sido precisamente liberar al líder.

El compacto núcleo, conformado por Roque Salgado, José Bracho, Donato y Pedro Contreras, Filiberto Solís, Abelardo Cabañas, cuenta con el apoyo de un campesino de Iguala y lleva ya seis meses entrenándose militarmente, antes de abril de 1968. En una huerta en la sierra de Atoyac aprenden el manejo de las armas, se preparan físicamente y planean la liberación.

Un par de meses antes de desarrollar la acción liberadora, el grupo decide foguearse en la práctica. «El rico cafetalero del Paraíso guarda su dinero en la caja fuerte de su casa; caigámosle para probar nuestros nervios y de paso nos hacemos de una buena cantidad para más armas», se escuchó la propuesta una tarde luego del entrenamiento.

El comando se traslada hasta aquella población, todos vestidos de manta, aparentando ser campesinos de paso por la zona. Sin un plan previamente estructurado, los recién estrenados guerrilleros le hacen el alto al terrateniente cafetalero inmediatamente después de que se topan con él; no tarda en echar mano a su arma y accionarla, tomando por sorpresa a los entrenados guerrilleros.

Una de las balas hiere al campesino de Iguala, el cual logra alcanzar con su puñal el cuerpo del latifundista. La fallida acción provoca desconcierto entre los guerrilleros. El cuerpo de su compañero y el del acaudalado caen al piso, mientras varios curiosos se han acercado por las detonaciones. No hay orden que se imponga; todos salen en desbandada confundiéndose con la población que acude a presenciar los hechos. La noticia se divulga como un intento fallido de asalto al hombre poderoso del Paraíso, que le había costado la vida a él y a uno de los asaltantes.

Los objetivos se replantean. Se revisan los porqués del fracaso; el intercambio epistolar con Genaro se intensifica para que sea él mismo quién dé las instrucciones precisas de cómo llevar a cabo su liberación. Genaro les dice a sus amenazados abogados que dejen las cosas como están, que se aparten del caso. De igual forma le envía a decir al general Cárdenas que no se preocupe más por él, que su caso ha pasado a manos del pueblo y que ellos conseguirán su libertad.

En los primeros días de abril, el comando se instala en la ciudad de Iguala. Se revisan las calles aledañas a la prisión, se vigila el flujo de personas por las aceras, se dibujan mapas, semáforos... Ahora sí se tienen en cuenta todas las variantes de la acción.

En la cárcel, Genaro solicita la atención de un dentista. Finge dolor de muelas; su rostro aparenta un gran sufrimiento provocado por la punzada insistente de una raíz maltrecha dentro de las encías. Le conceden el traslado hasta la clínica del Centro de Salud en la que se encuentra el odontólogo que atiende a los presos fuera de la cárcel.

Los hombres están ubicados en sus puestos. La imprecisión de no saber el flujo de transeúntes en viernes, cuando la gente acude de forma masiva al mercado, provoca que una señora acompañada de un menor se interponga entre los guerrilleros y el preso que es transportado rumbo al Centro de Salud. Una vez más, los guerrilleros están paralizados y nadie actúa ante la variable no considerada. Genaro llega a su cita con el dentista y la acción liberadora se pospone.

Una vez más es solicitada una visita al odontólogo. Las autoridades no sospechan nada y la autorización llega para el 22 de abril. Antes de mediodía, Genaro es transportado con su escolta policial hacia el Centro de Salud.

En la esquina de Colón y Juárez se han colocado dos integrantes del comando. En la acera de enfrente acecha uno más. Un vehículo ha sido estacionado sobre Colón, listo para la fuga, mientras que otro más está a unos pasos sobre la calle de Juárez.

Ahora sí, el terreno está despejado. Los dos miembros de la policía urbana y el agente de la judicial van atentos pero relajados, ignorantes de lo que les espera en la siguiente esquina. La señal del paliacate rojo llega, los nervios se tensan y las armas se asoman. Los dos individuos de la esquina cortan el paso de Genaro y de los policías, los nervios hacen que una de sus armas se accione sin desearlo, perforando el cuerpo de uno de los policías urbanos. Para entonces, se ha sumado el insurgente de la acera contraria, los policías dejan ver su asombro en el rostro, la confusión prevalece, el único que tiene claro qué hacer es Genaro. Lleva muchos días imaginándose aquel instante y en el acto se desprende de sus vigilantes y corre hacia el auto que le espera en la esquina. Junto al policía herido de muerte accidentalmente, cae su compañero abatido por las balas de los liberadores de Genaro. El policía contesta el fuego, está herido en el piso pero sigue accionando su arma sin ton ni son. Una bala le da a uno de los insurgentes. El rechinar de llantas ha sustituido los ruidos de los impactos. El coro de gritos se escucha por todo el centro de Iguala. Hay confusión, la gente corre sin rumbo. Desde la escuela cercana se asoman varios rostros infantiles, a pesar de la orden de sus maestros de no investigar qué está sucediendo. Roque Salgado es arrastrado hasta uno de los vehículos; en su pierna se ha alojado la bala del policía, quien ve partir los autos con Genaro en su interior.

La tensión continúa en el grupo que ha logrado liberar a Genaro de la prisión. Al tomar la prolongación de la calle Álvarez, el carro que conduce a Genaro es forzado, al grado de que se le traban las velocidades. Llegan hasta el puente Mocho, pero no da para más; el otro vehículo llega y todos se arremolinan en él. La idea es alcanzar la colonia Guadalupe, en la que viven varios Cívicos que están dispuestos a esconder a su líder.

Las circunstancias obligan a cambiar de plan. Saben que en escasos minutos va a ser localizada la unidad, que el lugar obvio de su escondite es la colonia Guadalupe. Se apresuran a salir de ahí para dirigirse a Icatepec, antes de que sean cerrados los caminos de salida de Iguala.

Las autoridades son notificadas de los hechos. Una vez que el panorama se ha despejado, la movilización policial es impresionante; se tiende un cerco por toda la ciudad, y solicitan el apoyo del ejército. El director del penal es acusado de complicidad, por haber otorgado permiso a Vázquez Rojas para que abandonara el edificio sin las precauciones necesarias y sin el consentimiento del juez correspondiente.

Genaro y sus seguidores llegan al monte. Desde las alturas descubren una avioneta que les ha seguido el rastro. Ignoran que cerca de las tres de la tarde han sido movilizados los soldados de Iguala hasta el Puente Campuzano para tenderles un cerco. En las goteras de Icatepec los guerrilleros detienen su paso para tomar agua y aire. Suponen que la cacería ha desistido, cuando escuchan los primeros disparos. Nuevamente aparece la avioneta, indicándoles a los efectivos militares la ubicación correcta de los fugitivos.

La desbandada se hace obligada. Los habitantes of Icatepec presencian el enfrentamiento desde sus chozas. Roque Salgado se ve impedido de emprender la retirada al lado de sus compañeros, por lo que apoya la fuga desde su sitio contestando el fuego de los soldados. Ceferino Contreras, campesino conocedor de la zona, es herido y se logra ocultar en unos arbustos para salvar la vida; como José Bracho, que ha llegado a unas rocas tras las cuales se hace invisible; Filiberto Solís no tiene tanta suerte y es alcanzado por el fuego de los soldados.

Genaro huye, corre, se interna en el cerro. La tarde ha comenzado a caer y sabe que las sombras son su mejor resguardo. Se dirige hacia Paintla, con el fin de ir hasta Apaxtla, consciente de que si llega a Chapultepec, en el municipio de Tlacotepec cuenta con simpatizantes que le podrían ayudar. Así lo hace, y luego declara que «[...] la desigualdad numérica era elocuente: diez soldados por cada uno de nosotros [...] gracias al apoyo campesino, logramos burlarlos[...] Finalmente, pudo más la liebre que la zorra».[82]

Cuando descubren que su padre, Ceferino, no está por ningún lado, Donato y Pedro Contreras alcanzan una cueva cerca del Puente Campuzano.

Regresan sigilosos y lo encuentran herido. Lo ayudan a bajar el cerro con la intención de que le atiendan la herida. Saben que si lo trasladan en esas condiciones, perderá la vida. El campesino es localizado por el ejército y trasladado a Iguala, en donde se le interviene médicamente. Los hijos continúan su huida.

José Bracho se desplaza sigilosamente una vez que ha llegado la noche. Regresa a Iguala, donde entra en contacto con simpatizantes de la colonia Guadalupe, quienes le facilitan su salida hasta Sacacoyuca, para luego alcanzar El Bejuco, donde puede esconderse un tiempo, hasta recibir noticias de Genaro.

---

[82] Gran parte del testimonio de la vida, huida y acciones de Genaro Vázquez es relatado por él mismo en una entrevista que publica la revista *¿Por qué?* en los números 160, 161 y 162, entre el 29 de julio y el 5 de agosto de 1971. Fue realizada por Augusto Velardo y está recogida en el libro de Orlando Ortiz *Genaro Vázquez*, en la antología temática número once de la editorial Diógenes. Fue editado por primera ocasión en mayo de 1972. Extensa información hemerográfica sobre el caso de Genaro existe también en el trabajo de Juan Miguel de Mora, *Las guerrillas en México y Jenaro Vázquez Rojas*, editado por Editora Latino Americana en la misma fecha. Información que también es recogida en el libro *El otro rostro de la guerrilla*, de Arturo Miranda Ramírez, 1996, Editorial el machete.

El despliegue militar y policial que va tras Vázquez Rojas es apabullante. Peinan toda la Sierra Norte del estado de Guerrero, se movilizan los Batallones 24, 35 y 22 de Morelos, Chilpancingo y del Estado de México. La afrenta inquieta a las autoridades, porque se sienten burlados; tal vez, por ello, se deja publicar en el periódico local, *El Correo de Iguala*, el 25 de abril, que detrás de Genaro andan doscientos efectivos dispuestos a la lucha armada guerrillera en México, propalando así lo que podría considerarse como la referencia mítica para la figura del ex líder Cívico.

Corre el rumor por todos lados de que si atrapan a Genaro lo van a asesinar. La consigna parece haberse regado entre los efectivos militares, pero la indignación es más fuerte entre los mandos castrenses que entre la propia autoridad judicial, quien es la que realmente ha sido burlada.

El hecho de la movilización castrense en la zona persiguiendo al prófugo se puede explicar si se tiene en cuenta la versión que afirma que el propio general Raúl Caballero Aburto organizó desde su casa en Puebla la estrategia militar contra Genaro Vázquez Rojas, con el cual tenía cuentas pendientes que cobrarle desde principios de la década. Además de que se negaba a aceptar la posibilidad de que su estado, el cual no habría podido terminar de gobernar, se hubiera convertido en un centro guerrillero, lo cual le daba la facilidad y autoridad pertinentes para comunicarse con el entonces secretario de la Defensa, el general Marcelino García Barragán, y con el gobernador del estado, justificándose así tal movilización.

Lo cierto es que el rastro de Genaro se pierde. A falta de información oficial, los rumores se instalan entre la población, pues no se precisa si existió o no el enfrentamiento cerca de Paintla. Así, ante la falta de resultados, la prensa local comienza a titular el caso del escape y la persecución de Genaro como «La fuga, el ridículo y la farsa.»

Desde el municipio de Tlacotepec, Genaro cita a sus seguidores tiempo después en El Triángulo, municipio de Atoyac, desde donde se sabe que la ACG se ha transformado en

ACNR, a partir de la siguiente reflexión que expone el propio Genaro:

> La ACG no desorganizó al gobierno ni compuso a nadie, sino que demostró cuál es la suerte reservada a las organizaciones que toman inocentemente el camino falsamente democrático que les ofrecen los explotadores, y dio la experiencia de cómo se destruyen esas organizaciones por medio del asesinato y del encarcelamiento de los luchadores [...] Nuestra lucha ha tomado el rumbo de la organización guerrillera para repeler la agresión de las clases explotadoras.

Vázquez Rojas argumenta su radicalismo basándose en la lucha pacífica que se llevó a cabo durante varios años y la respuesta represiva que obtuvo por parte del gobierno.

La nueva estrategia de lucha tiene que obtener un nuevo nombre, por eso se modifica la Asociación Cívica Guerrerense –que luego tuvo su expresión semi armada con el famoso Consejo de Autodefensa del Pueblo–, para convertirse ahora plenamente en un núcleo guerrillero con el nombre de Asociación Cívica Nacional Revolucionaria.

El antiguo planteamiento de los siete puntos que enarbolaba la ACG bajo su organismo semiclandestino CAP, ahora se reducen a cuatro puntos específicos: derrocar la oligarquía, formada por terratenientes, grandes capitalistas y gobernantes proimperialistas; establecer un gobierno de coalición con representación de obreros, campesinos, estudiantes e intelectuales progresistas.

Obtener la independencia política y económica de México, e instaurar un nuevo orden social que busque el beneficio de la mayoría de los trabajadores del país.

Dentro del grupo inicial comienzan a existir ciertas diferencias, por lo que pronto se divide; los hermanos Contreras se alejan de la ACNR con el fin de fundar otro grupo armado que llevara el nombre de Grupo Guerrillero del Sur, el cual no llega a consolidarse.

La noticia de Genaro en la sierra no sorprende a nadie. Heberto Castillo y el general Lázaro Cárdenas sabían que tarde o temprano el guerrerense lograría huir de la prisión para fundar un foco guerrillero en Guerrero.

Genaro comienza a moverse entre los cerros del estado. Sabe que no puede quedarse en un lugar fijo, por lo que él y sus seguidores se cambian hasta Tierra Colorada, en donde decide reunir fuerzas para poder pasar de la acción defensiva al ataque; ambición con la que todo grupo armado sueña.

A su vez, Lucio anda a salto de mata. Acude a varias comunidades convocando asambleas en las que explica los motivos de su lucha e insiste en invitar a quienes le escuchan a sumarse a su causa. Lleva ya más de un año en clandestinidad, en la sierra de Atoyac, buscando contactos, armas, huyendo de posibles encuentros con la policía rural o con las partidas del ejército que de vez en cuando cruzan la sierra. La paciencia es una de las características claves en el carácter de Lucio para la conformación de su organización guerrillera, ya que hasta la fecha aún no ha incrementado el número de efectivos a su mando. Son tres −incluyéndole a él−, que van de pueblo en pueblo, de rancho en rancho, platicando, pretendiendo convencer a la gente sobre la necesidad de tomar las armas. Todavía no ha habido tiempo para diseñar una declaración política, una estrategia, alguna acción... Se siente seguro de saber que tiene pueblo para abastecerse de comida y que, por consiguiente, pronto se sumarán más campesinos a su naciente Partido de los Pobres.

La experiencia, el convivir con la gente de la zona, el conocer las rutas, veredas, cañadas, cuevas y recovecos en la sierra de Guerrero le brinda a Cabañas la seguridad de que nadie más puede aspirar a la lucha armada. Lucio se sorprende de la cultura de su pueblo. Él no tiene la costumbre del general, que invita a todos a la lucha o que siempre está dispuesto a disparar; él es solo un maestro normalista, sin grado militar aunque cuente con el respeto que los lugareños requieren para conseguir toda su confianza, su vida, su lucha, su añoranza.

«Pero ahora era otro estilo al cual no le tenían fe las gentes. Por eso es que nosotros no encontramos gente de repente para formar el grupo.»

Ante tal disyuntiva, Lucio descubre que debe actuar en consecuencia, como él mismo declara: «No decir tanto cómo es el movimiento guerrillero, sino demostrarlo con los hechos, permanecer el grupo en el monte para crear fe, para demostrar que así se podía escapar del ejército [...]»

De igual manera, sabe que la precipitación, que la acción desesperada, la que provoca la rabia, el coraje y la impotencia, es un hecho que se puede ir por la borda, sin ningún resultado a largo o ni siquiera a mediano plazo. Por ello se niega a la actuación inmediata que le proponen en varias comunidades: «[...] no se podía juntar gente, porque la gente ya había pasado algunos días, y esa gente no quería permanecer en el monte. Sí quería desquitar su coraje, quería ir a echar balazos rápido [...] no quería permanecer en el monte como guerra de guerrillas, no creía en la guerra de guerrillas.[83]»

Por eso Lucio camina, conversa, convoca, platica, expone, sube y baja por todas partes, su paciencia sobre el proyecto guerrillero tiene que ver más con la insistencia y la visión general de saber que todavía no era el momento de actuar, que el ejército se construye poco a poco, con calma, con la suma del tiempo y del ejemplo; aunque en alguno de estos días de 1968 se quede solo con un compañero, el desánimo no encuentra hueco, no hay desaliento, sabe el porqué y continúa, con paso lento pero con mayor seguridad.

En esa aparente calma de los primeros meses de 1968, el gobierno tiene ya dos referencias armadas en un mismo estado: Genaro Vázquez Rojas por un lado y Lucio Cabañas por el suyo, cuyas fuerzas no coinciden mayormente y, aunque no se entienden, ninguno de los dos le estorba al otro. Puede que el primero haya decidido abandonar las tierras de Atoyac, además

---

[83] Las citas están sacadas de las conversaciones grabadas que dejó Lucio, retomadas en el libro de Luis Suárez, *op. cit.*

de por lo incierto del área y de un posible encuentro con el ejército, porque la mayoría de los habitantes de la zona simpatizan más con el segundo.

De igual forma los jóvenes que desde las diferentes ciudades del país han soñado con la posibilidad de empuñar las armas, ya no solo quieren llegar hasta Lucio, sino que también se ha sumado Genaro a la ambicionada lucha.

Precisamente en cuanto a las principales preocupaciones del sistema −y como parte del paquete de documentos de la DFS que *Nexos* hizo públicos en junio de 1998−, destaca un reporte sin firma en el que se enumeran las actividades de Lucio Cabañas, quien es ligado como representante de la ACG y de los CAP, siendo ambas instancias de Vázquez Rojas. De igual forma, se cita a Rafael Estrada Villa en la región de Metlaltonoc, vinculado a Othón Salazar. En referencia a Genaro, se describe parte de su recorrido, una vez liberado por el comando, y se anota que una de sus posibles intenciones era alcanzar el Estado de México. Del grupo Movimiento Guerrillero 23 de Septiembre, solo se destaca que han estado presentes en San Luis de la Loma y en Tecpan, comentando los posibles nexos con Javier Fuentes, sin mencionarse que el grueso de estos había sido apresado a principios del año anterior. Por último, solo se cita el atentado en el poblado de La Unión, adjudicándoselo a Javier Fuentes, el cual, según el informe, sigue en China, implicando también a este grupo −aunque de igual forma había caído en manos de la policía a mediados de 1967−, con el grupo de Antonio Gershenson, responsable del explosivo de la embajada de Bolivia en protesta por el asesinato del Che. De este modo, se demuestra la preocupación que había despertado la liberación de Vázquez Rojas de la cárcel de Iguala, intentando buscar los posibles nexos entre todas las expresiones armadas del momento.

Mientras que en la Ciudad de México la juventud sigue proliferando en muchos grupos que exigen democracia −en espacios de discusión, de cultura y de política−, la autoridad no se ve como un muro infranqueable, todopoderoso. Esto contrasta con las generaciones anteriores, siendo más que evidente la brecha que las separa, con respecto a la actitud, así como en cuanto a las opciones: sexo, drogas, música, lecturas, ideología, respeto.

3
OTRA HISTORIA PARALELA

En la sierra de Chihuahua, Óscar González Eguiarte sigue con su propia empresa, ha viajado a la Ciudad de México, donde valoró la posibilidad de actuar desde la capital del país. Pero optó por la seguridad del terreno que ya conoce, donde los campesinos aún mantienen fresco el recuerdo de Gámiz y Gómez, mismo que en la capital es tan solo una referencia que no ha calado, y cuya divulgación va a tener la máxima expresión con la publicación del libro de José Santos Valdés.

Las solicitudes de los habitantes de la sierra de Chihuahua para entrar en acción y cobrar las cuentas pendientes de todos los atropellos cometidos por terratenientes y empresas de la zona, hacen que el grupo guerrillero no esté de acuerdo con los simpatizantes naturales, ya que los primeros consideran que antes de llevar a cabo cualquier acto hay que tener la fuerza suficiente, mientras que el pueblo tiene prisa, pues son varias las facturas a cobrar, mucha la impotencia, los actos en su contra y los años de espera para tener la posibilidad de acuñar el ojo por ojo.

El Grupo Popular Guerrillero Arturo Gámiz ha desarrollado ya algunos actos durante el año de 1967, cuando ajustició —el 7 de septiembre de aquel año—, a Ramón Molina, un ganadero de la zona. Con aquel ajusticiamiento pretendían que se difundiera ampliamente por todo el país el resurgimiento de la lucha en Chihuahua. Por el contrario, provocó, como era lógico, que se organizase un grupo de Guardias Blancas para hostigar a los simpatizantes de los armados.

El trabajo de enlaces y las pretensiones por constituir una red amplia de información, apoyo y nuevos miembros, se ha llevado a cabo. En cambio, la idea de construir una guerrilla urbana −como deseaba el líder− no ha fraguado; por eso, llega a afirmar que «[...] la ciudad es el cementerio de los revolucionarios. [...] Nunca se debe abandonar la bandera de combate de la sierra, ni hacer una tregua; justo es entonces mantener la actividad en la sierra aunque sean pocos los elementos que le den impulso y calor. Lo prometido por los compañeros de la ciudad no se cumplió.»

Con la reflexión anterior, Óscar diseña un plan para entrar en acción. Sabe que no ha logrado reunir más gente en el medio rural, porque no se ha sometido a la solicitud de actuar bajo la bandera del cobro de agravios, pero, por otro lado, las expectativas de apoyo urbano han sido escasas.

Como todo líder guerrillero, Óscar ha tenido que sortear las inconveniencias de la organización guerrillera que desea construir. Sus lecturas de Regis Debray, del Che, de Mao, de Castro, chocan de pronto con la realidad de la sierra de Chihuahua.

En la conformación del grupo armado anota: «Suprimimos la cláusula que indicaba que para tomar decisiones de importancia vital se procurará proceder democráticamente, si las circunstancias lo permiten, porque dicho concepto corresponde a métodos políticos no propios de una organización guerrillera [...]» Y así, para justificar la centralización de su decisión insiste: «La guerra, como se sabe, es una prolongación de la política, pero bajo formas y medios particulares [...] Esta convención exige, pues, la suspensión provisional de la democracia interna.»

La cotidianidad de la vida en la sierra tiene sus diversos contratiempos y, al grupo se han sumado y restado varios compañeros. Óscar elabora reglamentos, estudia, lleva a cabo contactos con campesinos, maestros, estudiantes, valora consideraciones y se hace del terreno entre maleza, ríos, montes, cuevas, mediando entre el sube y baja del ánimo por construir la lucha, los ideales y la utopía; se esconden de los soldados, de los Guardias Blancas, de las trampas que les pone el gobierno –haciendo pasar en varias ocasiones a agentes como campesinos, como empleados de las madereras–; la capacidad de no dejarse engañar ha sido una lección aprendida para entonces.

En el aserradero La Palillera se vive la condición clásica de explotación, y la gente está cansada de los actos de prepotencia y del incumplimiento de los dueños de Maderas de Tutuaca, S. de R. L. de C.V., para con los ejidatarios de la zona, que ven cómo desaparecen cada día sus árboles sin obtener beneficio alguno.

La acción programada contra el aserradero es clave para Óscar; sabe que al llevar a cabo un acto de sabotaje y escarmiento, puede obtener la simpatía de la gente de la sierra y, de paso, reponer las acciones guerrilleras en el resto del país.

Acto de propaganda y posibilidad de sumar simpatías son los dos objetivos que valora en beneficio del grupo; se escoge el jueves 18 de julio para entrar en acción, apenas cuatro días antes para que los Araños se enfrenten a los Ciudadelos en la Ciudad de México y la ciudad capital se desborde de jóvenes.

El plan parece perfecto. El aserradero queda a catorce kilómetros de Tomochic. El asalto es rápido: caerle al velador, desarmarlo, someter a cualquier otro que se encuentre en las instalaciones, destruir la maquinaria y toda la papelería de la empresa –incluyendo la documentación en la que se expresan las deudas de los trabajadores y campesinos con los dueños–, dejar en un volante impreso los motivos de la lucha para darla a conocer en toda la zona de la sierra. Al mismo tiempo, en la ciudad de Chihuahua se volantea el mismo mensaje con el fin de que todo ciudadano tenga conocimiento de la lucha que se ha emprendido.

No hay contratiempos; el asalto es limpio y se lleva a cabo el 19 de julio, no encuentran resistencia por parte de nadie y los empleados son sometidos sin problema.

En pocos minutos el aserradero es reducido a un montón de fierros y papeles inservibles; el recado queda ahí para ser leído por todos: campesinos, habitantes, estudiantes, periodistas, autoridades.[84]

En la ciudad de Chihuahua el impacto de la existencia del grupo guerrillero y de la acción que se acaba de realizar con éxito, es mínimo, según el testimonio de Jaime García Chávez, cuya tarea es difundir el mensaje guerrillero en la zona urbana.

Para la autoridad, lo que acaba de realizar el Grupo Popular Guerrillero Arturo Gámiz es una afrenta que deberán pagar con sangre, por lo que de inmediato comienza la búsqueda de los guerrilleros por toda la sierra de Chihuahua; hay que dar con ellos a como dé lugar. La movilización puede parecer excesiva, son muchos los efectivos que se trasladan en su caza, como si el hecho tuviera que ver con la desestabilización misma del poder. La burla que el ejército ha recibido en Guerrero con el escape de Genaro Vázquez no se pude repetir en Chihuahua, sumado a esto el estado de paranoia que ya para entonces tiene el gobierno en cuanto a una posible acción de sabotaje con los Juegos Olímpicos, los cuales van a ser la tarjeta de presentación del país ante el mundo entero. ¿Cómo explicar que existe en México un grupo guerrillero a escasos días de que se lleven a cabo las Olimpiadas?

Los miembros del Grupo Popular Guerrillero Arturo Gámiz no creyeron ser tan importantes como para despertar la saña policiaco-militar; creen que la huida es fácil y rápida en la sierra. Después de su acto de sabotaje en el aserradero se internan en ella, confiados y seguros de que han logrado asestar un buen golpe.

La sorpresa la reciben los guerrilleros cuando conocen los informes de la movilización de las fuerzas de seguridad, la huida, la carrera, la tensión de que no los encuentren, es constante;

---

[84] Sobre el número de efectivos que participan no hay precisión. Algunas notas periodísticas, además del informe en el libro de Salvador del Toro Rosales, señalan que han sido doce los guerrilleros que llevan a cabo la acción, pero en el diario de Óscar González Eguiarte, publicado como suplemento por el CIHMA en la revista *Para romper el silencio expediente abierto*, solo menciona a seis personas, incluyéndose él mismo.

cada paso tiene que darse una vez que se ha palpado el terreno. Siempre cuentan con una avanzada de dos guerrilleros que van auscultando el camino. Las lluvias hacen más difícil su andar. Deciden no entrar en contacto con la población de ningún pueblo ni ranchería para evitar posibles delaciones; como cuando se cruzan con el hijo del presidente municipal de Yoquivo, que le indica al ejército su ubicación. Se saben solos, abandonados; los miembros de apoyo urbano no tienen modo de comunicarse con ellos y la desesperación comienza a ser un síntoma cotidiano de los guerrilleros que huyen por la sierra.

Durante las largas jornadas de huida, los guerrilleros descansan poco, a pesar de —según testimonio del propio Óscar González—, se dan tiempo para leer y analizar el libro recién publicado del profesor José Santos Valdés sobre los acontecimientos de Madera. Lo comentan, lo critican…, aquella acción es una espina que todavía duele entre los guerrilleros.

Llevan veintitrés días huyendo y han sido varias las ocasiones en las que el ejército ha estado a punto de dar con ellos. Su objetivo es alcanzar la sierra de Sonora, en la cual, suponen, se reducirá la cacería en su contra. Un helicóptero aparece en el cielo. El silencio momentáneo del motor les hace creer a los guerrilleros que han sido descubiertos. El grupo de guerrilleros en tres grupos de dos integrantes se divide; cerca de la aeronave que acaba de aterrizar, uno de ellos acciona su arma y el tiroteo se desencadena. Los militares no logran actuar a tiempo y corren despavoridos hacia las milpas cercanas. El piloto del helicóptero intenta levantar el vuelo, pero las balas se lo prohíben; desciende del aparato y contesta el fuego, la desventaja hace que la muerte le llegue pronto. Los cazadores de los guerrilleros ahora se convierten en cazados. Los guerrilleros van detrás del militar y del campesino que les servía de guía, peinan la zona; entre la milpa, se espulga cada surco, y finalmente dan; son amagados y les explican los motivos de la lucha.

Gasolina y un cerillo son los utensilios necesarios para hacer volar el helicóptero ante los ojos estupefactos del militar y del campesino. Los guerrilleros saben que pronto llegarán los refuerzos militares; emprenden la carrera de retirada sin disfrutar de las llamas que consumen la aeronave.

A las pocas horas, los guerrilleros escuchan el surcar de la fuerza aérea por el cielo; van tras ellos con mayor énfasis, y hasta tienen conocimiento del nombre de la acción militar dirigida en su contra, debido a los papeles que lograron obtener del helicóptero: Operación Águila y Nudo Corredizo son las referencias de su captura.

Mientras tanto, la Ciudad de México se incendia, los ánimos se desbordan, las consignas florecen, las marchas ocupan cada semana las calles y el grito juvenil se ha dejado escuchar como nunca antes.

Todo esto le es ajeno a Óscar y sus hombres; desconocen que haya habido enfrentamientos entre policías, granaderos y soldados en la Ciudad de México con los estudiantes del Poli y de la Universidad, que la histórica puerta de la preparatoria Número Uno ha sido volada por un bazucazo. Los guerrilleros, como los jóvenes en la ciudad, escapan de las fuerzas del orden, aunque a los primeros les queda claro que su vida corre riesgo, y los segundos aún no saben hasta qué punto puede llegar la orden de disparar en su contra.

El cansancio se dibuja en los cuerpos de los guerrilleros, llevan ya más de treinta días deseando llegar a un lugar seguro, que no encuentran. Para entonces se dan cuenta de que han estado dando vueltas, el paisaje se les hace conocido y familiar pero porque habían estado en él unos días antes; el desconocimiento de la sierra les ha llevado a perder tiempo, ánimo y esfuerzo. Han estado cerca de una de las bases del ejército en el poblado de Moris y no han logrado romper el cerco impuesto a su alrededor; han caído en la cuenta de que cualquiera los puede denunciar y que hasta aquellas tierras han ido detrás de ellos, hipótesis que Óscar consideraba poco probables.

Conforme transcurren las horas se va acercando la tragedia. Ninguno de los seis miembros del núcleo guerrillero lo expresa, pero huelen la proximidad del desenlace fatal. El 23 de agosto, antes de que el sol termine de ocultarse, la voz de «¡Ríndanse!» rompe el silencio en la sierra. Carlos Armendáriz es descubierto por los soldados, quienes de inmediato abren fuego en su contra. Ante la intención de que el grupo abandone las armas, los soldados escuchan «¡Pura madre!» como respuesta. Carlos cae herido pero puede apoyar desde su ubicación la retirada de sus compañeros mientras le llega el último suspiro.

Existe un testimonio muy valioso de estos acontecimientos, escrito por la hermana de Carlos, Minerva Armendáriz, en el libro *Morir de sed junto a la fuente*.

Hasta el pequeño puesto en el que se encuentra el resto del núcleo armado llegan las voces de las armas. La carrera les obliga a abandonar todas sus pertenencias: mochilas, comida y parte del parque. Es desesperada la carrera, sienten en sus espaldas el vaho de los soldados y no tienen tiempo para nada; se saben en minoría numérica como para pretender la más mínima resistencia.

Si para entonces las condiciones eran desfavorables, ahora, que les falta un elemento, los guerrilleros peregrinan por todas partes. Saben que están derrotados; el hambre y la sed son ahora parte de los fantasmas que comienzan a invadir el ánimo del grupo armado. El objetivo a alcanzar sigue siendo la sierra del estado de Sonora. El 8 de septiembre se topan con una camioneta del ejército, el tiroteo se inicia y cae muerto uno más de los guerrilleros, José Luis Guzmán.

Quedan cuatro miembros del Grupo Popular Guerrillero Arturo Gámiz; la decisión de dividirse en dos grupos para romper el cerco parece buena.

Óscar González Eguiarte y Arturo Borboa han llegado a las cercanías de Tezopaco, Sonora. El hambre y la sed los lleva a buscar ayuda en aquella población. La identificación y detención son casi inmediatas; son sometidos y, a pesar de su paupérrima situación, torturados.

José Antonio Gaytán y Guadalupe Escobel logran llegar a un camino en el que pretenden abordar un camión que los aleje de aquel infierno; la esperanza es el último de los recursos, pero un transporte militar es lo que menos puede ayudarles en su intención. Todos los guerrilleros son trasladados a las afueras del pueblo en la tarde del 11 de septiembre. Sin recato alguno, son fusilados ante la mirada atónita de los pobladores, para enterrar a uno más de los grupos guerrilleros en México, después de la persecución efectuada por unos diez mil efectivos militares, según algunas versiones; otras hablan hasta de veinticinco mil soldados de las zonas militares de Sonora, Durango, Sinaloa y Chihuahua.

¿Exageración? La ansiedad por finiquitar el caso Chihuahua se ve lógica en las carreras oficiales. El CNH es una realidad que golpea en el corazón político, económico, social y cultural del país, que es ahora el centro del mundo. Si continúa el alzamiento en el norte del país, parecería que la paranoia gubernamental tiene razón, en tanto el complot comunista internacional desarrollado para hacer quedar mal a México ante los ojos del mundo. La prensa destaca los acontecimientos y ensalza parte de los hechos:

> Con la muerte de José Antonio Gaytán y Guadalupe Escobel desaparecieron las actividades subversivas que llevaban a cabo algunas gavillas en el estado de Chihuahua, y viene al caso señalar que los citados cabezas recibieron el clásico entrenamiento de guerrillas en Cuba en manos de agentes de la Dirección General de Inteligencia, cuyo creador fue el comandante Manuel Piñeiro Lozada, conocido también como Barba Roja [...]

En la capital el caso pasa desapercibido. Los estudiantes están atentos a lo que sucede en la calle cada día, en las nuevas propuestas y en el pliego petitorio; la ausencia del movimiento en las páginas de los diarios no les permite descubrir la reciente muerte de los guerrilleros en Chihuahua.

Incluso los cuadros estudiantiles de apoyo en la ciudad de Chihuahua parecen haber olvidado a los compañeros de la sierra. Al no saber cómo contactarlos durante su huida, se ligan a las acciones del movimiento estudiantil del momento y vuelven a saber de ellos solo cuando ya han sido fusilados.[85]

[85] Las versiones sobre lo que le ocurre al grupo de Óscar González Eguiarte y a los Gaytán son controvertidas; incluso el agente del Ministerio Público, Salvador del Toro, falsea los hechos; las notas periodísticas de la época están escritas con una serie de calificativos contra el comunismo. La memoria parece no ayudar a quienes han sido entrevistados sobre aquellos hechos. Víctor Hugo Rascón Banda cuenta parte de lo acontecido en su cuento «Los guerrilleros», que forma parte de su libro *Volver a Santa Rosa*, Joaquín Mortiz, 1996. Lo narrado en este caso ha sido recopilado de varias entrevistas y de los textos mencionados, incluyendo el periódico *El Heraldo de México*.

4
SESENTA Y OCHO DE MÚLTIPLES COLORES

Han transcurrido los días, meses y años, luego de los trágicos acontecimientos del dos de octubre y del movimiento estudiantil que hizo tambalear la realidad, o por lo menos en la paranoica concepción del propio sistema, demostrada con el vacío informativo, con la ignorancia sobre lo sucedido, con la distorsión de los acontecimientos. Los dueños de los medios de comunicación de aquellos días, dóciles a cualquier guiño del poder, la censura, la autocensura, la imagen de un país en calma son los elementos que van conformando el ambiente único de aquel 1968.

Treinta años después todos recuerdan, conmemoran y se sienten protagonistas cercanos, muy cercanos a los acontecimientos, claro está, todos bajo el manto sagrado del tiempo histórico. Así, desfilan intelectuales orgánicos, políticos, empresarios, representantes de la Iglesia, historiadores de cartón y periodistas; pero en ese entonces, ¿dónde se encontraban los valerosos comunicadores? Mucha de la responsabilidad del gobierno en los trágicos sucesos de aquel año se ha dado a conocer con la apertura de algunos documentos, como los que abrió Vicente Fox en junio de 2002 de la extinta DFS; desde los Estados Unidos nos llega paulatinamente la visión que se tuvo entonces acerca del conflicto popular estudiantil; los documentos del general Marcelino García Barragán, adosados por el periodista Julio Scherer, destacan la responsabilidad de varios cuerpos policiales, del ejército, del Estado Mayor Presidencial y de agentes de la desaparecida Dirección Federal de Seguridad. De todos modos, el país parece no olvidar, pero tampoco permite castigar a los responsables, aun cuando se haya generado aquella cortina de humo a partir de la famosa creación de la Fiscalía Especial, cuyos aparentes esfuerzos por fincar responsabilidades a los culpables se convirtió en una farsa fuera de lo imaginable durante el sexenio de Vicente Fox.

Desde la óptica del presente se antoja preguntarse una y otra vez: volver al 68. ¿Cuántas veces? ¿Hasta cuándo? ¿Desde qué nuevo ángulo? ¿Cuántas voces lo susurran hoy día? ¿Hasta dónde ampliar el mito? ¿Permitiendo que el movimiento estudiantil acapare el reflector histórico de antes y después? ¿Se pueden convertir las gestas de aquellos días en nudos históricos? ¿A cuántas generaciones se debe atar a ellas? Parte de ese volver al 68 ha permitido que el resto de las historias queden soterradas, subyugadas, sometidas, bajo la neblina del olvido sobre ellas, por el ímpetu con el que se ha narrado, contado, convertido en el grito atragantado de cientos de miles de jóvenes de aquellos días.

Los jóvenes radicales de aquellos tiempos no tienen de otra. Aunque su expectativa estuviese puesta en la lucha armada, el pequeño sector que sobrevive a las redadas policiales, a la infiltración de los grupos armados, a cortar de tajo la ilusión por la lucha con las armas en las manos, son absorbidos por el torbellino en el que se convierte el movimiento estudiantil, a pesar de que están convencidos de que la única vía de lucha son las armas. El hecho de ver correr el tren de la historia ante sus ojos con aquella enorme fuerza de lucha, de protesta, de insubordinación y de coraje, les lleva a ocupar un lugar de aquellas filas. No se vuelven líderes del movimiento, saben que su lugar no está en las asambleas del Consejo Nacional de Huelga; no acuden al llamado de diálogo, pero hacen suya la calle como cualquier otro estudiante y desde ahí hacen suya la conspiración, el trabajo político, el volanteo, el contacto con las verdaderas clases trabajadoras; los conocen, dialogan con ellos, les exponen su caso, los animan a participar, a apoyar lo que se está construyendo y que lleva a los estudiantes como directores con la batuta por delante.

Los radicales ven desde su trinchera lo que ocurre, la transformación de esa juventud, con la cual suponían que no había nada que hacer, ya que la revolución tendría que surgir de las clases trabajadoras y no desde los universitarios clase medieros. Es por ello que deciden que sus armas deben descansar para otra ocasión, que no es el momento de hablar de la lucha armada, aun cuando no la esconden; en varios de los actos de entonces acuden con ellas escondidas bajo el suéter, la gabardina o el saco. Su discurso se modera por el momento en el que están actuando.

La efervescencia bulle en las calles de forma inaudita, comprenden que no es su tiempo y solo dejan que la bola crezca, que se vaya por sí sola, siguiendo su lógica, con sus demandas, con sus estrategias, aunque de vez en cuando les salga el juicio de pretensión pequeño burguesa a esa espuma del 68 que ya se derrama por todo el país; ¿Y cómo no, si viene desde la mismísima capital del país?

Es el momento de los estudiantes y solo se suman a ellos; hay una subordinación silenciosa por parte de estos jóvenes ya radicalizados, ya con el ansia de llegar al socialismo por la vía armada como en Cuba. Apoyan las consignas, a la masa encabezada por los jóvenes; al lado de su voz, de su bandera, creen que es su tiempo, que de pronto lo importante es lo que se está viviendo en las calles de la capital del país en contra del sistema, del gobierno, del presidente.

Por otra parte, de momento no existe manera de querer organizar un núcleo guerrillero desde la Ciudad de México; quienes lo han intentado han caído presos o muertos. Lucio y Genaro son un par de referencias hacia las cuales se ha pretendido llegar sin éxito alguno, a pesar de ello, Genaro olfatea la importancia de lo que está pasando en el Distrito Federal y envía dos comunicados: el primero dirigido a los estudiantes el 1 de agosto de 1968, donde les invita a seguir con su lucha, anima a la juventud, les hace ver que ellos son pueblo y como tal deben contribuir a la liberación de éste; el segundo comunicado lo dirige el 1 de septiembre de 1968 a los Profesionistas e Intelectuales Progresistas de México, en el que les invita a no abandonar la lucha de los jóvenes, ambos comunicados no llegan a provocar mayor eco dentro de las bases estudiantiles; mientras que para los extremistas en sus antiguos momentos de entrenamiento al lado de Pablo Alvarado, de Óscar González Eguiarte, quedan solo como referencias guardadas en la memoria, bajo el sueño de una almohada que quiere hacer la revolución en México. Ahora no queda más que sumarse a los jóvenes y esperar a ver qué pasa, qué se puede ir planeando, correrle como siempre a la policía, escapar del ejército cuando toma la universidad, provocar, instigar, concienciar, invitar, alborotar, agitar, con volantes, tomando camiones, dándole seguridad a los más pequeños, asomar el arma cuando sea necesario y golpear cuando las condiciones así lo permitan.

A pesar de que ni las peticiones del CNH, su estrategia para enfrentar al gobierno y su lenta democracia participativa son del total agrado de los grupos más radicales, obtienen algunos pequeños triunfos.

Carlos Martín del Campo ya había vivido los tiempos de la conspiración. Hasta su ciudad natal había llegado Pablo Alvarado para contactarle; la guerrilla no era una idea tan lejana. Con la caída de Pablo, el nombre de Carlos comenzó a circular en los periódicos. Huir y esconderse fue la opción acertada. En la Ciudad de México, con su inmensa amplitud, es más difícil ser ubicado. La UNAM podía perfilarse como la instancia de educación y resguardo ante el posible ataque de los sabuesos de la policía. Martín del Campo pertenecía ya a esa larga lista de quienes pretenden llegar hasta Cuba y que les ha sido negada cualquier posibilidad de lucha armada en contra del gobierno mexicano. Guerrero sigue siendo su opción, ¿cómo llegar hasta allá?

En esas está, cuando le toma por sorpresa una de las manifestaciones del mes de junio; su incorporación es obligada, aunque sabe que hay varios jóvenes del Partido Comunista encabezando aquella marcha; las viejas dudas y zozobras no han sido del todo olvidadas, sobre todo por la experiencia en su tierra natal, Puebla, cuando la actuación oportunista del PCM frente al llamado conflicto de los lecheros, había dejado tanto que desear. Carlos, con el grupo más importante del Miguel Hernández, está ya entre sus compañeros estudiantes protestando, caminando, levantando el puño, exigiendo diálogo.

A partir de entonces Martín del Campo es uno más, siempre con su arma en el cinto; él no se pierde detalle: acto, mitin, momento oportuno para luchar. A principios de septiembre una idea prende entre los estudiantes y los habitantes de Peralvillo: ir a la comisaría de policía y tomarla por asalto, llevar a las masas contra los represores. La turba entusiasta acepta aquella propuesta –que parecía tan loca– y se va hacia las instalaciones de la policía. Los elementos de seguridad no esperan a que la turba llegue hasta ellos, y al ver el escándalo dejan todo. El camino queda libre: escritorios, llaves, armas, vehículos, presos, multas, expedientes, todo a merced de los que van por ellos.

La ocupación es sencilla. Pueden más los gritos que la violencia por ocupar la comisaría. La fiesta explota de inmediato, en un cerrar de ojos; estudiantes, amas de casa, empleados, obreros, vagos y simpatizantes del movimiento estudiantil se han hecho de una comisaría de la policía. ¿Quién se lo podría imaginar?

Al apaciguarse los ánimos la propuesta parece natural: dar una lección de justicia al pueblo oprimido. Por lo que se dispone todo para que se lleve a cabo un juicio popular contra los que se encuentran privados de su libertad.

El jurado se instala; en su mayoría son señoras de la zona que, serias, toman sus lugares; su sentido común les hace ver la responsabilidad que están a punto de asumir. Uno a uno, los prisioneros son sacados de las celdas y llevados hasta el jurado popular; los motivos de su aprehensión son expuestos, las versiones sobre sus actos delictivos comienzan a correr: «Que si una fruta del mercado por hambre [...]», «que si el patrón me acusó de haber robado [...]», «que si he sido acusado de haber entrado a una casa a robar...»

Nada se comprueba. Todo es adjudicado al sistema injusto, todos son puestos en libertad e incluso les dan parte del dinero encontrado en las arcas de la comisaría, como compensación por la injusticia a la que han sido sometidos.

Uno no sale, el veredicto popular lo lleva de nueva cuenta tras las rejas; ¿el motivo? Acusado de haber golpeado a su mujer... ¿Cómo liberar al machista? ¿Cómo se le ocurriría exponer los motivos de su aprehensión ante el jurado femenino? Por suerte para este golpeador, la comisaría solo fue ocupada durante no más de tres horas, que si no hasta cadena perpetua hubiera recibido de aquel tribunal.

El objetivo se ha cumplido: la justicia popular se ha impuesto. El pueblo abandona las instalaciones policiales, no hay destrozos, no hay delito; la ocupación se había llevado pacíficamente con gritos por delante y la justicia se ha impuesto. Satisfecho, ve su escena y momento de gloria Carlos Martín del Campo y sus compañeros del movimiento estudiantil, la alegría se convierte en realidad, todos de regreso a sus casas, no hay nada más que hacer, al día siguiente otra acción estará por venir.

El concepto y difusión del término «preso político» es una de las grandes ventajas que trae consigo el movimiento estudiantil de 1968. Se populariza, se hace común, se exige la liberación, se ignora el discurso oficial sobre su inexistencia; ahora ya casi todos saben que se tiene que pedir su liberación, que es injusto que un mexicano se encuentre en prisión por sus ideas, por su forma de pensar, por sus anhelos.

Uno de los mítines relámpagos se desvía hasta Lecumberri, porque si hay que solicitar la liberación, habrá que hacerlo en las puertas mismas del penal. Desde dentro se escuchan los gritos, las consignas; todo es movimiento y carreras en el interior del penal; la pregunta se hace lógica entre los presos: ¿qué pasará?

La inquietud invade a las autoridades. En la calle de Eduardo Molina todo es fiesta, todo es exigir la liberación de los detenidos por motivos políticos o ideológicos. Los manifestantes saben que han llegado a un lugar prohibido, que la solicitud se puede considerar una provocación, pues se desarrolla en las propias puertas del llamado Palacio Negro de Lecumberri, que a lo mejor los nervios de los policías los invaden debido a que supongan que quieren tomar la cárcel para liberarlos, llevándolos a un enfrentamiento innecesario. Pero de todos modos ahí están, con sus consignas, su fiesta y la alegría de tomar las calles.

La dirección del penal elige a Víctor Rico Galán. En pocos minutos se lleva a cabo la consulta, la idea no parece ser mala. El periodista de origen español es conducido hasta la puerta de la cárcel, lo llevan ante una comisión de estudiantes a quienes se les ha permitido entrar hasta el primer espacio de recepción de visitantes, donde el primer registro se hace obligatorio para quien desea introducirse para ver a algún conocido, amigo o pariente, huésped de aquel castillo.

Rico Galán hace gala de sus dotes de orador. Convence, habla, tranquiliza nervios, expone situaciones, saluda el gesto libertario... Los jóvenes saben que el límite y su triunfo tiene que ver con la aceptación de las autoridades de que uno de los llamados presos políticos haya salido a conversar con ellos, que no hay nada más que hacer; han hecho acto de presencia, han demostrado que en sus conciencias están presentes los presos políticos, que saben de sus antiguas luchas, que su causa es una de las suyas, pero no se puede tensar más la liga, el ánimo, las ganas; hasta ahí se puede.

Son treinta los minutos de diálogo. El movimiento policial ha cesado. Fuera se respeta el diálogo del interior de Lecumberri; descansar es la posibilidad con la que se cuenta, tomando la calle por las nalgas. Una vez más el objetivo se ha cumplido, la retirada parece ser la mejor de las decisiones, no hay más. La fiesta se va a otra parte, para luego disolver el mitin relámpago y todos de vuelta a la discusión familiar, para que les dejen construir el nuevo país que desean; los sueños se han sembrado y parecen florecer, por lo menos de momento.

La mayoría de las expresiones de la izquierda está representada en el movimiento estudiantil: maoístas, leninistas, guevaristas, trotskistas, marxistas, anarquistas, con sus diferentes métodos de lucha, con sus particulares propuestas para obtener la atención, simpatía, reconocimiento y el camino de las masas, del pueblo, del proletariado.

La visión urbana se impone, son las ciudades las generadoras de la revolución, aun cuando se esté pensando en las áreas rurales como en el punto de arranque para la vía armada. Las demandas campesinas han quedado en el rezago, en la petición de los descalzonados que quieren una parcela incumplida por el proyecto revolucionario de principios de siglo. El auge de grupos, clubes, sectas, visiones desde los centros de educación son ahora el punto de arranque para el desarrollo de la revolución. Los hechos están alimentando cada vez más aquella visión, aquel tiempo de convulsiones. El gobierno, desde su visión miope, encuentra a un enemigo vestido de rojo en cada parte, en cada aula, en cada esquina, cuya intención es la de negarle a México la posibilidad del debut internacional. Para Díaz Ordaz, la prioridad son los Juegos Olímpicos, el resto queda a un lado. Esto se comprueba con la carta que le envió el general Alfonso Corona del Rosal al general Marcelino García Barragán:

«En el gobierno no hubo línea dura, pero sí firmeza ante la dureza de la agresión y el terrorismo [...] Quienes organizaron esa situación (los estudiantes), seguramente no querían el retorno a la normalidad y creyeron que un hecho sangriento levantaría al pueblo.»[86]

¿Quién podría imaginar entonces que la historia se rescribiría del 22 de julio al 2 de octubre? ¿Qué impacto cultural aún no cuantificado estaría irradiando nuevas formas de expresión?

---

[86] Julio Scherer García y Carlos Monsiváis, «*Parte de guerra*» *Tlatelolco 1968. Documentos del general Marcelino García Barragán. Los hechos y la historia*, Aguilar, p. 25. Según las palabras del general Corona del Rosal en una carta que le dirige al general García Barragán luego de que este último le solicitara su opinión sobre los acontecimientos del 68.

¿Cuánta influencia, cuánta vacuna, cuánto horror por escribirse, por testimoniar?

Los jóvenes detenidos durante las gestas del movimiento estudiantil de 1968 comienzan a alimentar la existencia, innegable ya para el gobierno, de los famosos presos políticos, adquiriendo al fin este término los que ya llevaban varios meses y hasta años detrás de las rejas.

Los militantes de cada grupúsculo cultural, social, ideológico, socializan con el resto del maratón individual en el que se ha convertido el movimiento estudiantil. Hay una nueva forma de vida nunca antes experimentada; se someten las ideas a un grueso innumerable de jóvenes representantes de las diferentes escuelas y facultades reunidas alrededor del famoso Consejo Nacional de Huelga. Son cientos de semillas echadas al aire, dispuestas a fructificar, a renacer, a divulgarse.

El autoritarismo está presente en las más diversas expresiones del poder; la inexistencia del movimiento estudiantil en los medios de comunicación, es una de las grandes apuestas del gobierno, hacer que no se ve, y cuando por casualidad lo encuentra, golpearlos, encarcelarlos o incluso matarlos.

Las listas de personajes aprehendidos o muertos se acumulan cada semana. El terror y lo que está por venir parece no percibirse. Los estudiantes están tan atentos y tan inmersos en los propios momentos de su lucha, de su expresión, de su despertar, de su ánimo, de su insurgencia, que no se advierte lo que puede prepararse en su contra. Algunos comienzan a ir armados, defendiendo la retaguardia de los principales líderes, para que no caigan en prisión; se organiza un mecanismo semi clandestino de contactos domiciliarios en los que se puede pasar a salvo una noche, dos, acaso hasta tres, no más; la rebelión urbana ha sabido crear sus propios mecanismos de defensa, de escape, de semi espionaje ante la sabida infiltración del gobierno en el seno mismo del movimiento estudiantil.

La versión de que había armas presentes durante los diversos momentos del movimiento estudiantil siempre ha sido negada por los líderes históricos, obvia defensa ante la ya de por sí detractora visión oficial. En 1998 Jorge Poo Hurtado habla, lleva a cabo el testimonio incómodo para varios de los hoy históricos del 68, y declara que su grupo se hace al movimiento por la fuerza misma de la represión, por las ganas del desquite, por la injuria de una golpiza sin deberla, ni temerla. A partir de entonces jugaron con parte de las estrategias del sistema: toman camiones, los incendian, apedrean policías y granaderos, atentan, protegen, se defienden a sí mismos de las agresiones, hacen correr y huir a las fuerzas de seguridad en más de una ocasión. El mismísimo 2 de octubre, su pistolita les sirve para abrirse camino, para huir. Saben todos que se trata de una incipiente propuesta más de autodefensa que de ataque. ¿Qué hacer ante el ejército cuando invade Ciudad Universitaria? Son simples expresiones de lucha violenta para apoyar una pequeña acción urbana, para dilatar la huida de los compañeros que volantean, para asegurar la mínima posibilidad de resguardo de los líderes. Pero de hacerse público, ¿cómo darle más materia a las instancias difamadoras, las cuales cuentan con plumas, micrófonos, intelectuales, artistas, burócratas, computadoras, voceros, lápices, máquinas *offset*, papel, tinta, conciencias y escribas?

Para 1968 el ejército como institución lleva ya un largo historial de intervenciones en centros de educación superior, que no provocaron ningún tipo de protesta ni rechazo por aquellas acciones anticonstitucionales; si acaso levantó la voz aquel núcleo pequeño que pretendía desestabilizar las buenas conciencias como producto de la revolución de las instituciones. Pero nadie les hizo caso, por lo tanto, casi podría decirse que pocos recuerdan aquellas violaciones civiles por la parte militar, pocos hablan de ellas; tal vez y se destaque la acción más sangrienta, aquella andanada contra los ferrocarrileros, pero al final de cuentas la memoria colectiva podía insistir en el criterio de «ellos se lo buscaron.»

Desde fines de la década de los cincuenta y durante los sesenta, el Politécnico, la Universidad de Michoacán, Guerrero, Puebla, Sinaloa, Sonora, Chihuahua y las escuelas Normales de varios estados de la República, han visto desfilar la bota militar en sus instalaciones, donde se han levantado huelgas y paros; han intimidado con sus bayonetas, han amenazado con su presencia, han impuesto la Ley Marcial. Todos estos ecos de la historia no cuentan con la resonancia suficiente para que la protesta se imponga y se evite una vez más la violación de las garantías constitucionales; se han violado los derechos de jóvenes, maestros, trabajadores y, ¿dónde quedó el grito que se oponga?

Para la Ciudad de México el caso es singular. El 18 de septiembre de 1968 con la avanzada militar hacia Ciudad Universitaria, en la Universidad Nacional Autónoma de México, ahora sí se ha llegado al extremo de la intervención, porque además, y para fortuna del movimiento estudiantil, las propias autoridades universitarias se han colocado del lado de los estudiantes. Así, la agresión no va solo dirigida hacia los revoltosos, sino que incluso también contra el poder universitario legalmente constituido.

El carácter intervencionista, prepotente y violatorio de la autonomía, de las instituciones y de la libertad, ahora sí se expresa por todas partes, aun cuando todavía existen conciencias buenas que proclaman el bienestar de la Universidad ocupada por el ejército. Puede que hasta en las más altas esferas del gobierno se haya valorado el exceso con el que se procede aquel día al tomar las instalaciones de la UNAM, para desarticular el movimiento estudiantil, para dejar sin casa a los provocadores, para romper el punto de unión, de discusión, de toma de decisiones, donde se fabrican cientos de miles de volantes, proclamas, pintas y consignas que se oponen al gobierno, al presidente, del sistema; ¿cómo permitir el grito de «No queremos Olimpiadas, queremos Revolución»?

El debate sobre la ilegalidad de la entrada del ejército a la UNAM toma matices diversos; los leguleyos arguyen, proclaman, disertan. Hasta antes del 18 de septiembre parecía que la entrada de los soldados en un recinto universitario era parte de la estrategia permitida por parte de la opinión pública, pero en 1968, con el caso de la UNAM, las cosas cambian, ni siquiera recibe el mismo trato cuando intervienen y toman el Politécnico; el grito en el cielo es con la UNAM y sus consecuencias.

La insurgencia urbana sabe de lo que es capaz el sistema, de su grado de agresividad; ya no se trata tan solo de contar un compañero caído más, de otro tanto en prisión, sino que se ha dado en el corazón mismo del movimiento, se ha desmantelado el cuartel general de la euforia estudiantil, se ha ocupado el cuartel enemigo, se ha demostrado que el poder sirve para ejercerse. Si no se puede ya con la retórica, las promesas, los discursos, las justificantes históricas, la cárcel y la policía, entonces con los soldados, porque con ellos no hay nada que valga; ellos pertenecen a otra clase social. El respeto, miedo y veneración que se ha inculcado hacia las fuerzas armadas es intocable, y el gobierno lo sabe. Por eso echa mano de ellos, por eso el poder civil los utiliza en el momento preciso de la desesperación, del hasta aquí les permito seguir, les doy chance de gritar.

A golpes de miedo se recibe la andanada militar. El movimiento sigue, aunque su campo de acción se ve reducido, sus largas, enriquecedoras y hasta desesperantes asambleas se postergan para mejores tiempos; no hay dónde, no se tiene ya un campus, un salón, un auditorio en el cual se despliegue la teoría, la estrategia, la idea, la propuesta.

A partir de la segunda quincena de septiembre el sistema ha decidido terminar con la piedra en el zapato, inventada o no, concebida o no desde las mentes más tenebrosas del poder en búsqueda de la Silla Presidencial; la burbuja ha crecido demasiado y no es posible permitir más actos de desacato, de inestabilidad, de insurgencia, de protestas estériles: «Si somos los herederos de la Revolución Mexicana, de la estabilidad, del progreso, de Villa, de Zapata, de Madero, del nacionalismo [...] ¿Cómo permitirle a unos cuantos que nos vengan a gritar?».

¿Cómo despertó México el 3 de octubre de 1968? ¿A qué le supo la boca a los millones de habitantes del país que estaban a punto de inaugurar los Juegos Olímpicos? ¿Qué podría olerse en las calles? ¿Quién fue el primero que se agachó? ¿Cómo protestar desde la cárcel, desde la tortura? ¿Cómo resistir? ¿Quién te preparó para esto? ¿Quién te previno del Campo Militar número 1? ¿Quién vive hoy con la conciencia tranquila desde entonces? ¿Cómo no recurrir al «no se olvida», si nadie está satisfecho? ¿Cómo no darle acta de nacimiento a lo que viene si fue tan horroroso el amanecer del día siguiente?

Rosario Castellanos es la única que deja testimonio fiel del 3 de octubre y que más o menos responde a varias incógnitas en su poema *Memorial de Tlatelolco*:

> ¿Quién? ¿Quiénes? Nadie. Al día siguiente nadie.
> La plaza amaneció barrida; los periódicos
> dieron como noticia principal
> el estado del tiempo.
> Y en la televisión, en el radio, en el cine
> no hubo ningún cambio de programa,
> ningún anuncio intercalado ni un
> minuto de silencio en el banquete.
> (Pues prosiguió el banquete.)

Hoy toda interpretación parece válida, desde la que difunde que el 68 no fue nada político, sino que más bien el desmadre era lo que alimentaba el discurso juvenil, hasta aquel que ve desde entonces los ánimos democráticos no encontrados. Toda visión ayuda a conformar el inmenso rompecabezas, todo testimonio construye la nación perdida, todo olvido corrompe, toda práctica política justifica.

Martín del Campo guarda la rabia en el estómago. Ha estado en la plaza de las Tres Culturas, ha visto caer a los compañeros de siempre, a aquellos con los que en su anonimato han gritado todas las consignas, han pintado, han volanteado. Él sí cree en la posibilidad de las armas, pero sabe que el resto, que la gran mayoría, apenas se estrenaría en la insurgencia, en la insubordinación, en la lucha, en la conciencia; ¿Cómo entonces permitir lo que ha sucedido? ¿Acaso ese sería el costo a pagar por la ingenuidad de la participación en la lucha estudiantil?

¿Se merecían ese trato los 38, 45, 57, 92, 189, 324, 506 muertos de aquel día?

La rabia combinada con el coraje y la indignación se alojan en sus entrañas; muchos son ya los que piensan en la respuesta violenta. Martín del Campo tiene su casa de seguridad donde guarda explosivos; la dinamita es su puerto para asirse, para cobijarse, para contraatacar, para expresarse. Por qué no: para vengar.

Carlos sintió los cuerpos caer, a sus lados, por la espalda; su pistola se terminó pronto, rápido. Le sirvió para salir. Como también dice el testimonio de Poo Hurtado, sale de la trampa, huye, se esconde, planea, programa.

La noche del 3 de octubre parece ser la mejor fecha para la acción. Ni siquiera han transcurrido veinticuatro horas desde que se acabaron los gritos de desesperación y de angustia; todavía quedan las manchas del horror en la plaza de Tlatelolco, Martín del Campo se traslada con un pequeño grupo hasta el lugar escogido: Viaducto y Medellín. Los explosivos son sembrados, la detonación se escucha, el cemento se quiebra, no hay espectacularidad en el acto, el objetivo no truena, el caos no se apodera de nadie, la tierra se cimbra y resquebraja el piso, nada cae, nada se mueve, como la sociedad misma, Díaz Ordaz ni se habrá enterado de lo sucedido.

Carlos es hecho prisionero el día 5 de octubre, luego de andar escondiéndose de un lugar a otro. Al volver a su casa de seguridad lo espera la DFS, supone que quien ha delatado su paradero es Sócrates Campos Lemus, con quien, por cierto, compartirá celda en la crujía H, separados del resto de los detenidos. Su historia correrá a partir de entonces con treinta y un cargos en contra, llevándose el primer lugar entre los detenidos del 68 con más procesos por enfrentar, en Lecumberri y en el posterior exilio donde se escribirán nuevas historias.

Hoy las imágenes quedan como parte de un gran bagaje histórico: fotografías, películas, videos, pintas, mantas, la cárcel, el exilio, el recuerdo, la memoria, la conmemoración cada año, el grito una vez más, el testimonio oculto, la comisión de la verdad, ¿Qué verdad? El mito, los libros, Poniatowska, Taibo II, Enrique Ramírez, Monsiváis, heridas sin cerrar, novelas, fantasías, todos héroes, todos con medallas, todos con discurso, el grupo, los de enfrente, los de al lado, el país, subastar la historia desde el presente. Cómo no, si Zabludowbsky quiso pero no pudo, nada más elocuente que esa caricatura de Abel Quezada en el *Excélsior* de Scherer, hoy tan recordada y tan mencionada.

Son varios los sobrevivientes del 68 que pretenden optar por las armas. Se reúnen en corto, en la clandestinidad, proyectan, discuten; el calor de la historia está tan cerca y la euforia popular por los Juegos Olímpicos es tan abrumadora que se hace un paréntesis en toda actividad: política, social, de subversión, de ideología. Al final de cuentas también asisten los países socialistas, y los ojos del mundo en México, las cámaras, los espejos, el reconocimiento para la mejor de las Olimpiadas, por la calurosa recepción, por el trabajo tan profesional, por la inclusión al primero de los mundos, a la vez de tener la responsabilidad de conducir, organizar, participar, cobijar a los atletas del mundo entero.

René Mauriés, corresponsal de *La Dépeche du Midi* de Francia acudió a encuentros de estudiantes después del 2 de octubre, en los que se debatía el futuro de la lucha; testimonio publicado por el especial de la revista *Proceso a 30 años del 68*; una vez más salen a la luz las tendencias entre los sobrevivientes del naufragio, de la trampa, de la muerte, de la celada, del sistema. «La lucha volverá después de los Juegos y será más feroz que nunca. Quizá, inclusive, se convertirá en lucha guerrillera». Sentencia el 5 de octubre de 1968 el corresponsal en su crónica de aquellos días, también recogida por el mismo suplemento especial, vaticinando la salida fácil que luego se perpetuará: «La guerrilla se dispara en México a partir del 68.»

Dos días más tarde, el propio corresponsal escribe:

> [...] la soledad actual de los estudiantes en una sociedad que carece aún de educación política, una sociedad en la que el

mundo obrero, bastante controlado, es impotente, en la que por ignorancia los campesinos se muestran indiferentes. Por lo tanto, los moderados concluyen que una guerrilla no tiene viabilidad. Recuerdan el principio de Mao, según el cual un guerrillero necesita moverse en el seno de las masas como un pez en el agua. Recuerdan que fue su aislamiento lo que provocó el fracaso del Che [...] Impongamos el diálogo por medios violentos, predican los primeros. Hagamos una revolución inteligente, replican los segundos. Insisten: la violencia hace que la gente apoye al gobierno y acuse a los estudiantes, sin tomar en cuenta que la mayor violencia es la gubernamental.

La desolación de los jóvenes durante los días siguientes al 2 de octubre, parece formar parte de una novela surrealista; su apuesta, la posibilidad de que el pueblo entero saliera a las calles a protestar porque se había asesinado a su juventud, quedó en la elucubración, en el deseo, en la imaginación, como los *Héroes convocados* de Taibo II.

La posibilidad de una lucha armada quedó más en el aire como propuesta. El carácter pacífico del movimiento estudiantil, la salida a largo plazo, la lucha por liberar a los compañeros en prisión, el inminente cambio de gobierno, prevalecen en el casi cien por cien de los sesentayocheros, quienes además de haber recibido la paliza, la tragedia, la matanza, ahora saben paladear lo que es la soledad, el arrinconamiento hacia el cual se sabía triunfador el gobierno, que utilizaba las Olimpiadas como distractor obvio, como aliciente para aquellos cuya estabilidad ha beneficiado, para los que han decidido disfrutar de los alcances de la revolución, para quienes nada intimida.

«La matanza de Tlatelolco daba la medida de lo que podía hacer el gobierno si se veía confrontado en una lucha armada. Me gustó comprobar, uno o dos días después, que el Comité de Huelga había finalmente escogido esa revolución inteligente». Se le ve satisfecho a René Mauriés con aquella declaración treinta años más tarde, y es que, ¿cómo llamar la atención de aquel pueblo feliz ahora con las Olimpiadas? El mismo que días antes apoyó, se la jugó, participó y estuvo al lado de los jóvenes, pero cuya atención cambió de un día para otro, aun con el dolor de saber que el vecino, el amigo, el pariente, el simple conocido, había perdido la vida en Tlatelolco... Pero, ¿cómo desatar una lucha armada?

La lucha sindical, los movimientos de masas, el trabajo de cooperativas en el campo, la droga, el suicidio, la lucha ecologista, la titulación y el trabajo profesional, las universidades, la coerción y el llamado de los cisnes desde el gobierno, la lógica de que aquel que no es revolucionario a los veinte, no tiene corazón, pero seguir siéndolo a los cuarenta es no tener cerebro, lleva a muchos a militar incluso en las filas del partido oficial, para solapar en el futuro inmediato al sistema, la corrupción, el neoliberalismo, los fraudes... ¿Y?, ¿por qué no convertirse en lo que propone con su poema José Emilio Pacheco?

> Antiguos compañeros se reúnen.
> Ya somos todo aquello
> contra lo que luchamos
> a los veinte años.

Alguna vez Carlos Monsiváis planteó que el movimiento estudiantil de 1968 se convierte en la vacuna en México para evitar la irrupción de las guerrillas. Este planteamiento es retomado por Jorge Castañeda con su *Utopía desarmada*. Por el contrario, hay quien insiste en adjudicar el destape del corcho de lo que vendrá a ser la década de los setenta y la irrupción armada como consecuencia lógica de los días sesentayocheros; punto de arranque e inhibición pueden ser parte de la misma circunferencia. El movimiento estudiantil del 68 es parteaguas, es paralizador y activador, pero no es el punto de arranque, porque Genaro, Lucio, Gámiz, Gómez, Jaramillo, Alvarado, Rico Galán, González Eguiarte, Gaytán e incluso Gómez Souza y sus compañeros en Moscú traen de tiempo atrás otras historias, otro origen, otras ganas, otra visión, a pesar y como parte de lo que es, fue y será el 68.

El único cuadro guerrillero que va a emerger directamente del 68 son los Lacandones y su lucha urbana, que posteriormente se incorporarán a la Liga Comunista 23 de Septiembre.

Según la versión del informe no oficial de la Fiscalía Especial, que se dio a conocer a los medios de comunicación en febrero de 2006, el cual nunca contó con el respaldo de la raquítica institución, se destaca que Los Lacandones, como grupo armado, nace en el año de 1967.

El pequeño escuadrón de jóvenes sin preparación política, a quienes el 68 les toma por sorpresa, jugadores la mayoría de ellos de fútbol americano, se convierten en una pieza de violencia durante el propio movimiento estudiantil. Son los que, además de Martín del Campo, portan armas, piensan en la acción violenta, secuestran camiones, llevan a cabo algunos robos de autos e incluso desarman a policías y se erigen como un pequeño grupo para proteger a los líderes del CNH; son quienes logran sortear la trampa del 2 de octubre y cuyo coraje se mantiene en la emotividad durante un largo tiempo, para comenzar a actuar dentro de la guerrilla urbana, todavía sin una preparación ideológica los años siguientes.

El único núcleo que transita del movimiento estudiantil a la lucha armada el mismo año de 1968 y tiempo después, es la brigada de Jorge Poo Hurtado y José Luis Moreno, el cual declaró hace tiempo a la revista *Milenio*:

«La impotencia nos llevó a la misma coincidencia: se habían agotado las vías legales de la lucha política. Toda esa semana fue de mucho dolor, coraje y toma de decisiones. Desde esos días pasamos a la defensiva. Toda nuestra célula pasó a la lucha armada.»

Así se conformó el grupo Lacandones entre fines de 1968 y principios de 1969.

La afirmación que hace Jorge Poo –«[...] la integración que alcanzaron estudiantes idealistas portadores de las semillas de la lucha armada, sembradas por guevaristas, maoístas y espartaquistas, con estudiantes vándalos y grupos de "chavos banda", durante los meses que duró el movimiento, culminó, incluso, con la formación de guerrillas armadas»– en el capítulo que escribe sobre el libro del 68, titulado *Asalto al cielo*, parece excesiva. En efecto, su grupo se decide por la lucha armada, por la vía guerrillera y así programan varias acciones en la Ciudad de México. El resto de los grupos armados que actuarán durante los años siguientes tienen como origen diversas circunstancias, situaciones, hechos, en donde el 68 queda como referencia de la represión gubernamental, aunque realmente pocos menos estuvieron el 2 de octubre en Tlatelolco.

El Comando Armado Urbano Lacandones siente pronto la necesidad de actuar. De ahí que a las pocas semanas de clausurados los Juegos Olímpicos, inicien su actividad, haciéndose de fondos para poder comprar armas, asaltando farmacias, desarmando policías, con el puro ímpetu de la desesperación arraigada en el alma por lo acontecido varios días antes. Sin preparación ideológica todavía, sin proclamar las acciones realizadas como propias o hacer un llamado al pueblo para que se uniera a su causa, los Lacandones solo actúan como su propia especulación. Su instinto les va marcando, predominando más el espíritu obvio de la revancha que el programa de trabajo para encauzar la lucha armada durante las primeras acciones que llevan a cabo, meses más tarde reorganizarán la lucha y su propia estructura.

No todas las noticias impactan por igual. La información sobre lo acontecido en 1968 queda para ser dibujado en el trauma post histórico de toda una nación, más allá de la cólera sufrida durante los amargos días de los Juegos Olímpicos, en los que la alegría, la risa, las ganas por saber de un México triunfador y ganador de medallas permeó cualquier posibilidad de indignación.

La efervescencia juvenil de aquellos años dejó marcada a más de una generación. Con el conocimiento ya a fondo de lo que es la historia de su país –sobre todo cuando se cambian las efigies del Che, Mao o Lenin, por las de Hidalgo, Morelos, Villa, Zapata–, los sesentayocheros la aprendieron en las calles, en la lucha, en la vía como reconocimiento de su propia protesta sin injerencias del extranjero, como insistía el gobierno en divulgar. La idea de libertad y democracia había llegado a las capas medias de una sociedad adormilada y somnolienta, indiferente ante las anteriores batallas sindicales, gremiales, campesinas o hasta armadas, cuya máxima expresión eran cuerpos deambulantes por los pasillos del Palacio Negro de Lecumberri.

El torrente de aquel año, su consecuente multiplicación en la memoria colectiva, el oleaje de las ideas, la creatividad de la protesta, de las acciones, de las luchas, de las propuestas, conforman un calidoscopio que se lo traga todo, en el que el juego de cristales de colores hace que cualquier otra historia, pasada o futura, se vea como menos importante, como si la historia comenzara a escribirse apenas a partir de aquel movimiento, para perpetuar ya el lugar común que marca el reloj del testimonio en el que se concluye que el 68 lo destapa todo: la democracia, la libertad, la ebullición de los próximos movimientos armados, la conciencia colectiva; un punto de arranque para una sociedad que apenas desea despertar al control totalitario del partido único de Estado. Si bien es cierto que la radicalización en las ciudades, sobre todo de provincia, comienza a ser la constante a partir de entonces, los sectores juveniles de las zonas urbanas comienzan cada vez más a pensar en que el «ya basta» ha llegado para quedarse a vivir entre los mexicanos.

El miedo a la memoria parece estar tan arraigado en un sector de la sociedad mexicana que cuando se lleva a cabo el esfuerzo, el tamiz desde la óptica particular permite todas las elucubraciones. Los archivos del 68 siguen en silencio. Ni siquiera existe la posibilidad de perdonar a ningún culpable, porque parece que no existe. El año de la efervescencia mundial tiene en México un eslabón perdido, en el que concurre la inocencia de una intriga, entre el entonces presidente de la República y el secretario de Gobernación, para que la verdad no se pueda localizar, más que una verdad reconstruida desde la existencia efímera de un grupo paramilitar, por todos conocido como Batallón Olimpia, cuya tarea principal era darle protección a los extranjeros en nuestro país, no la de atentar contra la concentración de aquel fatídico día.

Quedan los susurros, las ideas vagas, los testimonios emotivos y hasta valerosos, las ideas quebradas, el autoritarismo de un sistema que se niega a reconocer sus maldades, aun cuando el primer mandatario hubiese sido testigo de los días de golpes, lágrimas, prisión y olor a muerte, a podrido, a sangre, a coraje y dolor.

La estafeta generacional se entrega y los del 68 se van, incluso critican el radicalismo de quienes lo practican durante los meses siguientes. Un cronómetro se ha puesto en marcha, todos quieren ser la vanguardia revolucionaria, los que conduzcan a las masas rumbo a la liberación, con las armas en la mano. La paciencia no es la mejor de las consejeras, y mucho menos luego de Tlatelolco, mucho menos cuando se compruebe la existencia del grupo Halcones. Si el Batallón Olimpia era el único para la represión, pronto la existencia de los Halcones será el protagonista máximo del castigo represor. En México no pasa nada, no ocurre mayor cosa, se puede todo y se hace mucho, pero no hay quien grite, quien proteste, y ante el iracundo la opción de la muerte es una buena consejera.

Las imágenes de aquel año quedan estáticas y móviles al mismo tiempo, al grado de que treinta años después, todos se desgañitaron queriendo gritar la verdad, la suya, la ideada, los consabidos pretextos y justificaciones del porqué hasta ahora caben en cualquier mueca de suspiro, como si el ajuste de cuentas con la historia tuviera aún más tiempo que perder, total, si tantas vidas se perdieron entonces, qué importa que ahora, hasta ahora, se cuente lo que todos sabíamos, lo que todos intuían, lo que la memoria colectiva no permite que se olvide. El 68 queda de rojo, de negro, del amarillo cempasúchil, de azul, colorado, con la audiencia de los gritos vivos, de los de terror, de las ansias de cambio, de la lucha inconclusa, de la rebelión, frente a una conspiración inventada, de las declaraciones y de los miedos, de los fantasmas y de las consignas, de las culpas y de las traiciones, de las novelas y los reportajes, ¿Cuántos libros tiene cada mexicano en su librero sobre el 68? ¿Cuántos Mondrigos faltarán por escribirse aún? ¿Cuántas torturas a la memoria para que se conozca la verdad? ¿Cuántas son las familias mexicanas adoloridas por las pérdidas? ¿Cuántas obras más de ficción sobre aquellos hechos? ¿Cuántas generaciones más marcadas? ¿Cuánta educación sentimental, científica, histórica, testimonial? 68 más, 68 menos, ¿quién se lo puede quitar de encima?

Las pintas son parte de un legajo del que se hace difícil hoy seleccionar para dejar testimonio de la brillantez del movimiento estudiantil, ya fueran estas prestadas de otras latitudes o de cuño netamente mexicano: «El sueño es realidad». «Los muros tienen orejas, Vuestras orejas tienen muros». «Nuestra esperanza solo puede venir de los sin-esperanza». «El infinito no tiene acento». «Ser libre en 1968 significa participar». «Si fuese necesario recurrir a la fuerza, no se queden en medio». «Sean realistas: exijan lo imposible». «La revolución debe dejar de ser para existir». «La imaginación toma el poder». «Mientras más hago el amor, más ganas tengo de hacer la Revolución, Mientras más hago la Revolución, más ganas tengo de hacer el amor». «Cuando la gente se da cuenta de que se aburre, deja de aburrirse». «La vida está en otra parte». «Se puede aprisionar a los hombres, no a las ideas». «El ejército en las aulas no aprende». «Gobierno de Ordaz de ladrones y Díaz de miseria». «El derecho a ser libres no se mendiga, se toma». «La violencia está contra las Olimpiadas, no los estudiantes». El volante que anuncia: «Todos Unidos», para luego enumerar las consignas claves del sentir juvenil: «Si avanzo sígueme. Si me detengo empújame. Si te traiciono mátame. Si me asesinan véngame. Hasta la victoria... siempre». Todo ello delineado, decorado, acompañado por un sinnúmero de imágenes de gorilas, de caricaturas de Díaz Ordaz con su pronunciada mandíbula, utilizando los símbolos gráficos de los Juegos Olímpicos con la paloma atravesada por una bayoneta, unas manos detrás de las rejas solicitando la libertad de los presos políticos o con la imagen de Siqueiros, los Aros Olímpicos utilizados innumerables ocasiones... La gráfica y las consignas quedaron para la historia, para la memoria, para el recuerdo de una parte más, de un capítulo del movimiento estudiantil del 68.

5
LOS VIENTOS DE COREA

Los vientos de Corea han comenzado a respirarse en México. Desde hace ya cuatro años, los jóvenes estudiantes de la Patricio Lumumba en la Unión Soviética acarician la posibilidad de la lucha armada. Su peregrinar por las embajadas que les brinden apoyo, entrenamiento, estudios en guerra de guerrillas por fin ha sido bien acogido por una nación: Corea del Norte.

La expedición parece segura. Serán seis meses de entrenamiento; son los últimos meses de 1968 cuando Fabricio Gómez Souza ha amarrado contactos, formas y vías para que los próximos guerrilleros mexicanos puedan recibir su entrenamiento en aquel país de Asia. Atrás habían quedado los círculos de estudio, las largas horas pensando y discutiendo sobre la realidad nacional, sobre los métodos científicos de investigación social. Lo de Tlatelolco les ha llegado lejos; si la información sobre lo sucedido ha sido restringida en México, para un estudiante mexicano en Rusia, puede llegar a convertirse en una pesadilla pretender saber qué ha sucedido en su país.

En un primer grupo se escogen a diez individuos, los cuales tendrán que realizar el viaje saliendo de la Ciudad de México –no desde la Unión Soviética–, para viajar hasta Pyong Yang, la capital de Corea del Norte, lugar en el que recibirán durante unos meses el entrenamiento tan deseado, tan solicitado, tan imaginado; cada cual carga con la decisión de saber que la historia se escribe con la decisión del individuo para actuar en el momento preciso. Para todos ellos no hay duda, ha llegado el día de entrar en acción.

El grupo lo conforman Alejandro López Murillo, Paulino Peña Peña, los hermanos Salvador y Dimas Castañeda Álvarez, Octavio Márquez, Candelario Pacheco, Marta Maldonado, Camilo Estrada Luviano, el propio Fabricio y, al parecer, dos miembros más conocidos, según la prensa de la época, como Juan y Alfredo.

Cada uno de los diez elementos viaja por separado. En la soledad del viaje hay tiempo para saber que se ha tomado la mejor decisión. El punto de encuentro es el Berlín de la Alemania Oriental, una ciudad en la que a fines de año el frío se ha instaurado en todos los rincones; conforme van arribando −con uno o dos días de distancia entre cada uno− desde el aeropuerto internacional Benito Juárez, se van reportando telefónicamente en el lugar indicado. Son pocas las horas con las que cuentan en esta ciudad, solo para cambiar de personalidad; la identidad mexicana es sustituida por una de origen coreano, el pasaporte del «Sufragio Efectivo No Reelección» es sustituido por el de aquel país asiático.

Cualquier punto del mundo sirve para configurar la liberación de México. La disciplina se ha impuesto y la ruta hasta Berlín no parece hacerse ni larga ni tediosa. Moscú es el siguiente lugar de encuentro. Pocos son los minutos que pasan también en aquella ciudad, la cual ya se ha vestido con la nieve que cubre sus edificios. Una casa es el lugar de reunión de todo el grupo; se congregan e inician ahora sí todos juntos al viaje hasta Corea del Norte, en busca de hacer real el sueño de la liberación.

La solidaridad internacionalista es el espíritu que mueve al grupo de jóvenes mexicanos, conscientes de que están recibiendo un apoyo desinteresado por parte de los coreanos. De momento, no han valorado que le van a dar la razón a las versiones ficticias del gobierno mexicano, en el sentido de que toda inconformidad tiene que ver con intereses extranjeros.[87]

---

[87] Parte de la historia del MAR, cuyos miembros fundadores fueron entrenados en Corea del Norte, ha sido relatada sobre todo en algunas novelas. Las versiones sobre este grupo tienen que ver fundamentalmente con la fundación

Salvador Castañeda dice en su *El de ayer es él*, que: «Durante el tiempo del entrenamiento el MAR se sacudió; se pensaba demasiado a futuro, tanto, que esta actitud difuminaba el presente de aquel tiempo»; tal vez por ello se impuso de inmediato la disciplina. Tenían que aprenderlo todo, saber los cómos, los qué, los cuándos de la experiencia que les otorgaba estar ante los entrenadores de Corea. Por ello, también contaban con la posibilidad de leer, de asistir al cine, a la danza, al teatro... Se reúnen con círculos de pioneros y le otorgan mucha importancia al papel que jugará la cultura en el proceso revolucionario. Por esto, juzgan mal a quienes después de las clases no se dedican al alimento del espíritu; entienden el arte como la fuerza creadora y transformadora de la expresión básica del hombre, hacen suya la máxima marxista de que la mejor obra de arte puede ser la revolución que transforme a la sociedad; el tiempo inmediato les parece fugaz, casi como un parpadeo.

Las directrices de lo que será su organización se van delineando. Desean poner atención al carácter popular de su próxima lucha, intentar crear las condiciones de una revolución democrática popular, la cual logre incluir a todos los actores sociales de México, con la hegemonía proletaria por delante, pero con el convencimiento de que es mejor una condición humana desde la óptica del proletariado, que desde los ímpetus pequeño burgueses, tomando como ejemplos las revoluciones de liberación nacional de otras partes del mundo.

El bautizo del grupo está mezclado en las diversas versiones que han ofrecido los fundadores. Si decidieron autodenominarse Movimiento de Acción Revolucionaria en sus días de la Universidad en Moscú, o si fue parte de una discusión durante sus entrenamientos en Corea, lo cierto es que el nombre habla

---

del CIHMA, cuyo director fue Salvador Castañeda y que aglutinó en su centro a varios ex guerrilleros de otras organizaciones. Para contar la historia de este grupo en el presente libro, se tomó en cuenta lo expuesto a lo largo de *En las profundidades del MAR* de Fernando Pineda Ochoa, las novelas *Nuestra alma melancólica en conserva*, de Agustín del Moral y *Por qué no lo dijiste todo*, del propio Salvador, así como una entrevista de Fabricio Gómez Souza.

de lo que señala Fabricio Gómez, acerca de la intención por no ponderar lo ideológico mediante la palabra, sino por el contrario, que su núcleo pueda demostrar con la acción, la práctica, el ejemplo y la movilidad, las posibilidades de cambio; de ahí la decisión del nombre, con sus siglas MAR.

Los mexicanos en Corea van a estar varias semanas asimilando al máximo la oportunidad que se les presenta, para luego volver a su tierra e intentar lo que otros no han podido conseguir.

6

LA OTRA RUTA

La otra ruta que viene del extranjero también se ha echado a andar desde hace ya varios años. El ingeniero Javier Fuentes Gutiérrez, cuya actividad ha sido registrada desde que cayeron los diferentes grupos armados en los años 66 y 67, sobre todo al descubrirse el Grupo Che, cuya acción ha sido liderada por Pablo Alvarado. Durante este tiempo, fue desmantelada la bodega y librería El Primer Paso, de publicaciones y carteles chinos, de la cual se registra como dueño a este personaje de tendencia pro-maoísta.

Sin existir precisión, se sabe que Fuentes Gutiérrez en estos momentos se encuentra en China, recibiendo entrenamiento en aquel país, con otros mexicanos, aunque no hay claridad en el número. Ha insistido durante más de cuatro años en la idea de fundar un núcleo armado; su convencimiento de que las condiciones están dadas para llevar a cabo acciones militares en México para el cambio de estructuras, le ha llevado también hasta aquel país de Asia.

Javier Fuentes ignora la existencia de los jóvenes en Corea, tanto como ellos la de él en China. Ha decidido llamar a su nueva organización Partido Revolucionario del Proletariado Mexicano, y recibe apoyo económico y entrenamiento de un sector chino.

Su ubicación en México lo convierte en un perseguido. Aunque se sabe que radica en algún lugar de la lejana China, no hay mayores datos sobre la forma en la que ha pensado organizar su naciente partido. Solo es un guerrillero más en ciernes, también aprendiendo, adiestrándose, absorbiendo lo que puede como esponja, construyéndose para sí mismo poco a poco como el conocido Hombre de Pekín.

7
EL RADICALISMO QUE PARECE AUSENTE

El radicalismo que parece ausente en el ambiente mexicano está próximo a expresarse de una forma abrupta. Son muchas las conciencias dispuestas a empuñar las armas, hay muchos en el círculo de la ideología de la violencia como manera de expresión y de lucha. Una carta localizada por el periodista Ignacio Ramírez en la correspondencia dirigida a Gustavo Díaz Ordaz durante aquellos años, publicada en la revista *Proceso* en el número 882, destaca cómo Bertha García y Jesús Cabañas Valente acusan a los profesores Lucio Cabañas y Serafín Núñez de agitadores comunistas, confabulados con estudiantes del puerto de Acapulco para atentar contra las instituciones.

Es obvio que aquel radicalismo no se ha expresado en toda su magnitud y que muy pocos lo perciben; hay hasta quienes olvidan que ya para entonces existían catorce expresiones armadas diferentes cuya actuación ha variado dentro del mapa de México, entre los estados de Chihuahua, Morelos, la Ciudad de México y Guerrero. Son expresiones que se han venido transformando de una actitud radical de autodefensa, hasta una expresión con ideología más elaborada, como podría ser el caso específico del grupo de Gámiz y Gómez.

Parte de que esta apuesta no tuviera aún reflectores encima, puede que tenga que ver con lo argumentado por Carlos Monsiváis en la revista *Etcétera*, número 286: «En 1968 no se percibe en México el culto a la lucha armada inhibido por la omnipresencia del PRI y la cultura de la Revolución Mexicana». La misma que ha venido en picada paulatinamente y cuya mejor expresión sería la movilización popular estudiantil de este año, siendo diferente, eso sí, la situación que pudiera prevalecer en el interior del CNH, en la que Monsiváis percibe:

«En el CNH no hay una verdadera ansiedad guerrillera sino –en obediencia a la sensación prevaleciente– la creencia en el movimiento como el instrumento de forma pacífica y consecuente del poder o, más precisamente, de esa toma del poder que es la demolición de las fortalezas ideológicas y culturales del régimen.»

En efecto, en el movimiento estudiantil son pocos los que piensan en la guerrilla, y esos pocos se han incorporado a la lucha generalizada que se expresa en las calles, el volanteo y el pliego petitorio del momento.

Luego del 2 de octubre se tiene ya en el escenario un rompecabezas del cual cada uno se va a quedar con la pieza que mejor le convence. El debate se destapa, la especulación, las hipótesis se han desparramado más allá de cualquier posibilidad de amarre para poder entender qué ha pasado, en dónde queda el límite de lo que se ha vivido. Los tiempos parecen no concordar, los sentimientos quedan en el aire, nadie puede precisar a cuántos velorios ha acudido, cuántos pésames se habrán dado; se supone que son varios cientos de familias las que han sufrido.

En la cárcel, los jóvenes estudian, se han relacionado con todos aquellos presos políticos para los cuales días antes exigían su libertad: Víctor Rico Galán se hace cargo de la cátedra de marxismo, la cual imparte puntualmente cada día. Hoy comparten celda, espacio, comida, experiencias, procesos, injusticias, visitas, nadie sabe a ciencia cierta con qué imagen de la muerte se ha ido a dormir desde entonces. Como aprecia Carlos Monsiváis en su crónica sobre el 68 publicada en el semanario *Etcétera*, número 297:

> El miedo es el método a mano para asimilar lo ocurrido, y cualquier otra reacción parecería ilógica. El gobierno parece invencible. Ha matado a sangre fría y le ha ocultado ventajosamente los hechos a la opinión pública, o esta opinión públi-

ca ha admitido lo que se le dice, doblegada por los tanques y los rumores de la mortandad.

Si esto se ha podido en un acto a plena luz del día, en plena tarde, en una plaza pública, ante los ojos de corresponsales extranjeros, ante el testimonio de cientos, de miles de personas, ¿qué no podrá hacer más adelante el gobierno?

El inmovilismo parece obvio, pero a pesar de ello no se deja de insistir en que el 2 de octubre marca la carrera maratónica de la próxima existencia de más grupos armados en México, y el debate surge hoy día, desde la frialdad de los tiempos del neoliberalismo, dejando el panel abierto.

Para Jorge Castañeda:
En México no hay una explosión guerrillera como la hubo en otros países de América Latina, porque sí hubo un 68 que permitió una especie de desahogo de esas tensiones, de las pasiones, se vacuna al país contra una verdadera lucha armada o contra una verdadera proliferación de guerrillas como sucede en otras partes [...]

En su caso, Carlos Montemayor aclara:
«Al existir por lo menos, cinco movimientos guerrilleros previos al movimiento estudiantil de 1968, por lo tanto aquel momento histórico no es el detonante de la guerrilla moderna en México, pero sí lo será en ciertos niveles del estudiantado, particularmente en universitarios del norte del país.»
Por su parte, Adolfo Aguilar Zinser supone que:

el 2 de octubre no fue un enfrentamiento a un movimiento guerrillero, fue el enfrentamiento del Estado contra una insubordinación civil a la que el Estado le atribuyó una fuerza, o una capacidad de reproducción aterradora, y que lo sometió con el mayor derramamiento de sangre, se dijo: el Estado sí está dispuesto al derramamiento de sangre enfrente de todo el mundo, a unos días de que se lleve a cabo la Olimpiada en nuestro país para hacer ver quiénes tienen el poder y quiénes lo van a conservar, para que todos los jóvenes que no fueron asesinados en Tlatelolco, que fue la inmensa mayoría, supieran exactamente lo que había al final del camino si se iban a las montañas; la paradoja es que, por esa razón, muchos se fueron a las montañas.

¿Es el 68 detonador de la guerrilla en México? La existencia de esta no depende del movimiento popular estudiantil de este año. Por el contrario, su expresión rural ya se había manifestado antes, su existencia, su actuación, sus fines, ya eran una constancia, mientras que para un sector juvenil sí se iba a despertar aquella inquietud por la lucha armada luego de los acontecimientos de Tlatelolco, sobre todo en los que ven de lejos aquella tragedia; para quienes habitan en el interior de la República y que no son testigos de las balas, de los gritos, jóvenes de Chihuahua, de Jalisco, de Baja California, de Guerrero, Sinaloa, Nuevo León, Sonora, Michoacán, del Distrito Federal... Sobre todo los que provienen del Politécnico, cuya organización toma forma alrededor del grupo Lacandones, y para quienes, como diría Monsiváis, «los distingos son tan obvios que no hace falta decirlos, como se hubiese comentado en el 68. En la UNAM se estudia para triunfar; en el Politécnico para salvar a la familia y salvarse uno mismo de la probada vocación de fracaso.»

El grado de marginalidad, de violencia en el entorno social que permea a los estudiantes del Poli, les lleva a confrontar al Estado de manera violenta después del 2 de octubre, porque, en efecto, parece no haber más camino, otra forma de expresión, de desquite.

Las consignas se escuchan ya por diversas zonas de México. Los vientos circulan con mayor fuerza. Se perfila el sentimiento para no volver a dejar impunes las constantes traiciones ejercidas desde el poder. Se sabe ya que la medida de tomar las armas como acto de autodefensa ha quedado atrás; ahora son las ganas y los deseos de organizarse y pensar en la lucha armada para pretender cambiar esa realidad que atormenta.

El cuaderno rojo apenas ha comenzado a llenar sus páginas de esa historia escondida. El mosaico de los movimientos armados en México ha comenzado a extenderse. Hay rabia acumulada, y ya no son únicamente los campesinos con la ilusión petrificada por alcanzar la justicia de la reforma agraria y su tan anhelada parcela; no, ahora también los gremios sindicales han sentido en la piel la falta de libertad, de movimiento, por lo que la represión los obliga a mantenerse dentro de los límites del corporativismo. Los estudiantes y las clases medias presenciaron con el horror instalado en la garganta los acontecimientos de aquel ya mítico 1968. El Estado mexicano, por su parte, ha detectado esos focos rojos que se han encendido, son conscientes de que la sorpresa no es una buena aliada, y por lo mismo se han comenzado a preparar diversas estrategias para enfrentar la oleada de protestas e inconformidades que se advierten. La capacitación de policías y militares en el extranjero crece, la ya famosa y temida Dirección Federal de Seguridad ha inculcado su clásica práctica de represión y se dispone a perfeccionarla, haciendo que los extra judiciales e inhumanos métodos de tortura obtengan carta de naturalización mexicana con el uso del chile y otros elementos disponibles en el museo del terror, con la ya conocida práctica de la infiltración, con la intervención telefónica, de correos y de telégrafos no dejando escapar ningún mensaje que parezca subversivo. Se define una estrategia ante los medios de comunicación masiva, haciendo que la censura llegue a penetrar en todo profesionista de la pluma y la máquina de escribir la «autocensura», mientras que para los hombres del micrófono y la cámara de televisión, su labor queda reducida a simples maniquíes que repiten dictados oficiales. Se desconocen, se ignoran, se encubren las razones sociales, políticas o económicas de cualquier descontento. Es por ello que la nota roja de los periódicos es la elegida para rescatar las gestas de esos días pasados y de lo que vendrá después.

El golpe que recibió el Estado mexicano en el extranjero luego del 2 de octubre se diluye con el éxito que obtiene con la organización de los XIX Juegos Olímpicos; la hospitalidad del pueblo mexicano logra lavarle el rostro al gobierno. Deportistas, delegaciones oficiales, periodistas, representantes de todos los países participantes quedan enamorados de nuestro país, su cultura, su gente, su comida. La gesta deportiva se realiza en un ambiente de solidaridad, de aparente calma, de calidez, donde parecía que no había motivos de protesta. Las instituciones son fuertes, la economía no ha llegado al descarrilamiento, la justicia social se dibuja con tonos tenues que permiten el juego de apariencias y de estabilidad dentro del tejido social; el discurso de no intervención ante los problemas de los países del mundo, permite la actitud benévola de continuar con la tradición de dar asilo a aquellos seres humanos cuya vida se encuentra en peligro por motivos políticos o ideológicos, desde el arribo del Sinaí en el año de 1939, característica que se va a ver incrementada durante los siguientes años con los perseguidos de América Latina. Aplicándose para ello, precisamente, aquella frase que se le adjudica a Carlos Monsiváis, que más o menos dice que el problema fue que los mexicanos no teníamos una embajada de México donde poder salvar la vida. Bajo esta perspectiva, para los opositores del régimen mexicano la cárcel podía ser el destino más cómodo, luego de tantos padecimientos al caer en las manos de los agentes de la DFS, de la policía judicial o del ejército.

Por su parte, el sistema político mexicano comienza a reorganizar su discurso, se aproxima el relevo presidencial. Las elecciones de 1970 deben contener el mínimo grado de credibilidad, más aun si el que se perfila como próximo candidato es aquel licenciado que ha transitado por diversos puestos dentro de la Secretaría de Gobernación: oficial mayor, subsecretario, encargado de la Secretaría, para vestirse con el traje de secretario de la famosa, oscura y tenebrosa oficina de Bucareli, de 1964 a 1970... ¿Podría existir un candidato más perverso? ¿Quién podría conocer todos y cada uno de los sótanos del sistema político mexicano? En la historia de los presidentes de México, no existe uno similar, ya que Luis Echeverría Álvarez sabía todo. Su cercanía con los directores y agentes de la DFS, con periodistas y con soplones, le permitieron controlar todas las terminales nerviosas de la política para que él fuera elegido. Sobre este tema, el libro de Jorge Castañeda *La herencia*, hace un recuento general de las sucesiones presidenciales dentro de los últimos gobiernos priístas.

Echeverría logró convencer a varios personajes de la vida cultural de que él era la mejor persona para este país; Carlos Fuentes y Fernando Benítez llegaron a externar aquella aberrante frase de «Echeverría o el fascismo», seguros, según ellos, de que la mejor opción para ese entonces era Luis Echeverría, el cual llevó a cabo un acercamiento con diversos sectores de jóvenes, siempre con la amplia disposición de la coerción.

El pueblo, por su lado, a fines de la década de los años sesenta, aún no se ha convertido en la hoy tan llevada y traída sociedad civil. Sigue manteniendo cierto grado de embriaguez, apostando el sueño a los ya para entonces caducos destellos del llamado Milagro Mexicano. Por lo tanto, se ve inmóvil, insensible a las escasas críticas en contra del sistema, a los horrores cometidos en ciertas comunidades rurales, a las represiones de los diversos gremios sindicales, o hasta la cínica actuación del gobierno el 2 de octubre no conmueve.

A pesar de todo, los acontecimientos suscitados desde 1943 −con Rubén Jaramillo− a 1968 −con el movimiento estudiantil y popular de 1968−, han venido abonando la ideología, la utopía de varios jóvenes y luchadores sociales. El uso excesivo de la represión en las tierras de Zapata y Villa, para el caso de Jaramillo y Gámiz, resulta desmedida, aun cuando la visión de los entonces gobernadores de las entidades de Morelos y Chihuahua fuera lógica, ya que si ellos eran herederos de los hombres que habían arriesgado su existencia con las armas durante la gesta revolucionaria de 1910 y estaban acostumbrados a mandar, ¿cómo era posible que una turba de descalzos no se disciplinara? ¿Para qué deseaban las tierras? ¿Acaso no había hecho ya justicia la revolución reconociéndolos en los murales de Diego, Siqueiros y Orozco?

Es evidente cómo la opción de las armas, en los casos de Jaramillo, Gámiz, Lucio y Genaro son una simple respuesta a la defensa de la vida, la búsqueda de peticiones justas, para exigir la resolución de procesos infinitos iniciados desde hace mucho en las oficinas agrarias en las que demandaban la parcela; contra las atrocidades cometidas por los terratenientes, para quienes existía un trato preferencial, porque, como lo declarara el propio Díaz Ordaz, «ellos nos ayudan a gobernar». Por lo tanto, ante esa injusticia qué otra opción sino la armada –como concluyó el propio general Lázaro Cárdenas, luego de acudir a Chihuahua para conocer la situación de primera mano, bajo la luz de los acontecimientos en Madera el 23 de septiembre de 1965: «¿Que es delito tomar un arma para defenderse?»– Estos movimientos armados siempre estuvieron ligados, al campesinado, a las escuelas Normales rurales, al magisterio..., a la corriente que heredó el propio Cárdenas al país.

¿Hay guerrilla en México? ¿Cuántas veces no se ha visto publicada la pregunta impresa incluso a ocho columnas? Para la cual la respuesta siempre ha sido la misma: «NO». En todas las ocasiones ha sido negada, silenciada, ignorada, con respuestas vagas, con pretensiones de desviar y reducir la actitud de aquellos que han apostado por las armas, como si se tratara de gente enajenada, manipulada desde el extranjero, argumento fácil de esgrimir durante las décadas de los años cincuenta y sesenta, debido a la existencia de la llamada Guerra Fría.

La inexistencia de esta historia de levantamientos armados, se mantuvo en gran medida desde el poder, ya que de reconocer la existencia de la guerrilla en México se hubiera traducido como un punto en contra del llamado «ambiente de concordia», la estabilidad y logros que supuestamente había alcanzado nuestro país desde el discurso revolucionario de principios del siglo XX.

Es por ello que hasta ahora la guerrilla en nuestro país aún no ha contado con acta de nacimiento. Sigue siendo ocultada, ignorada, enterrada y negada. Sin duda colaboró en la consecución el primer territorio libre de América: Cuba, ya que siendo este el país que reconocía, apoyaba, e incluso financiaba diversos movimientos en América, Asia y África, para el caso de México, no solo mantuvo el silencio, sino que continuó su amistad con los principales represores de nuestro país. Llegando a ser considerados todos aquellos movimientos armados mexicanos como «el pecado de América.»

Los cielos parecen nublarse. Desde diversos rincones hay rabia contenida. A finales de 1968, Lucio Cabañas y Genaro Vázquez pululan por la sierra de Guerrero, organizándose, preparándose. Los jóvenes de diversas ciudades comentan, discuten, leen, se indignan, desean participar... La ideología y la utopía se imponen, y todos están dispuestos a iniciar el sueño revolucionario, ignorando el grado de soledad que les espera. El cuaderno rojo tiene todavía muchas hojas por escribir, pues las cicatrices de la historia están por sanar aún, para arribar a lo que posteriormente serán *Los años heridos*.

LOS APOYOS

Existen listas de agradecimientos que bien pueden llegar a ser interminables, incluso infinitas; esta es una de esas. ¿Podrían imaginarse cuánta ayuda, apoyo, generosidad y solidaridad se ha recibido de tantas personas durante estos veinticinco años de trabajo?

Hay quien apoyó con su memoria, otros con materiales, hubo quienes dieron palabras de ánimo. En fin, estuve acariciando insistentemente la tentación de solo dar un gracias generalizado a una multitud anónima que colaboró en varios momentos con este libro, por el pánico de excluir algunos nombres; pero bueno, aquello habría sido un acto de cobardía. Así, consciente de que alguien se me va a escapar, pido de antemano una disculpa.

Va la lista, cuyo orden simplemente tiene que ver con el gran esfuerzo que he realizado para nombrarlos. Para todos ustedes, un enorme agradecimiento:

Guadalupe Bátiz, Gloria Corte, Ligia Glockner, Nadia Glockner, Napoleón Glockner, Enrique Glockner, Estíbaliz Gutiérrez, Ligia Gutiérrez, Nadia Winder, Paco Ignacio Taibo I, Paco Ignacio Taibo II, Benito Taibo, Carlos Montemayor, Adolfo Aguilar Zinser, Rosario Ibarra, Adolfo Gilly, Camilo Valenzuela, Bertha Lilia Gutiérrez, Guillermo García, Carlos Martín del Campo, Miguel Topete, María Gloria Benavides, Marco Rascón, Clemente Ávila, Fabricio Gómez, José Luis Rhi, José Luis García, Jacinto Munguía, el colectivo Nacidos en la Tempestad, Ana Laura de los Ríos, Habana Campos, la Nacha, Lula, el Pino, Carmina Rufrancos, Jaime Mor, la Chaca, el Bato, Rosa Robelia, Armando Bartra, Paco Pérez Arce, Cristina Tamariz, Cecilia Márquez, Heberto Castillo, David Cilia, Rolo Díez, Miriam Laurini, Víctor Ronquillo, Juan Gelman, Miguel Bonasso, Vicente Leñero, David Martín del Campo, Miguel Ángel Granados, Sergio Mastretta, Emma Yáñez, Carlos Fazio, Carlos Figueroa, Arturo Gallegos, Ángel González, Carlos Fernández del Real, Cuauhtémoc Cárdenas, José Agustín, Agustín del Moral, Primitivo Rodríguez, Rogelio Naranjo, Armando Gaytán, Florencio Lugo, Marina Stavenhaven, Gerardo Tort, Beatriz Zalce, René Villanueva, Ignacio Retes, Rafael Rodríguez Castañeda, Andrea Dabrowski, Carlos Puig, Pascal Beltrán, Andrés Rubio, Andrés Gómez, Carlos Martín del Campo Glockner, Julio Glockner, Marco Velásquez, César Pellegrini, Armando Mena, Manuel Becerra Acosta, Antonio Orozco, Alejandra Cartagena, Graco Ramírez, Jesús Anaya, Rogelio Carvajal, Andrés Ruiz, Andrés Ramírez, Juan Manuel Herrera, Humberto Mussachio, Héctor Andrade, Alfonso Vélez Pliego, los hermanos Francisco y Alejandro Cerezo, Jesús Manuel Hernández, Eduardo Monteverde, Jesús Almada, Jaime Avilés, Elizabeth Anaya, César Güemes, Pedro Valtierra, Cecilia Rascón, Graciela Henríquez, Andrés Becerril, Aleida Gallangos, Paquita Calvo.

BIBLIOGRAFÍA

23 de septiembre de 1965, *El asalto al cuartel de Madera. Testimonio de un sobreviviente*, Yaxkin AC., 2003.
AA. VV., *La investigación sobre los acontecimientos del 10 de junio de 1971*, Proceso, 1980.
AA. VV., *Memorias del encuentro Movimientos Armados en México*, El Colegio de Michoacán, 2006.
El Colegio de México, *Historia general de México-2*, CM, 1981.
El papel, Diario de Pipsa, 1934-1989.
El Universal, Los movimientos armados en México, Tomos I, II y III, El Universal, 1994.
Proceso, *La investigación*, Proceso, 1980.
TE 31-16. Copias en bolsa. *Operaciones de contraguerrillas, Escuela de las Américas, Ejercicio de los Estados Unidos de América. Fuerte Gulick, zona del Canal de Panamá*, Marzo, 1997.

Abad de Santillán, Diego, *Flores Magón, el apóstol de la Revolución Mexicana*, Antorcha, 1988.
Aguayo, Sergio, *La Charola*, Grijalbo, 2001.
Aguilar Mora, Manuel, *La crisis de la izquierda en México*, Juan Pablos, 1978.
Aranda, Antonio, *Los Cívicos guerrerenses*, Edición de autor, 1979.
Arechiga, Rubén / Condes, Enrique / Meléndez, Jorge / Ortega, Joel / Poo, Jorge, *Asalto al cielo. Lo que no se ha dicho del 68*, Océano, 1998.
Armendáriz, Minerva, *Morir de sed junto a la fuente*, México, 2001.
Bartra, Armando, *Guerrero Bronco. Campesinos, ciudadanos y guerrilleros en la Costa Grande*, Sinfiltro, 1996.

Bellingeri, Marco, *Del agrarismo animado a la guerra de los pobres. 1940-1974*, Casa Juan Pablos, 2003.

Besacon, Julien, *Los muros tienen la palabra*, Extemporáneos, 1978.

Bustamante / González / Pacheco / Ruiz / Cervantes, *Oaxaca: una lucha reciente. 1960-1963*, Ediciones Nueva Sociología, 1984.

Blanco Moheno, Roberto, *...Pero contentos! Periodismo 1968-1975*, Diana, 1976. Cabada, Juan de la, y otros, *13 Rojo*, Ediciones de cultura popular, 1981.

Campa, Valentín, *Mi testimonio*, Ediciones de cultura popular, 1978.

Carr, Barry, *La izquierda mexicana a través del siglo XX*, Era, 1996.

Casasola, Gustavo, *Seis siglos de historia gráfica en México*, Volumen XII y XIII, Gustavo Casasola (Conaculta), 1989.

Castañeda, Jorge, *La utopía desarmada. Intrigas, dilemas y promesas de la izquierda en América Latina*, Joaquín Mortiz, 1993.

_____, *La herencia*, Alfaguara, 1999.

Castillo, Heberto, *Libertad bajo protesta*, Federación editorial mexicana, 1973.

_____, *Desde la trinchera*, Océano, 1986.

_____, *Si te agarran, te van a matar*, Océano, 1982.

Clutterbuck, Richard, *Guerrilleros y terroristas*, FCE, 1981.

Cosío Villegas, Daniel, (Coord), *Historia general de México*, Colegio de México, 2 Tomos, 1981.

Fuentes, Carlos, *Tiempo mexicano*, Cuadernos de Joaquín Mortiz, 1973.

Glockner, Fritz, *Cementerio de papel*, Ediciones B, 2004.

_____, *Veinte de Cobre*, Joaquín Mortiz, 1996.

Godinez, P. Jr, *Qué poca mad...era de José Santos Valdés*, S/E, 1969.

Gómez, Luis Ángel / Robles, Jorge, *De la autonomía al corporativismo. Memoria cronológica del movimiento obrero en México. 1900-1980*, El Atajo Ediciones, 1995.

Gómez, P. / Martínez, A. / Méndez B. / Terán, l., *Cuatro ensayos de interpretación del movimiento estudiantil*, UAS, 1979.

González, Ángel, *Segunda parte*, Conaculta, 1998.

Guevara, Ernesto, *Obras. 1957-1967*, Casa de las Américas, Colección Nuestra América, 1970.

Hipólito, Simón, *Guerrero. Amnistía y represión*, Grijalbo, 1982.

Jaramillo, Rubén, *Vida y luchas de un dirigente campesino. 1900-1962*, S/E, S/F.

_____, *Autobiografía*, Precedido por: Froylán Manjarrez, «La matanza de Xochicalco», Editorial Nuestro tiempo, 1978.
José Agustín, *Tragicomedia mexicana 1. La vida en México de 1940 a 1970*, Planeta, 1990.
Krauze, Enrique, *La Presidencia Imperial. Ascenso y caída del sistema político mexicano (1940-1996)*, Tusquets, 1997.
_____, *El sexenio de... Varios presidentes*, Clío.
López, Jaime, *10 años de guerrillas en México. 1964-1974*, Editorial Posada, 1974.
Lugo Hernández, Florencio, *El asalto al cuartel de Madera*, Centro de Derechos Humanos Yaxkin, 1002.
Marighella, Carlos, *Teoría y acción revolucionarias*, Diógenes, 1971.
_____, *La guerra revolucionaria*, Diógenes, 1979.
Martínez Assad, Carlos, *El Henriquismo, una piedra en el camino*, Martín Casillas Editores, 1982.
Mayo, Baloy, *La guerrilla de Genaro y Lucio. Análisis y resultados*, Diógenes, 1980.
Mendoza Cornejo, Alfredo, *Organizaciones y movimientos estudiantiles en Jalisco de 1963 a 1970*, Universidad de Guadalajara, 1994.
Montemayor, Carlos, *Guerra en el Paraíso*, Diana, 1991.
_____, *Las armas del alba*, Joaquín Mortiz, 2003.
_____, *La guerrilla recurrente*, UACJ, 1994.
Mora, Juan Miguel de, *Las guerrillas en México. Genaro Vázquez Rojas: su personalidad, su vida y su muerte*, Editorial Latinoamericana, 1972.
_____, *Lucio Cabañas. Su vida y su muerte*, Editores asociados S.A., 1974.
Moral Tejeda del, Agustín, *Nuestra alma melancólica en conserva*, Universidad Veracruzana, 1997.
Moreno, Armando / Ochoa, Fernando, *Los aguiluchos*, UAS, 1985.
Movimientos subversivos en México. Enero 1990. 142.
Moya, Rodrigo, *Foto insurrecta*, Ediciones el Milagro, 2004.
Ortiz, Jorge Eugenio, *Urías en Tlatelolco*, Ediciones 8 P.M., 1978.
Ortiz, Orlando, *Jueves de Corpus*, Diógenes, 1971.
_____, *Genaro Vázquez*, Diógenes, 1983.
Peláez, Gerardo, *Partido Comunista Mexicano. 60 años de historia. 1919-1978*, UAS, 1980.

Pérez Arce, Francisco, *Hotel Balmori*, Joaquín Mortiz, 2004.
Pineda Ochoa, Fernando, *En las profundidades del mar. El oro que no llegó de Moscú*, Plaza y Valdez, 2003.
Pomeroy, W. J., *Guerrillas y contraguerrillas*, Col. 70, Grijalbo, 1967.
Rascón Banda, Víctor Hugo, *Volver a Santa Rosa*, Joaquín Mortiz, 1996.
Ravelo, Renato, *Los jaramillistas*, Nuestro Tiempo, 1978.
Reyes, Judith, *La otra cara de la patria*, Edición de autor, 1975.
Rubio, Andrés, *Ellos sabrán por qué...*, Inédito.
Ruiz Abreu, Álvaro, *José Revueltas: Los muros de la utopía*, Cal y Arena, 1992.
Sánchez Mendoza, Juan, *68, tiempo de hablar*, Sansores y Aljure, 1998.
Scherer García, Julio, *Siqueiros. La piel y la entraña*, CNCA, 1996.
_____, *Los presidentes*, Grijalbo, 1986.
_____, Monsiváis, Carlos, *«Parte de guerra» Tlatelolco 1968*, Aguilar, 1999.
Semo, Enrique (Coord.), *México. Un pueblo en la historia*, UAP, 1982.
Solís Mimendi, Antonio, *Jueves de Corpus sangriento. Revelaciones de un halcón*, S/E, 1975.
Suárez, Luis, *Lucio Cabañas. El guerrillero sin esperanza*, Roca, 1976.
Tecuanhuey Sandoval, Alicia, *Cronología política del estado de Puebla 1910-1991*, UAP, 1994.
Terán, Liberato, *Sinaloa: Estudiantes en lucha*, UAS, 1982.
Toro Rosales, Salvador del, *Testimonio*, STUANL, 1996.
Trejo Delarbre, Raúl, *La prensa marginal*, El caballito, 1980.

Revistas, periódicos y otros documentos

Edición Especial de *Proceso*: «Testimonios de Tlatelolco», 1 de octubre de 1998.
Estudios Contemporáneos, Número 2. UAP, 1980.
Cuadernos Agrarios, «Sociedad y democracia en el mundo rural», Número 10, 1994.
Por Qué, Número 25, 20 de diciembre de 1968.
La Gráfica del 68, «Homenaje al movimiento estudiantil», Grupo mira.

Etcétera, Números 285-297.

Expediente Abierto, «Un 23 de Septiembre en Chihuahua», Centro de Investigaciones Históricas de los Movimientos Armados, febrero de 1991.

Estudios Políticos, Número 15, julio-septiembre 1978.

Oposición, 1 de junio de 1970.

Política, Número 48, 15 de abril de 1962; Número 50, 15 de mayo de 1962; Número 51, 1 de junio de 1962; Número 53, 30 de junio de 1962; Número 54, 15 de julio de 1962; Número 55, 8 de agosto de 1962; Número 56, 15 de agosto de 1962.

Revista de Revistas, agosto de 1989.

Zurda, «A veinte años del 68», Número extraordinario, segundo semestre de 1998.

La Jornada Semanal, 26 de enero de 1992; 23 de febrero de 1992; 28 de marzo de 1993; 12 de septiembre de 1993.

Cronología de los movimientos armados en México, Centro de Estudios Históricos de México, Inédito.

Acosta Chaparro, Mario Arturo, «Movimientos subversivos en México», 1990.

Diario de Óscar González Eguiarte, del Grupo Popular Guerrillero Arturo Gámiz, Centro de Investigaciones Históricas de los Movimientos Armados, abril de 1993.

Documentos preparatorios del Comité para la Conmemoración del 23 de septiembre.

Gámiz, Arturo, «La participación de los estudiantes en el movimiento revolucionario», Chihuahua, febrero 1965.

Gómez, Alma, Discurso pronunciado el 23 de septiembre de 1995.

Glockner, Fritz, Ponencia: «Jaramillo, el mártir agrario», Encuentro de Estudiantes de Historia, abril 1983.

El Universal, 17 de agosto de 1966. 20 de julio de 1967.

El Heraldo de México, 13 de Septiembre de 1968.

La Prensa, 10 de marzo de 1966.

Novedades, 10 de marzo de 1966.

Diario de Chihuahua, 30 de agosto de 1995; 15 de septiembre de 1995; 18 de septiembre de 1995; 20 de septiembre de 1995; 21 de septiembre de 1995; 22 de septiembre de 1995; 23 de septiembre de 1995; 24 de septiembre de 1995; 26 de septiembre de 1995.

El Heraldo de Chihuahua, 15 de septiembre de 1995; 16 de septiembre de 1995; 17 de septiembre de 1995; 18 de septiembre de 1995; 20 de septiembre de 1995; 21 de septiembre de 1995; 22 de septiembre de 1995; 23 de septiembre de 1995; 24 de septiembre de 1995; 25 de septiembre de 1995.

La Jornada, 19 de septiembre de 1992; 23 de septiembre de 1995.

Suplemento *Perfil*, de *La Jornada*, 23 de mayo de 1992.

El Financiero, 28 de mayo de 1992.

Diario de Juárez, 30 de septiembre de 1995; 3 de octubre de 1995.

ÍNDICE ONOMÁSTICO

A

Abarca Alarcón, Raymundo 153, 201-202, 282, 298, 301, 317
Acosta Chaparro Escapite, Mario Arturo 88-89n, 296, 409
Aguayo, Sergio 259, 292, 297, 405
Aguilar, Alonso 147
Aguilar, Armando 256
Aguilar Talamantes, Rafael 341
Aguilar Zinser, Adolfo 12-13, 395, 403
Aguilero Sandoval, Luis 138
Alday Sotelo, Rafael 115
Alemán Valdés, Miguel 52, 55, 58, 75, 89, 101, 152, 287-288
Alemán Velazco, Miguel 148
Alfaro, Eulalio 138, 152
Almazán, Canuto 36
Alvarado, Juan 30
Alvarado, Pablo 181, 314, 324, 328, 367, 380, 391
Álvarez García, Leopoldo 115
Amorós, Roberto 117
Ampudia del Valle, Rodrigo 57-58
Araujo, Antonio de P. 227
Araujo Hernández, Jesús 138, 152
Armendáriz, Carlos 263, 361
Armendáriz, Minerva 361-405
Ávila Camacho, Manuel 39, 44, 46, 48, 50, 52, 101
Ayala Fajardo, Pedro 136

B

Báez, Cipriano 149
Barba, Benicio 29
Barrios, Roberto 76, 78-79
Bartra, Armando 140, 404-405
Batista, Fulgencio 120
Bayo, Alberto 223
Bellingeri, Marco 32, 41n, 48n, 52n, 53, 55n, 76n, 406
Benítez, Fernando 24, 96, 340, 399
Blanco Moheno, Roberto 255, 296, 406
Borboa, Arturo 361
Borunda, Teófilo 87, 126
Bracho, José 334, 348
Brígido, Pablo 39, 50
Bustamante, Refugio 42

C

Caballero Aburto, Raúl 86-87, 134-137, 139-143, 151-152, 155-156, 304, 349
Cabañas, Abelardo 344
Cabañas, Bertoldo 154
Cabañas, Lucio 99, 107-108, 119, 126, 138, 141, 193, 196-198, 201-202, 280-283, 316, 318-319, 351-353, 393, 401, 407-408
Cabañas Valente, Jesús 393
Cabrera, Enrique 147
Cabrera, Pablo 92
Calderas, Rito 183, 185
Calderón, Enrique 51-52
Calva Téllez, José Luis 326, 328
Campa, Valentín 112n-122, 124, 406
Campos Díaz, Adrián 325
Campos Lemus, Sócrates 377
Candelaria Cápiz, Efrén 341
Cárdenas Barajas, Lázaro 27, 29, 31-32, 34, 42-46, 84-85, 90, 94, 101, 124, 143-148, 152, 161, 199, 226, 253, 258, 302, 344-345, 351, 400
Cárdenas Barajas, Lorenzo 223-224, 257-258, 263, 270, 285, 296, 310, 313
Carrera Peña, Severino 27, 44, 57
Carrillo Puerto 111
Carvajal, Ángel 67
Casales, Pedro 56
Castañeda, Jorge 100-101n, 269, 380, 395, 399, 406

Castañeda Álvarez, Dimas 388
Castañeda Álvarez, Salvador 389
Castellanos, Maqueo 43
Castellanos, Rosario 376
Castillo, Fidel 33
Castillo, Heberto 145, 147, 158, 285, 298, 300-302, 351, 404, 406
Castillo López, Jesús 34, 47
Castillo Manzanares, Silvino 36
Castillo Monroy, Héctor 154
Castrejón, David 27
Castro, Fidel 21, 83-84, 108, 120, 146, 155, 289, 356
Castro, Rosendo 39
Chávez, Ignacio 287
Condés Lara, Enrique 332, 405
Contreras, Ceferino 348
Contreras, Donato 344, 348, 350
Contreras, Pedro 344, 348, 350
Cornejo, Pascual 81
Corona del Rosal, Alfonso 128, 371
Cruz Paredes 296

D

Danzós Palomino, Ramón 161, 166-167, 184, 196, 200, 285
Díaz Dávila, Pablo 46
Díaz Ordaz, Gustavo 142, 145, 165-166, 173-176, 178, 184, 189, 192, 197, 199, 226, 293, 303, 371, 377, 385, 393, 400
Dolores Lozano, José 233-236, 242, 245, 251

E

Echeverría, Luis 96n, 184, 192, 255, 296, 334, 342, 399
Enríquez Quintana, Anselmo 125
Eroza Barbosa, Fabio 332
Escobar, Julita 152
Escobar Muñoz, Ernesto 53
Escobel, Guadalupe 172, 246, 263, 313, 361-362
Escobel Gaytán, Antonio 169, 249, 253, 313, 361-362
Espetia (comandante) 151
Espinosa, Heriberto / el Pintor 73, 93, 97, 101
Estrada, Abel 152
Estrada Cajigal, Vicente 60-61
Estrada Luviano, Camilo 388
Estrada Santos, José 228-229
Estrada Villa, Rafael 310, 312, 314, 323-324, 326, 328, 353

F

Fernández, Juan 230, 232, 264, 277
Figueroa, Anselmo L. 227
Flores, Antonio 50
Flores Magón 227, 405
Flores Olea, Víctor 24, 96, 147
Flores Reynada, Elizabeth 154
Fox, Vicente 364-365
Franco, José Luis 190
Fuentes, Carlos 24, 50n, 59n, 68, 92n, 94, 96, 99, 147, 399, 406
Fuentes de la Fuente, Eduardo 325
Fuentes Gutiérrez, Javier 280, 314, 323-326, 328, 353, 391

G

Galeana, Raúl 151
Gallardo, Guillermo 186
Gámiz, Arturo 87, 106, 126, 129-132, 160-161, 163-164, 169, 171-172, 174, 179, 182-183, 185-191, 211-214, 217-220, 222-225, 227-228, 230, 232-239, 241-243, 249-250, 253, 256-257, 260, 263-264, 270, 285, 304, 306, 310, 312-313, 324, 328, 355, 358, 361, 380, 393, 399, 400, 409
Gámiz, Emilio 249
García, Bertha 393
García, Clemente 56
García, José Trinidad 77
García, León Roberto 96
García, Rosa 94, 101
García Barragán, Marcelino 349, 364, 371
García Cabañas, Manuel 202, 318
García Carrillo, Simón 157
García Chávez, Jaime 263, 358
García Márquez, Gabriel 100
García Muñoz, Encarnación 126
García Rubio, Isauro 31
Garro, Elena 116
Garza Zamora, Tiburcio 256

Garzón, Alfonso 161
Gasca Villaseñor, Celestino 88-89
Gaytán, José Antonio 313, 361-362
Gaytán, Salomón 160, 169-171, 173-174, 185, 188, 228, 236-240, 242-243, 249-250, 263, 269, 272
Gaytán, Salvador 160, 165, 169, 171-172, 174, 185, 219-222, 225, 227, 236-237, 239-240, 243, 250
Genovevo de la O 60
Gershenson, Antonio 332, 353
Gil, Ignacio 170
Giner Bustamante, Honorata 249
Giner Durán, Praxedis 87, 167, 181, 183, 186-188, 190, 212, 221, 248-251, 255, 257, 276
Godínez, Prudencio (Jr.) 229
Godoy Cabañas, Felícitas 154
Gómez Huerta 97
Gómez Ramírez, Pablo 107, 129, 145, 161, 163, 166, 172, 178, 188-189, 214, 222, 224-225, 228, 232, 236-238, 242-243, 248, 250, 253, 256-257, 263-264, 270, 285, 310, 324, 328, 380, 398
Gómez Ramírez, Raúl 107, 126, 129, 163, 166, 189-190
Gómez Souza, Fabricio 205, 380, 387, 389-390, 403
González Aparicio 43
González, Nacho 68

González Casanova, Pablo 147
González Eguiarte, Óscar 181, 222-223, 228-230, 255, 263-264
González Lazcano, Salvador 77
González Pedrero, Enrique 147
González Ramírez, Ignacio 322
González Torres, Pedro 166
Guadarrama, Francisco 27
Guajardo, Jesús M. 87
Güemes Salgado, Felipe 95
Guevara, Ernesto "Che" 13, 22, 108, 223, 267, 286, 289-291, 310, 331-332
Gutiérrez Barrios, Fernando 84, 89, 283
Guzmán, José Luis 263, 361

H

Henríquez, Jorge 61
Henríquez Guzmán, Miguel 51, 60, 136
Hernández, Camilo 149-150
Hernández, Matías 245
Hernández Castillo, Héctor Eladio 206

I

Ibarra, Florentino 132, 169-172, 179
Ibarra Amaya, Rubén 125
Ibarra Bojórquez, José 125, 159-160, 165, 170

J

Jacott, Guadalupe 228, 231, 249, 254, 264, 303-304, 320
Jaramillo, Porfirio 31-32
Jaramillo, Rubén 17, 19-22, 25-48, 50-51, 53-57, 60-79, 81, 88-101, 121, 147, 149, 161, 171, 218, 269, 287, 328, 330, 380, 399, 400, 406, 409
Jardón Arzate, Edmundo 74, 96
Jenkins, William 97
Jiménez, Saltiel 68

K

Kruschev 155

L

Leduc, Renato 20, 24
Leguízamo, Manuel 75
Lombardo Toledano, Vicente 123, 132, 145, 162, 166, 199, 223, 257, 263, 323
López, Andrés 157
López, Gelasio 64
López, Jacinto 20, 132, 173
López, Norberto 72
López Avelar 87
López Cámara, Francisco 147
López Carmona, Darío 136-137
López Figueroa, Víctor 157
López Mateos, Adolfo 20, 22, 68-70, 72-74, 79-81, 83-85, 92, 94, 96, 101, 108, 117, 120, 129, 142-143, 146, 148, 163, 184, 189, 200
López Murillo, Alejandro 388
López de Nava, Rodolfo 65
Lozano García, Salvador 332
Lugo, Florencio 224, 246, 258, 404, 407
Luján, Daniel 159
Luján Adame, Francisco 126, 129
Luna, Francisco 332

M

Mainers Huebner, Rolf 295
Maldonado, Marta 388
Marcelina (nuera de Epifania y Jaramillo) 93
Manjarrez, Froylán C. 25n, 74, 77n, 80, 81n, 94n, 95-96, 101n, 407
Marcué Pardiñas, Manuel 144, 147, 224, 285
Marín, Juan 42
Mariñelarena, Jesús 175
Márquez, Octavio 388
Márquez Kelli, Jesús 159
Martín del Campo, Carlos 325-326, 367-369, 376-377, 381, 403-404
Martínez, José 73, 81, 93, 97, 101
Martínez, Juan 150
Martínez, Justino 332
Martínez Adame, Arturo 86, 142, 151-152, 154

Martínez Valdivia, Rafael 172, 248
Masetti, Ricardo 100
Mauriés, René 378-379
Mazo, Alfredo del 75
Mendoza, Luis 125
Mendoza, Ramón 243, 270, 311
Menéndez, Mario 206
Meza, José Trinidad 32
Mitre, Augusto 57
Moguel, Manuel 65
Montaño Hernández, Andrés 115
Molina, Ramón 182, 355
Monsiváis, Carlos 114, 296, 371n, 377, 380, 393-394, 396, 398, 408
Montemayor, Carlos 100, 258, 395, 403, 407
Montemayor, Jesús 68
Mora, Benjamín 138
Moreno, José Luis 381
Moya, Rodrigo 115, 407

N

Naime, José 138
Nava, Leonardo Diego 157
Nava Castillo, Antonio 169
Nava Castillo, Salvador 150
Navarro Prieto, Alfonso 68
Nazar Haro, Miguel 205
Nieto, Adán 322-323, 326
Noguera Vergara, Arcadio 77
Núñez, Serafín 196, 202, 280, 282-283, 393

O

Olachea, Agustín 97
Olea, Mario 27
Olmedo, Felipe 26
Ornelas, Francisco 244
Ornelas Gómez, Saúl 228, 230, 232, 255, 264, 277
Orona, Arturo 20, 161
Orozco, Víctor 229, 259
Orta, Jesús 163
Ortega, Lauro 124, 175
Ortega Arenas, Juan 332
Ortega Rojas, Gustavo 96
Ortiz, Roberto 177
Ortiz, Sebastián 31
Ortiz, Vicente 332
Ortiz, Teodomiro "el Polilla" 26, 34, 47

P

Pacheco, Candelario 388
Pacheco, José Emilio 380
Paco Pizá, Julia 316-318
Peláez, Gerardo 108n, 113n, 332, 407
Peña, Alejandro 39
Peña Peña, Paulino 388
Peralta, Vicente 50
Perdomo, Elpidio 27, 43, 46-47
Pérez Arce, Francisco 95, 404, 408
Pérez Miranda, Trinidad 53
Pérez Parra, Rodolfo 138
Piedra, Jorge Joseph 136-137

Piñeiro Lozada, Manuel "Barba Roja" 100, 362
Poo Hurtado, Jorge 373, 377, 381, 405
Poniatowska, Elena 377
Pozas, Miguel 31
Prado, Eugenio 72-73, 75, 97

Q

Quezada, Abel 378
Quiñonez, Miguel 172, 249
Quiróz, Dimas 341

R

Rabadán, Macrina 139
Ramírez, Enrique 134-135, 377
Ramírez, Ignacio 393
Ramírez Altamirano, Alfonso 138
Ramírez Cárdenas, Leopoldo 68
Ramírez López, Luis 292
Ramírez Miranda, Enrique 134
Rascón, Emilio 180
Rascón, Mariano 159
Rechy, Mario 332
Resendis, Genara 197
Revueltas, José 119, 340, 408
Reyes, Judith 87-88, 129-130, 132, 177-178, 253, 285, 293, 322, 408
Reyes Heroles, Jesús 255
Reyna, Miguel Alberto 332
Rico Galán, Ana María 293
Rico Galán, Víctor 24, 124, 145, 224, 253, 280, 284-285, 290-297, 304, 309-310, 312, 324, 327, 370, 380, 394
Ríos, Álvaro 126, 131, 163, 165, 190
Ríos Tavera 157, 201-202
Ríos Torres, Carlos 132
Ríos Torres, Manuel 159
Rius 340
Rivera, Librado 227
Rodríguez, Alejandro 28
Rojo Coronado, José 322
Rojo Gómez, Javier 50
Rojas, Juan 29
Roldán, Daniel 28
Romero, Humberto 96n-97, 112
Roque, Félix 151-152
Ruiz Cortines, Adolfo 61, 66, 69, 84, 109, 116, 118, 120

S

Salazar, Othón 106, 109-111, 118-119, 121, 167, 196-197, 353
Salazar Mallén, Rubén 139
Salgado, Roque 344, 347
Sámano, Alfonso T. 29
Sánchez Lozoya, Dionisio 130
Sandoval Cruz, Pablo 136, 152, 196
Sandoval, Óscar 228, 249
Santos, Gonzalo N. 150
Santos Valdés, José 230, 258, 355, 359, 406, 408
Scherer, Julio 97, 364, 371n, 378, 408

Serdán, Félix 38-39, 168
Serdán, Pablo 34, 168
Solano, Samuel 252
Solís 81
Solís, Filiberto 344, 348
Solórzano, Antonio 42-43
Soriano, los 37-39
Sotelo, Antonio 196
Stevenson 87
Stoner 71
Suárez Téllez, José María 153-157

T

Taibo II, Paco Ignacio 13, 377, 379, 403
Toro Rosales, Salvador del 167, 173, 180, 358n, 363n, 408
Torres, Inocente 94
Torres, Leobardo 58
Tovar, Epifanio 38
Trouyet, Carlos 177

U

Ugalde, Raúl 293, 295
Uranga Rohana, Pedro 181, 228, 230, 232, 255, 263, 275, 277, 304

V

Vallejo, Demetrio 116-118, 121-123

Vasconcelos, José 108
Vázquez Mota, Filiberto (véase también Luis Ramírez López, pues es su pseudónimo) 292
Vázquez Rojas, Genaro 107, 136, 145, 147, 152, 156-158, 161, 301, 344, 347-350, 352-353, 407
Velázquez, Fidel 108, 117-118
Vergara, Genaro 125
Vergara, Blas 125
Villa, Hipólito 181

Y

Yáñez, Agustín 282

Z

Zabludowbsky 378
Zúñiga (de Jaramillo), Epifania 22-23, 27, 37, 93-94
Zúñiga, Enrique 22-23, 94-95
Zúñiga, Filemón 22-23, 94-95
Zúñiga, Raquel 93-94
Zúñiga, Ricardo 22-23, 94

ÍNDICE

AÑO CERO 11

I. Zapata, la sombra de la traición.
Rubén Jaramillo (1943-1962)

1. La foto del recuerdo 19
2. Que no me pase lo mismo 21
3. Por las dudas, solo entierren las armas 25
4. Ayudas a un cabrón 41
5. De las armas a las urnas 48
6. El partido a la clandestinidad 55
7. Por las buenas nunca van a aceptar perder 60
8. El último perdón 65
9. El paraíso negado 75
10. Cuba, la revolución deseada por todos 83
11. La historia no alivia la indignación 93
12. Lecciones que nunca se aprenden 98

II. Los primeros vientos. La tierra,
los sindicatos y la izquierda

1. La palabra revolución, sin que estén presentes
   los trabajadores 105
2. Se protesta por tierra, en la tierra de Villa 128

3. Un solo grito en Guerrero: ¡Fuera Caballero! 134
4. Luces y sombras del MLN 143
5. Justicia por propia mano 149
6. Los aliados incómodos a la hora
   de las urnas en Guerrero 151
7. Chihuahua; la pólvora se arrima a la lumbre 159
8. Lucio. Su causa: las comunidades rurales 193

III. Madera, para alcanzar el cielo

1. El asalto a Madera para liberar todo México 211
2. Fecha de todos: 23 de septiembre 261

IV. Las escenas de la historia

1. Pensar en las armas. Varias escenas 267
2. Tiempo para actuar. Otras escenas 308

V. Las consignas vivas. Radicalismo: movimiento
popular y estudiantil de 1968

1. Estudiantes de México en marcha 339
2. Historias paralelas 344
3. Otra historia paralela 355
4. Sesenta y ocho de múltiples colores 364
5. Los vientos de Corea 387
6. La otra ruta 391
7. El radicalismo que parece ausente 393

Los apoyos 403
Bibliografía 405
Índice onomástico 411